重点大学计算机专业系列教材

计算机科学导论

（第2版）

王玲 宋斌 编著

清华大学出版社

北京

内 容 简 介

本书以计算机科学学科的特点、形态、历史渊源、发展变化、典型方法、学科知识结构和分类体系，以及大学计算机专业各年级课程重点等内容组织结构，阐述如何认识计算机科学与技术，共分为计算机基础、计算机工程、计算机软件、计算机技术、计算机科学5章，介绍计算机学科的基本概念，发展过程，基本功能及作用，各章后附有习题，便于训练和知识深化。

通过对本书的学习，学生可以较全面地掌握计算机软硬件技术与网络技术的基本概念以及软硬件系统的基本工作原理；了解软件设计与信息处理的基本过程；掌握典型的计算机应用；具有较强的信息安全和社会责任意识。按照本书的叙述体系，读者容易理解后续课程中展开的专业概念及其之间的关联。

本书内容丰富完整、概念层次清晰、文字流畅通顺，可作为大学计算机专业计算机导论课程的教材或教学参考书。也可以作为非计算机专业及计算机爱好者的计算机基础课程参考书。

图书在版编目(CIP)数据

计算机科学导论/王玲，宋斌编著.--2版.--北京：清华大学出版社，2013
重点大学计算机专业系列教材
ISBN 978-7-302-33258-9

Ⅰ.①计… Ⅱ.①王… ②宋… Ⅲ.①计算机科学－高等学校－教材 Ⅳ.①TP3

中国版本图书馆CIP数据核字(2013)第165715号

责任编辑：闫红梅 薛 阳
封面设计：常雪影
责任校对：李建庄
责任印制：何 芊

出版发行：清华大学出版社
网　　址：http://www.tup.com.cn，http://www.wqbook.com
地　　址：北京清华大学学研大厦A座　　邮　　编：100084
社 总 机：010-62770175　　邮　　购：010-62786544
投稿与读者服务：010-62776969，c-service@tup.tsinghua.edu.cn
质 量 反 馈：010-62772015，zhiliang@tup.tsinghua.edu.cn
课 件 下 载：http://www.tup.com.cn，010-62795954
印 刷 者：北京富博印刷有限公司
装 订 者：北京市密云县京文制本装订厂
经　　销：全国新华书店
开　　本：185mm×260mm　　**印　张**：16.25　　**字　　数**：407千字
版　　次：2008年8月第1版　2013年8月第2版　　**印　　次**：2013年8月第1次印刷
印　　数：1～3000
定　　价：29.00元

产品编号：053846-01

INTRODUCTION

出版说明

随着国家信息化步伐的加快和高等教育规模的扩大，社会对计算机专业人才的需求不仅体现在数量的增加上，而且体现在质量要求的提高上，培养具有研究和实践能力的高层次的计算机专业人才已成为许多重点大学计算机专业教育的主要目标。目前，我国共有16个国家重点学科、20个博士点一级学科、28个博士点二级学科集中在教育部部属重点大学，这些高校在计算机教学和科研方面具有一定优势，并且大多以国际著名大学计算机教育为参照系，具有系统完善的教学课程体系、教学实验体系、教学质量保证体系和人才培养评估体系等综合体系，形成了培养一流人才的教学和科研环境。

重点大学计算机学科的教学与科研氛围是培养一流计算机人才的基础，其中专业教材的使用和建设则是这种氛围的重要组成部分，一批具有学科方向特色优势的计算机专业教材作为各重点大学的重点建设项目成果得到肯定。为了展示和发扬各重点大学在计算机专业教育上的优势，特别是专业教材建设上的优势，同时配合各重点大学的计算机学科建设和专业课程教学需要，在教育部相关教学指导委员会专家的建议和各重点大学的大力支持下，清华大学出版社规划并出版本系列教材。本系列教材的建设旨在“汇聚学科精英、引领学科建设、培育专业英才”，同时以教材示范各重点大学的优秀教学理念、教学方法、教学手段和教学内容等。

本系列教材在规划过程中体现了如下一些基本组织原则和特点。

1. 面向学科发展的前沿，适应当前社会对计算机专业高级人才的培养需求。教材内容以基本理论为基础，反映基本理论和原理的综合应用，重视实践和应用环节。

2. 反映教学需要，促进教学发展。教材要能适应多样化的教学需要，正确把握教学内容和课程体系的改革方向。在选择教材内容和编写体系时注意体现素质教育、创新能力与实践能力的培养，为学生知识、能力、素质协调发展创造条件。

3. 实施精品战略，突出重点，保证质量。规划教材建设的重点依然是专业基础课和专业主干课；特别注意选择并安排了一部分原来基础比较好的优秀教材或讲义修订再版，逐步形成精品教材；提倡并鼓励编写体现重点大学计算机专业教学内容和课程体系改革成果的教材。

4. 主张一纲多本,合理配套。专业基础课和专业主干课教材要配套,同一门课程可以有多本具有不同内容特点的教材。处理好教材统一性与多样化的关系;基本教材与辅助教材以及教学参考书的关系;文字教材与软件教材的关系,实现教材系列资源配套。

5. 依靠专家,择优落实。在制订教材规划时要依靠各课程专家在调查研究本课程教材建设现状的基础上提出规划选题。在落实主编人选时,要引入竞争机制,通过申报、评审确定主编。书稿完成后要认真实行审稿程序,确保出书质量。

繁荣教材出版事业,提高教材质量的关键是教师。建立一支高水平的以老带新的教材编写队伍才能保证教材的编写质量,希望有志于教材建设的教师能够加入到我们的编写队伍中来。

教材编委会

FOREWORD

前言

“计算机导论”是大多数高等院校计算机系本科学生必修的专业课程，随着计算机专业教学改革的需要，教学内容已从计算机基础教学逐步向计算机科学导论内容体系发展，课程讲授与计算机系统、计算机科学有关的基本概念、发展过程、基本功能及作用，使学生对本专业的核心知识有一个全面的、概要的认识。

随着计算机技术的不断发展和教学的改革需要，为了反映学科的先进性和科学性，提高教材的系统性、实用性和可读性，根据ACM/IEEE-CS课程设置计划中“计算机导论”类课程的广度优先原则，对部分知识做了全景式介绍，有些内容允许初学者“知其然而不知其所以然”，将来可在后续课程的学习或工作实践中进一步加深理解。

全书共有5章。

第1章介绍计算机基础，主要内容包括计算机的发展历史、分类及应用，数字表示和信息编码，算法与数据结构，计算机工作原理；第2章介绍计算机工程，主要内容包括中央处理器，存储设备，输入输出设备，微型计算机系统，计算机网络及因特网；第3章介绍计算机软件，主要内容包括计算机语言，操作系统，计算机应用软件，软件工程等；第4章介绍计算机技术，主要内容包括数据库系统，多媒体技术，计算机安全技术及信息安全等；第5章介绍计算机科学，包括计算机科学体系，计算机与人类社会，计算机文化与教育及计算机产业等内容。在内容的选择方面，既介绍与计算机密切相关的基础知识，又力图反映近几年涌现出来的新技术和新发展。

希望本教材能够充分发挥学生的学习潜能，用已有的知识和概念构建出目前的计算机概念和技术；并且帮助学生为以后再用所学的知识和概念构建出未来新的计算机概念与技术，产生创新思维的火花，从而使学生对计算机科学的内容及其内在的关联有全面、清晰、概要的认识。

至于上机操作，本书有配套的实验教材《计算机科学导论实验指导》，学生能够通过图形化操作界面和丰富的在线帮助信息来提高计算机实际操作能力。

本书由王玲(第1、第2、第3章)、宋斌(第4、第5章)参加编著。许多老师对本书提出了不少宝贵意见,给予了很大的帮助,在此一并表示感谢。由于计算机技术的发展十分迅速,作者水平有限,书中难免有错误和不足之处,期望读者不吝赐教。

作　者

2013年7月于南京

CONTENTS

目录

CHAPTER 1

第1章 计算机基础

1.1 计算机的发展及分类

现代计算机孕育于英国，诞生于美国，成长遍布全世界。所谓“现代”是指利用先进的电子数字技术代替机械或机电技术。计算机中笨重的齿轮、继电器依次被电子管、晶体管、集成电路等取代。计算机的发展速度越来越快，种类也越来越多，应用也越来越广。

现代计算机六十多年(从1945年至今)的发展历程中，最重要的代表人物是英国科学家艾兰·图灵(A. M. Turing)和美籍匈牙利科学家冯·诺依曼(Von Neumann)，他们为现代计算机科学的发展奠定了基础。

1.1.1 计算机的发展

1. 早期的计算机工具

人类最早的有实物作证的计算工具诞生在中国。古人曰：“运筹于帷幄之中，决胜于千里之外。”筹策又叫算筹，它是中国古代普遍采用的一种计算工具。算筹不仅可以替代手指来帮助计数，而且能做加减乘除等数学运算。中国古代在计算工具领域的另一项发明是珠算盘，直到今天，它仍然是许多人钟爱的“计算机”。珠算盘最早记录于汉朝人徐岳撰写的《数术记遗》一书里，大约在宋元时期开始流行，明代的珠算盘已经与现代算盘完全相同，由于珠算具有“随手拨珠便成答数”的优点，一时间风靡海内，并且逐渐传入日本、朝鲜、越南、泰国等地，以后又经一些商人和旅行家带到欧洲，逐渐在西方传播，对世界数学的发展产生了重要的影响。

17世纪初，计算工具在西方呈现了较快的发展，首先创立对数概念而闻名于世的英国数学家纳皮尔(J. Napier)，在他所著的一本书中，介绍了一种工具，即后来被人们称为“纳皮算筹”的器具。这就是计算尺原型，奥却德发明了圆盘型对数计算尺，后改进成两根相互滑动的直尺状。计算尺不仅能做乘除、乘方、开方运算，甚至可以计算三角函数、指数和对数，它一直被使用到袖珍计算器面世为止。即使在20世纪60～70年代,熟练使用计算尺依然是理工科大学生必须掌握的基本功,是工程师身份的象征。几乎就在奥却德完成计算尺研制的同一时期,机械计算机也由法国的帕斯卡(B. Pascal)发明出来。帕斯卡设计的计算机是由一系列齿轮组成,而用发条作为动力的装置,这种机器只能够做6位数的加法和减法。这被称为"人类有史以来第一台计算机",后来人们为了纪念他将一种计算机的高级语言命名为"PASCAL"。

2. 图灵和图灵机

图灵对现代计算机的主要贡献有两个。一是建立图灵机(Turing Machine)理论模型;二是提出定义机器智能的图灵测试(Turing Test)。

1936年,图灵发表了一篇论文《论可计算数及其在密码问题的应用》,首次提出逻辑机的通用模型。现在人们就把这个模型机称为图灵机,缩写为TM。TM由一个处理器P、一个读写头W/R和一条存储带M组成,如图1.1所示。其中,M是一条无限长的带,被分成一个个单元,从最左单元开始,向右延伸直至无穷。P是一个有限状态控制器,能使W/R左移或右移,并且能对M上的符号进行修改或读出。那么,图灵机怎样进行运算呢?例如做加法"3+2=?",开始先把最左单元放上特殊的符号B,表示分割空格,它不属于输入符号集。然后写上三个"1",用B分割后再写上两个"1",接着再填一个B,相加时,只要把中间的B修改为"1",而把最右边的"1"修改为B,于是机器把两个B之间的"1"读出就得到"3+2=5"。由于计算过程的直观概念可以看成是能用机器实现的有限指令序列,所以图灵机被认为是过程的形式定义。

必须强调指出,图灵并不只是一位纯粹抽象的数学家,他还是一位擅长电子技术的工程专家,第二次世界大战期间,他是英国密码破译小组的主要成员。他设计制造的破译机Bombe实质就是一台采用继电器的高速计算装置。图灵以独特的思想创造的破译机,一次次成功地破译了德国法西斯的密码电文。

为纪念图灵的理论成就,美国计算机协会(ACM)专门设立了图灵奖。从1966年至今已有三十多位各国一流的计算机科学家获得此项殊荣,图灵奖也成为计算机学术界的最高成就奖。图1.2是图灵的照片。

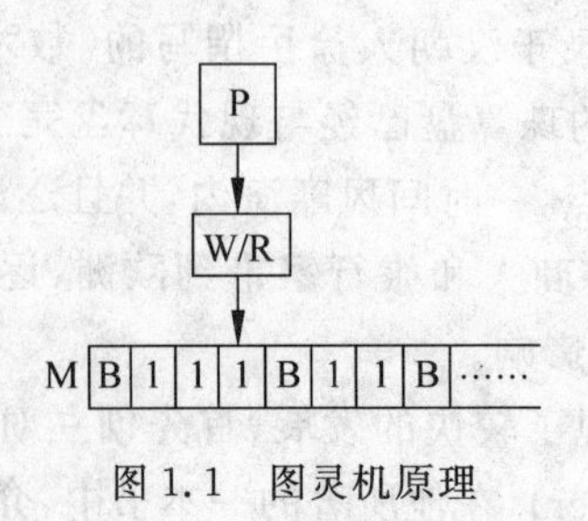

图1.1 图灵机原理

图1.2 图灵

3. 第一台电子数字计算机ENIAC

ENIAC是电子数字积分计算机(the Electronic Numerical Integrator and Computer)的

缩写。

1943年,第二次世界大战关键时期,战争的需要像一只有力的巨手,推动了电子计算机的诞生。由于美国陆军新式火炮的设计迫切需要运算速度更快的计算机,与此同时,美国宾州大学莫尔学院的莫奇莱教授(John W. Mauchly)和他的学生埃克特博士(J. Presper Eckert)也多次讨论制造电子计算机的可行性。因此,当军方找到他们寻求合作时,双方一拍即合。在讨论经费(最初为15万美元)时几乎是在几分钟内就确定了下来。以后一再追加经费,军方都有求必应,经费一直追加到了48万美元,大约相当于现在一千多万美元。

ENIAC(埃尼阿克)于1946年2月15日运行成功。标志着电子数字计算机的问世,人类从此迈进了电子计算机时代。它内部总共安装了17 468个电子管,7200个二极管,70 000多个电阻,10 000多个电容和1500多个继电器,电路的焊接点多达500万个;在机器表面布满电表、电线和指示灯。机器被安装在一排2.75m高的金属柜里,占地面积为170m²,总重量达到30t。这台机器很不完善,比如,它的耗电量超过174kW;电子管平均每隔7min就要烧坏一只。另外由于存储容量太小,必须通过开关和插线来安装计算程序,因此它还不完全具有“内部存储程序”功能。尽管如此,ENIAC的运算速度达到5000次/秒加法,可以在3ms内完成两个10位数乘法,一条炮弹的轨迹,20s就能算完,比炮弹本身的飞行速度还要快。ENIAC原来是计划为第二次世界大战服务的,但它投入运行时战争已经结束,这样一来它便转向为研制氢弹而进行计算。当它退役时,计算机技术与氢弹技术都有了很大的发展,从这点看,ENIAC的应用面很窄,它的社会意义并没有人们想象的那么广泛。

4. 冯·诺依曼

冯·诺依曼1903年出生,1921年至1925年他先后在柏林和苏黎世学习化学,1926年获得苏黎世化学工程文凭和布达佩斯数学博士证书。1930年他以客座讲师身份到美国普林斯顿大学讲学,次年应聘为普林斯顿大学教授。图1.3是冯·诺依曼教授。

图1.3 冯·诺依曼

冯·诺依曼介入ENIAC的工作既有偶然性又有必然性。1945年的一天,在阿伯丁火车站候车,担任军方与宾州大学两方联络员的戈德斯坦(H. Goldstine)遇到了已经成名的冯·诺依曼教授,青年人以敬仰的心情与教授攀谈起来。当冯·诺依曼听到关于ENIAC的进展时,凭着他渊博的知识立刻洞察到这一项目的重要意义,并毅然决定参加这一研究。

冯·诺依曼在ENIAC当顾问期间,经常举办学术报告会,对ENIAC机的不足之处进行认真分析,并讨论全新的存储程序的通用计算机方案。当军方要求比ENIAC性能更好的计算机时,他们便提出EDVAC(埃德瓦克)方案。1946年6月冯·诺依曼与戈德斯坦等发表了《电子计算机装置逻辑结构初探》的论文,成为EDVAC的设计基础。

ENIAC机的诞生曾使莫尔学院一下子成为全世界关注的焦点。可惜,1945年底,由于莫尔学院计算机研究小组在ENIAC诞生之后,设计组的专家们因发明权而争得不可开交,小组陷于分裂,最终自行解体,致使研究工作一度中断。在这种情况下,冯·诺依曼与戈德斯坦等人离开了莫尔学院,来到普林斯顿大学研究院继续计算机的研制工作,并在军方的支持下使普林斯研究院代替莫尔学院成为全美计算机研究中心之一。他们于1952年完成了EDVAC机的建造工作。EDVAC机投入运行后,用于核武器的理论计算。

5. 第一代计算机

ENIAC机的诞生创造了计算机时代的出现,在它之后出现的一批著名机器形成了开创性的第一代计算机簇。它们是ABC;ENIAC;IAS;EDVAC;ACE;EDSAC;Whirlwind;IBM 701,IBM 702,IBM 704,IBM 705,IBM 650;RAMAC 305等。

IBM公司通过支持哈佛Mark Ⅰ转向计算机后,1948年开发了SSEC(即选择顺序电子计算机)。1951年10月聘请冯·诺依曼担任了公司的顾问,他向公司领导及技术人员反复介绍了计算机的广泛应用及其意义,提出了一系列有充分科学依据的重大建议。

1952年IBM公司生产的第一台用于科学计算的大型机IBM 701问世;1953年又推出第一台用于数据处理的大型机IBM 702和小型机IBM 650。1953年4月7日IBM公司在纽约举行盛大招待会向社会公布它的新产品,著名原子核科学家奥本海默致开幕词祝贺。会上展示了IBM 701,字长36位,使用了4000个电子管和12000个锗晶体二极管,运算速度为每秒2万次。采用静电存储管作主存,容量为2048字,并用磁鼓作辅存(磁鼓是利用表面涂以磁性材料的高速旋转的鼓轮和读写磁头配合起来进行信息存储的磁记录装置,1950年首先用于英国国家物理实验室NPL的ACE计算机上)。此外,IBM 701还配备了齐全的外设:卡片输入输出机、打印机等。这就为第一代商品计算机描绘出一个丰满而生动的形象。

IBM第一炮打响后,1954年陆续推出了IBM 701与IBM 702的后续产品IBM 704与IBM 705。1956年推出第一台随机存储系统RAMAC 305,RAMAC是"计算与控制随机访问方法"的缩写(Random Access Method for Accounting and Control)。它是现代磁盘系统的先驱。RAMAC由50个磁盘组成,存储容量5MB,随机存取文件的时间小于1s。

20世纪50年代存储技术的重大革新是磁芯存储器的出现,它产生在美国麻省理工学院(MIT)。1944年福雷斯特开始"旋风"计划,起初是研制一台模拟计算机,后来修改为数字计算机。1953年它成为第一台使用磁芯的计算机。英国剑桥大学威尔克斯教授当时正访问MIT,亲眼目睹了这一革命性的变化,他说:"几乎一夜之间存储器就变得稳定而可靠了。"

磁芯(magnetic core)是用铁氧体磁性材料制成的小环,外径小于1mm,所以磁芯的尺寸只有小米粒大小。该材料有矩形磁滞回线,当激磁电流方向不同($+I$,$-I$)时会产生两种剩磁状态($+\Phi$,$-\Phi$),因此,一个磁芯可存储一个二进制数(1,0)。如果一个存储器有4K字,每字为48位,那就需要4096×48=196 608颗磁芯。如此大量的磁芯要细心地组装在若干个平面网形结构的磁芯板上。

很快,磁芯就用在UNIVAC-Ⅱ上,并成为20世纪50年代和60年代存储器的工业标准。

6. 第二代计算机

晶体管是1947年美国贝尔实验室的三位物理学家巴丁(J. Bardeen)、布拉顿(W. Brattain)、肖克利(W. Shockley)发明的。由于这项影响深远的发明,他们荣获了1956年诺贝尔物理学奖。因此,贝尔实验室就成了晶体管计算机的发源地,今天,它已成为AT&T公司的重要成员。

1954年贝尔实验室制成第一台晶体管计算机TRADIC,它使用了800个晶体管。1955年全晶体管计算机UNIVAC-Ⅱ问世。但是,它们都没有成为第二代计算机的主流产品。

与此同时,高级编程语言得到迅速发展。首先,IBM公司的一个小组在巴科斯(John Backus)的领导下,从1954年开始研制高级语言,同年开始设计第一个用于科学与工程计算的FORTRAN语言。1958年麦卡锡(John McCarthy)在MIT发明了用于人工智能的LISP语言。1959年一些用户在宾州大学开会讨论解决程序的移植问题,因为对某种计算机编写的程序,在其他型号的机器上是无法执行的。结果,在国防部的支持下,以格雷斯·霍普(Grace Hopper)为首的委员会提出了COBOL语言。她是计算机语言的先驱,编写了第一个实际的编译程序。

第二代计算机主流产品是IBM 7000系列。1958年IBM推出大型科学计算机IBM 7090,实现了晶体管化。采用了存取周期为2.18μs的磁芯存储器、每台容量为1MB的磁鼓、每台容量为28MB的固定磁盘,并配置了FORTRAN等高级语言。1960年晶体管化的IBM 7000系列全部代替了电子管的IBM 700系列,如IBM 7094-Ⅰ大型科学计算机、IBM 7040和IBM 7044大型数据处理机。IBM 7094-Ⅰ的主频比IBM 7090高,增加了双倍精度运算指令和变址寄存器个数,并采用了交叉存取技术。1963年又推出IBM 7094-Ⅱ计算机。总之,在1955—1965的10年间,美国名牌大学与大公司使用的计算机大多数是从IBM 704到IBM 7094这些机型。

以晶体管为发端的全固态化电路为计算机运算速度的提高开辟了广阔的前景,激发了研制超级计算机的积极性。1961年IBM完成了第一台流水线(pipeline)计算机STRETCH(IBM 7030),CPU既有执行定点操作和字符处理的串行运算器,又有执行快速浮点运算的并行运算器,采用最多可重叠执行6条指令的控制方式。为提高速度,使用NPN和PNP高速漂移晶体管作电流开关元件,电路延迟时间为10毫微秒。存储容量为16 000字的磁芯存储器,采用多体交叉存取。为提高可靠性,首先采用了汉明纠错码。此外,还采用了多道程序技术,并且能使CPU与输入输出设备并行工作。作为第一台流水线机器,它成为超级机的雏形。

1960年美国贝思勒荷姆钢厂成为第一家利用计算机处理订货、管理库存并进行实时生产过程控制的公司。1963年俄克拉何马日报成为第一份利用计算机编辑排版的报纸。1964年美国航空公司建立了第一个实时订票系统,计算机应用的革命正在开始。

7. 第三代计算机

第三代计算机主流产品是IBM 360。IBM公司在1961年12月提出了“360系统计划”。当时守旧派认为二代机产品已占西方市场的70%,形成了垄断势头,不必冒进搞什么“360决策”。革新派则认为二代机产品的品种重复、性能单调;程序不兼容,用户负担重。为了克服种种弊端就必须大刀阔斧地搞新的通用机。

1964年4月7日IBM公布了IBM 360系统,成为计算机发展史上的一个重要里程碑。IBM公司为此投资50亿美元,到1965年IBM 360系统的各种型号陆续投入市场,共售出33 000台,这促使大多数早先的商用计算机废弃,对计算机工业产生了相当大的冲击。

在此期间,许多比较小的公司则开发比较小的计算机。其中,成功地开拓了小型机市场的是DEC公司(即数据设备公司)。DEC于1959年展示了它的第一台计算机PDP-1;1963年生产了PDP-5;1965年生产了PDP-8,成为商用小型机的成功版本。它们是12位字长的机器,结构简单,售价低廉。进入20世纪70年代后,该公司又陆续开发了PDP-1系列、VAX-11系列等32位小型机,使DEC成为小型机霸主。

新成立的DG公司于1969年推出第一台16位小型Nova(诺瓦)机,以后陆续开发了三个系列的诺瓦机。这些机型对我国计算机的发展曾有过较大影响。

8. 第四代计算机

Intel(英特尔)公司于1968年成立。次年以年轻的霍夫(M. Hoff)博士为首,成立了为一家日本公司设计袖珍计算器芯片的小组。1971年第一代微处理器4位芯片Intel 4004问世,它在4.2mm×3.2mm的硅片上集成了2250个晶体管组成的电路,其功能竟与ENIAC相仿。1972年推出第二代微处理器8位芯片Intel 8008,1974年推出后继产品8080。1975年Altair公司利用这种芯片制成了微型计算机。

由于起始年代的不同,再加上主流产品并无明显的差别,造成三代机与四代机之间界限的模糊,从而出现了所谓"三代半"机的说法。

1977年IBM公司推出3030系列,包括3031、3032、3033等型号。除继承了IBM 370体系结构与操作系统外,并大幅度提高了MVS/SE(多虚拟与存储扩展的操作系统)的效率,加强了神秘色彩,使其他厂家难以模仿。以上这些常称为三代半主流产品。

四代机的主流产品是1979年IBM推出的4300系列、3080系列以及1985年的3090系列。它们都继承了370系统的体系结构,使功能得到进一步的加强,例如虚拟存储、数据库管理、网络管理、图像识别、语言处理等。

看起来,计算机系统的继承性一旦确立,既对计算机的发展做出很大贡献,难免又会对新的突破产生束缚。

目前正在流行的新机种极其繁多。中小型机如IBM AS/400;惠普的HP 9000系列;CDC的4000系列;AT&T的3B2系列;DEC的Micro VAX、Micro PDP;Data General的MV系列等,都可以说是四代机的继承与发展。

1.1.2 计算机的分类与特点

1. 计算机的分类

计算机的分类方式有多种,有按处理器位数分:8位机、16位机、32位机、64位机;有按主要元器件来分:电子管计算机、晶体管计算机、集成电路计算机、超大规模集成电路计算机;有按用途来分:军用计算机、商用计算机、家用计算机、通用计算机、专用计算机等;较常见按体积大小、处理速度和成本来分:超级计算机、大型机、小型计算机、微型机、嵌入式计算机等。由于计算机技术的发展很快,不同类型计算机之间的划分标准发生着不断的变化,如今的微型机能够比得上20年前的大型计算机的能力,但体积小了很多。所有的计算机都在朝着功能更强、速度更快、体积更小、应用更广的方向发展。

(1) 超级计算机

超级计算机(supercomputer)也称为巨型计算机,它采用大规模并行处理的体系结构,由数以百计、千计、甚至万计的CPU组成,它有极强的运算处理能力,速度达到每秒数千万亿次以上,体积极为庞大,价格也最高。超级计算机可以被许多人甚至许多单位同时访问使用,主要为含有大量数学运算的科学应用服务,航空航天、原子能、飞机设计模拟、化工、生物信息处理、石油勘探、天气预报和地震分析等行业大量使用超级计算机。

开发超级计算机的公司主要包括 Cray 研究公司、Silicon Graphics 公司、Tinking Machine 公司、Fujistu 公司、IBM 公司、Intel 公司、日本 NEC 和中国国家并行计算机工程技术研究中心等。

在 2011 年西雅图举行的 SC11 大会上公布的全球超级计算机 TOP 500 排行榜上，日本"京"(K Computer)以跨越 1 亿亿次每秒的计算能力继续占据榜首的位置。同时在计算能力排在前十位的系统中，有两套超级计算机系统是来自中国的，它们分别是来自部署在天津的"天河一号"以及部署在深圳的"曙光星云"高效能计算系统。

世界上最快的超级计算机"京"(K Computer)是首个跨越亿亿次运算能力的超级计算机，是日本 RIKEN 高级计算科学研究院(AICS)与 Fujistu 的联合项目。"京"(K Computer)没有使用 GPU 加速，而是完全基于传统处理器搭建。"京"(K Computer)的最大性能四倍于排在第二位的"天河一号"。现在的"京"(K Computer)配备了 88128 颗富士通 SPARC64 VIIIfx 2.0GHz 八核心处理器，核心总量 705 024 个，最大计算性能 10.51 petaflop/s，峰值性能 11.280 38 petaflop/s，同时效率高达 93.2%，总功耗为 12 659.9 千瓦。

位于中国天津国家超级计算机中心的"天河一号"系统在最新的排行榜中位列第二。计算能力达到 2.57petaflop/s。天河一号采用了 CPU+GPU 的混合架构。配有 14336 颗 Intel Xeon X5670 2.93GHz 六核心处理器、7168 块 NVIDIA Tesla M2050 高性能计算卡，以及 2048 颗我国自主研发的飞腾 FT-1000 八核心处理器，总计二十多万颗处理器核心，同时还配有专有互联网络。造价在 6 亿人民币以上。

图 1.4(a)是日本超级计算机"京"(K Computer)，图 1.4(b)是中国"天河一号"的照片。

排名第三位到第十位的是美国能源部的"JAGUAR"超级计算机、坐落于我国深圳国家超级计算机中心的"曙光星云"、东京工业大学和 NEC、HP 联合推出的 Tsubame 2.0 超级计算机、为 Los Alamos、Sandia 以及 Livermore 三个国家级实验室提供计算支持的 Cielo、为 NASA Ames 研究中心提供计算支持的 Pleiades 超级计算机、位于美国劳伦斯伯克利国家实验室的国家能源研究科学计算中心的 HOPPER、欧洲最快的计算机 Tera-100、美国 Los Alamos 实验室的 Roadrunner 超级计算机。

(a) K Computer超级计算机

(b) 天河一号超级计算机

图 1.4 超级计算机

(2) 大型计算机

大型计算机(mainframe)指运算速度快、存储容量大、通信联网功能完善、可靠性高、安全性好、有丰富的系统软件和应用软件的计算机。通常含有4、8、16、32个甚至更多的CPU。一般用于企业或政府的数据提供集中的存储、管理和处理,承担主服务器(企业级服务器)的功能,在信息系统中起着核心作用。它同时可以为许多用户执行信息处理工作,即使同时有几百个甚至上千个用户同时递交处理请求,其响应速度也很快,使得每个用户感觉好像只有他一个人在使用计算机一样。

(3) 小型计算机

小型计算机(minicomputer)是一种供部门使用的计算机,以IBM公司的AS/400为代表。近年来小型机逐步被高性能的服务器(部门服务器)所取代。小型机也是为多个用户执行任务的,不过它没有大型机那么高的性能,可以支持的并发用户数目比较少。小型机的典型应用是帮助中小企业(或大型企业的一个部门)完成信息处理任务,如库存管理、销售管理、资源管理、文档管理等。

"小型计算机时代"开始于20世纪60年代,当时计算机的集成电路的诞生使设计人员能够压缩计算机的体积。在数字设备公司(DEC)于1968年推出了第一台小型计算机DEC PDP—8之前,大部分中等规模的企业(机构)因价格原因买不起计算机,小型机的出现,计算机的用户群大大增加了。

(4) 个人计算机

个人计算机(PC)也称个人电脑、PC或微型计算机,它是20世纪80年代初由于单片微处理器的出现而开发成功的。个人计算机的特点是价格便宜,使用方便,软件丰富,性能不断提高,适合办公或家庭使用。它与前面各类计算机的主要区别是它只满足个人的计算需要,不必与其他用户竞争系统资源。通常个人计算机由用户直接使用,一般只处理一个用户的任务,并由此而得名。

个人计算机又可分为工作站、台式机、电脑一体机、笔记本计算机、掌上电脑和平板电脑,如图1.5所示。

(a) 台式机　(b) 一体机　(c) 笔记本　(d) 掌上电脑　(e) 平板电脑

图1.5　各种个人计算机

工作站:用来满足工程师、建筑师及其他需要详尽图形显示的专业人员计算需求的功能强大的台式计算机,例如,工作站常用于计算机辅助设计(CAD),使工业设计人员制作技术零件或总成的图纸。要处理这些复杂而详尽的图形,计算机必须具有强大的处理功能和很大的存储功能。

台式计算机:最常见的个人计算机,它是一种适于放在桌子上的非便携个人计算机。占领台式计算机市场的主要有两类:Apple和IBM-PC及它们的兼容机。Apple计算机在图形、图像处理方面有优势;IBM-PC具有软件丰富的优势。

电脑一体机：是由一台显示器、一个电脑键盘和一个鼠标组成的电脑。它的芯片、主板与显示器集成在一起，显示器就是一台电脑，因此只要将键盘和鼠标连接到显示器上，机器就能使用。随着无线技术的发展，电脑一体机的键盘、鼠标与显示器可实现无线连接，机器只有一根电源线。这就解决了一直为人诟病的台式机线缆多而杂的问题。有的电脑一体机还具有电视接收、AV功能。

笔记本计算机：小到足以放在一般的公文包中的便携式计算机，它的出现开创了便携计算机的时代。最初，这些笔记本电脑的功能不强，也没有提供足够的存储容量，如今的新机型已经可以提供与台式计算机甚至工作站相同的处理能力和容量。它的主要优势在于它能直接使用台式计算机上的程序和资料，不像掌上计算机需要开发专用的程序。现在人们手持一台"便携机"，便可通过网络随时随地与世界上任何一个地方实现信息交流与通信。原来保存在桌面和书柜里的信息将存入随身携带的电脑中。人走到哪里，以个人机（特别是便携机）为核心的移动信息系统就跟到哪里，人类向着信息化的自由王国又迈进了一大步。

掌上电脑：一种运行在嵌入式操作系统和内嵌式应用软件之上的、小巧、轻便、易带、实用、价廉的手持式计算设备，在体积、功能和硬件配备方面都比笔记本电脑简单轻便，在功能、容量、扩展性、处理速度、操作系统和显示性能方面又远远优于电子记事簿。掌上电脑除了用来管理个人信息（如通讯录，计划等），还可以上网浏览页面，收发E-mail，甚至还可以当作手机来用，由于方便随身携带，因此为软件运行和内容服务提供了广阔的舞台，很多增值业务可以就此展开，如股票、新闻、天气、交通、商品、应用程序下载、音乐图片下载等。

平板电脑：一种无须翻盖、没有键盘、大小不等、形状各异，却功能完整的电脑。其构成组件与笔记本电脑基本相同，但它是利用触笔在屏幕上书写，而不是使用键盘和鼠标输入，并且打破了笔记本电脑键盘与屏幕垂直的设计模式。其显示器可以随意旋转，一般采用小于10.4英寸的液晶屏幕，并且都是带有触摸识别的液晶屏，可以用电磁感应笔手写输入。平板式电脑集移动商务、移动通信和移动娱乐为一体，具有手写识别和无线网络通信功能，移动性和便携性更胜笔记本电脑。

(5) 嵌入式计算机

嵌入式计算机不仅把运算器和控制器集成在一起，而且把存储器、输入输出接口电路等也都集成在同一块芯片上，这样的超大规模集成电路也称为单片计算机。嵌入式计算机是内嵌在其他设备中的，它并不像其他计算机一样可以分辨出存储器、输入设备、输出设备，你甚至感觉不到它的存在，如电视机，洗衣机、微波炉、MP3播放器、汽车、手机等产品中。它们执行着特定的任务，例如控制办公室的温度和湿度，监测病人的心率和血压，控制微波炉的温度和工作时间，播放MP3音乐等。现在，嵌入式计算机非常普遍，由于用户并不直接与计算机接触，它们的存在并不显而易见。

嵌入式计算机促进了各种各样消费电子产品的发展和更新换代：手表、手机、玩具、游戏机、照相机、音响、电话机等。嵌入式计算机也被广泛应用于工业和军事领域，如机器人、数控机床、汽车、导弹等。实际上，嵌入式计算机是计算机市场中增长最快的部分，世界上90%的计算机（微处理器）都以嵌入式方式在各种设备里运行。以电梯为例，一台电梯中有几十甚至上百个嵌入式计算机在工作，它们的计算机能力可能比一台商用电脑的计算能力更强。

除了复杂程度不同，嵌入式计算机的结构和工作原理与通用计算机是相似的。需要注意的是大部分嵌入式计算机都把软件固化在芯片上,所以它们的功能和用途就不能再改变了,另外,嵌入式计算机大多应满足实时信息处理、最小化存储容量、最小化功耗、适应恶劣工作环境等要求,并力求以最低成本来满足更多的要求,这是嵌入式计算机的应用特点。

2. 计算机的特点

计算机为什么能深入到人类社会的方方面面?为什么会有那么神奇的威力呢?这是因为它有着如下一些显著的特点,而这些是其他任何工具所无法比拟的。

(1) 高速、精确的运算能力

这是计算机与其他计算工具最明显的区别。计算机能以极高的速度工作,主频为数MHz至上千MHz,每秒可执行几百万至数亿条指令,目前世界上已经有超过每秒百万亿次运算速度的计算机。

运算精度取决于两个方面:一是字长,现在计算机可进行64位、128位二进制运算;对要求精度高的问题,还可提供双倍或多倍字长的运算。二是采用的计算方法,选择科学的算法,再加上高质量的程序设计,能够保证计算结果的准确性。计算机可以计算小到原子中的粒子,大到整个宇宙。

(2) 准确的逻辑判断能力

计算机能够进行逻辑处理,也就是说它能够"思考"。这是计算机科学界一直为之努力实现的,虽然它现在"思考",只局限在某一专门的方面,还不具有人类思考的能力,但在信息查询等方面,已经能够根据要求进行匹配检索。这已经是计算机的一个常规应用。

(3) 强大的存储能力

计算机能够存储大量的数字、文字、图像、声音、电影等各种信息,"记忆力"大得惊人,如它可以轻易地"记住"一个大型图书馆的所有资料。计算机强大的存储能力不但表现在容量大,还表现在"长久"。对于需要长期保存的数据和资料,无论是以文字形式还是以其他如声音、图像等形式,计算机都可以长期保存。另外就这样大的容量查询速度还很快。

(4) 自动功能

计算机可以将预先编好的一组指令(称为程序)先"记"下来,然后自动地逐条取出这些指令并执行,工作过程完全自动化,不需要人干预,而且可以反复进行。

(5) 网络与通信功能

计算机技术发展到今天,不仅可将几十台、几百台甚至更多的计算机连成一个网络,而且能将一个个城市、一个个国家的计算机连在一个计算机网上。目前最大、应用范围最广的"因特网",连接了全世界一百五十多个国家和地区数亿台的各种计算机。在网上所有计算机用户可共享网上资料、交流信息、互相学习,方便得如用电话一般,整个世界都可以互通信息。

计算机网络功能的重要意义是改变了人类交流的方式和信息获取的途径。

1.1.3 微型计算机的发展

在现代计算机发展中,微型计算机无疑是发展最快、普及最广泛的。正是微型机使计算机从实验室、专门机房走到办公室、家庭、公共场所。正是微型机的发展和相应的图形化软件的发展,才使计算机从专业人员走向广大群众中。

1. 第一个微处理器芯片和第一台微型机

在微处理器发明过程中，起到最关键作用的是霍夫。他代表Intel公司，帮助日本商业通信公司设计台式计算器芯片。日本人提出至少需要用12个芯片来组装机器。1969年8月下旬的一个周末，霍夫在海滩游泳，突然产生了灵感。他认为，完全可以把中央处理单元(CPU)电路集成在一块芯片上。

诺依斯和摩尔支持他的设想，并派来逻辑结构专家麦卓尔和芯片设计专家费根，为芯片设计出图纸。1971年1月，以霍夫为首的研制小组，完成了世界上第一个微处理器芯片。在3×4平方毫米面积上集成晶体管2250个，每秒运算速度达6万次。它意味着电脑CPU已经缩微成一块集成电路，意味着“芯片上的电脑”诞生。第一块微处理器芯片已属大规模集成电路范畴。Intel公司命名它为4004，第一个4表示它可以一次处理4位数据，第二个4代表它是这类芯片的第4种型号。图1.6所示为4004芯片外观。

图1.6　4004芯片

1972年4月，霍夫小组研制出另一型号的微处理器8008。在做了少许改进后，1975年又推出有史以来最成功的8位微处理器8080。8080集成了约4800个晶体管，每秒执行29万条指令。8080型微处理器正式投放市场是在1974年，这种芯片及其仿制品后来共卖掉数以百万计，引发了汹涌澎湃的微电脑热潮。

在Intel公司的带动下，1975年，摩托罗拉公司也宣布推出8位微处理器6800。1976年，霍夫研制小组的费根，在硅谷组建了Zilog公司，同时宣布研制成功8位微处理器Z—80。从此，可以放在指尖上的芯片电脑全方位地改变了世界。

“牛郎星”发明人爱德华·罗伯茨(E. Roberts)是计算机爱好者，开设了一家“微型仪器与自动测量系统公司”(MITS)。在竞争的压力下，他以每块75美元的价格向Intel购到8080微处理器，组装了一台很小的机器。恰好《大众电子》一直在寻找独家新闻，就帮他把这台机器命名为“牛郎星”，并在杂志上进行了隆重报道。

人们普遍认为，这就是世界上第一台用微处理器装配的微型计算机。在金属制成的小盒内，罗伯茨装进两块集成电路，一块即8080芯片，另一块是存储器，仅有256B。需要用手拨动面板上8个开关输入程序；以几排小灯泡的明暗表示计算结果。这种机器每台只标价397元。

“牛郎星”的反响出人意料，仅在1975年，MITS公司就卖出了2000台。这些微型计算机大都走进美国一些家庭的汽车库，购买者是初出校门的青年学生。罗伯茨把“牛郎星”定位在青年电脑迷身上。他们还自发组织了一个“家庭酿造电脑俱乐部”，相互交流组装微型机的经验。车库里第一次聚会后，几个月内就有75%的会员设计出自己的微型计算机。

然后计算机迷们纷纷以汽车库为基地开始创业，挑头掀起一场“解放计算机”的伟大革命。从汽车库里走出的新生代计算机企业，为市场提供了约200个品牌的微型计算机，较有名气的有TRS-80。这些早期的8位机，作为第一代微型计算机的开路先锋，为推动20世纪80年代后电脑大规模普及建立了功勋。

2. 车库里的“苹果”

1976年，美国硅谷“家酿电脑俱乐部”的两位青年，在汽车库里“酿造”出一家闻名全球的电脑公司,从而发动了一场轰动电脑业界的"车库革命"。

两位青年同名,史蒂夫·乔布斯(S. Jobs)和史蒂夫·沃兹奈克(S. Wozniak)都是土生土长的硅谷人。1972年,乔布斯进入里德学院,只读了一年书,便中途辍学在俄勒冈一带的苹果园打工,后来进入雅达利公司。沃兹奈克辗转读了三所大学后,也于1973年辍学,进入HP公司工作。两个好友一直保持着密切联系,都是"家酿电脑俱乐部"的常客。1975年,由于无钱购买"牛郎星"电脑,沃兹奈克只得用较便宜的6502微处理器装配了一部。这台电脑严格地讲只是装在木箱里的一块电路板,但有8K存储器,能显示高分辨率图形。俱乐部成员纷纷提出要订购这种机器。图1.7是苹果教父乔布斯。

乔布斯敏锐地看到了商机,他卖掉自己的汽车,凑了1300元创业资金。就在乔布斯家里的汽车库里,20世纪微型计算机的制造工业悄悄迈出了第一步,这是第一次应客户要求成批生产的真正的微型计算机产品。为了纪念乔布斯当年在苹果园打工的历史,公司取名苹果(Apple),标志是一个被咬了一口的苹果,因为"咬"(Bite)与"字节"(Byte)同音。他们生产的第一款微型计算机也就命名为"苹果Ⅰ"(AppleⅠ)。那一年,乔布斯才20岁。

乔布斯四处游说为公司筹措资金,曾经在Intel公司担任过销售经理的马克库拉看到了微型机的光辉前景,愿意出资10万元就任公司董事长。苹果公司开始扩大规模,把工厂搬出了汽车库。1977年7月,沃兹奈克精心设计出另一新型微机,安装在淡灰色的塑料机箱内,主电路板用了62块集成电路芯片,1978年初又增加了磁盘驱动器。这种电脑达到当时微型电脑技术的最高水准,乔布斯命名它为"苹果Ⅱ"(AppleⅡ),见图1.8。

图1.7 苹果教父乔布斯

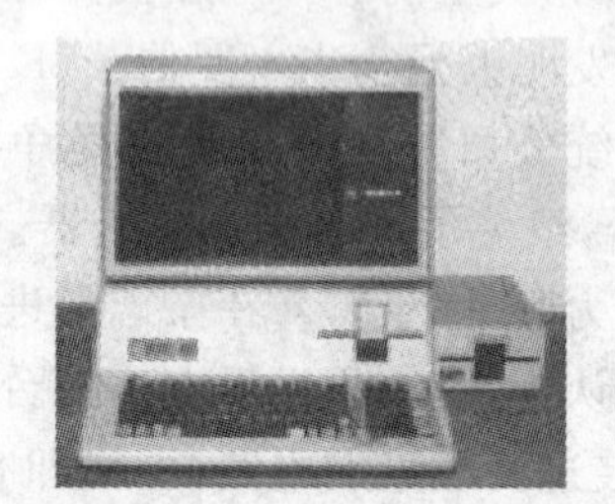

图1.8 苹果Ⅱ

1977年4月,苹果Ⅱ在旧金山计算机交易会第一次公开露面,售价仅1298美元,却造成意想不到的轰动。从此,苹果Ⅱ大量走进了学校、机关、企业、商店和家庭,为领导时代潮流的个人计算机铺平了道路。由于苹果带来的巨大收益,这家公司在短短5年时间内创造了神话般的奇迹,1976年,公司营业额超过20万美元;5年之后,营业额竟跃升至10亿美元,跨进美国最大500家公司的行列。乔布斯成为当时美国最年轻的百万富翁。

1980年,Apple Ⅲ上市,12月12日,苹果公司股票公开上市,在不到一个小时内,460万股被抢购一空,当日以每股29美元收市。按这个收盘价计算,苹果公司高层产生了4名亿万富翁和40名以上的百万富翁。

1984年1月24日,Apple Macintosh发布,该电脑配有全新的具有革命性的操作系统,成为计算机工业发展史上的一个里程碑,Mac电脑一经推出,即受到热捧,人们争相抢购,苹果电脑的市场份额不断上升，见图1.9。

图1.9　Apple Macintosh

1985年，乔布斯获得了由里根总统授予的国家级技术勋章。然而，过多的荣誉背后却是强烈的危机，由于乔布斯坚持苹果电脑软件与硬件的捆绑销售，致使苹果电脑不能走向大众，加上蓝色巨人IBM公司的个人电脑对市场的抢占，使得乔布斯新开发的电脑节节惨败，总经理和董事们便把这一失败归罪于董事长乔布斯。

1985年4月苹果公司董事会撤销了乔布斯的经营大权，乔布斯于当年9月愤而辞去苹果公司董事长职位。乔布斯离开后，苹果公司并未改变公司的经营策略，仍然坚持软件与硬件的捆绑销售，同时由于苹果漠视合作伙伴，在新系统开发上市之前并不给予合作伙伴兼容性技术上的支持，从而将可能的合作伙伴全部赶走，微软公司不堪忍受，只能尝试发展自己的系统，不久，Windows 95系统诞生，苹果电脑的市场份额一落千丈，几乎处于崩溃的边缘。

而乔布斯在离开苹果公司后，随即创办一家名为Next的软件开发公司，不久，该公司成功制作第一部电脑动画片《玩具总动员》取得巨大成功，1997年8月，苹果宣布收购Next公司，乔布斯由此重新回到了苹果，并开始重新执掌公司。

回到苹果公司的乔布斯，在1998年6月，推出了自己的传奇产品iMac，所有配置都与此前一代苹果电脑几乎一样，但有不一样的时尚外貌，有着红、黄、蓝、绿、紫五种水果颜色可供选择，iMac的推出，标志着苹果公司开始走上振兴之路。1998年12月，iMac荣获《时代》杂志"1998最佳电脑"称号，并名列"1998年度全球十大工业设计"第三名。1999年，苹果公司又推出了第二代iMac和Power Mac，2005年的Mac mini和2006年的Mac Pro，一面市就受到了用户的热烈欢迎。

在笔记本产品方面，1999年7月，苹果公司推出外形蓝黄相间的笔记本电脑ibook，是专为家庭和学校用户设计的"可移动iMac"，融合了iMac独特的时尚风格、最新无线网络功能与苹果电脑在便携电脑领域的全部优势。2006年，推出了MacBook Pro，2008年，推出了MacBook Air。

2001年3月，苹果计算机的新一代操作系统Mac OS Ⅹ推出，该系统基于动作稳定、性能强大的UNIX系统架构进行全面改革，大量使用了乔布斯在Next公司所获得的技术与经验，Mac OSⅩ的系统稳定性、高处理速度及华丽界面等因素，都成为苹果进行市场宣传的重点所在。

2001年，苹果公司开通了网络音乐服务iTunes网上商店，目前iTunes已成为全球最为热门的网络音乐商店之一。

2001年苹果公司推出iTunes之后，开始着手研发与之相配的便携式存储器随身听iPod，当年的10月iPod发布，399美元的价格使其销量并不理想，2002年，它只售出10万台。天才的乔布斯用两个手术改变了iPod的命运。小手术是，一改以往苹果产品与Windows不兼容的特性，让PC用户也可以直接使用iPod；大手术是，将iTunes从一个单机版音乐软件变为一个网络音乐销售平台。它在随后两年内的销量超过1000万台，"21世纪的随身听"之名终于确立起来。它做到了随身听所不曾做到的：超越电子产品的范畴，iPod成了一种符号、一个宠物以及身份表征。之后，苹果公司不断推出iPod的新款型，如

2003年底的iPod mini,2005年的iPod nano、iPod shuffle,2006年的Apple TV,2007年的iPod classic、iPod touch,2010年的iPad,2011年的iPad 2以及2012年的全新iPad等都收获了巨大的成功,成为各大厂家效仿的对象,历代iPod系列的造型也对现代影音MP3/MP4影响巨大,现在,iPod的市场占有率为73.4%,成为业界不可撼动的一哥。

2007年夏,苹果推出了iPhone智能手机。该产品提供音乐播放、电子邮件收发、互联网接入等功能。2009年7月,苹果又推出了3G版iPhone。2010年,苹果推出iPhone 4,2011年推出iPhone 4S,各产品首发期间,全球各国都出现了消费者提前数天排队购买的现象,iPhone手机成为全球关注度最高的一款手机。图1.10是苹果公司的部分产品。

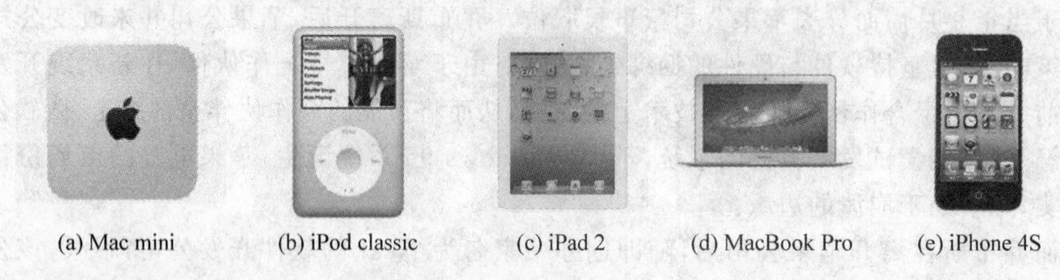

(a) Mac mini　(b) iPod classic　(c) iPad 2　(d) MacBook Pro　(e) iPhone 4S

图1.10　苹果公司部分产品

3. 个人电脑新纪元

如果要把微型计算机短暂的历史划分为两个不同的阶段,那么,1981年无疑是个分界线。这一年,IBM公司推出了它的个人计算机PC,人类社会从此跨进个人计算机新纪元。

20世纪70年代末,IBM公司历来以生产大型计算机为主业,看不起一两千元的微型计算机,以苹果公司为代表的"车库"公司,短短几年就把微型计算机演成了大气候。IBM决定在迈阿密建立一个"国际象棋"专案小组,一年内开发出自己的机器。以唐·埃斯特奇(D. Estridge)为首的研究小组认为,IBM必须实行"开放"政策。他们决定采用Intel 8088微处理器作为该计算机的中枢,同时委托独立软件公司为它配置各种软件。经反复斟酌,IBM公司决定把新机器命名为"个人计算机",即IBM PC。

1981年8月12日,IBM在纽约宣布IBM PC个人计算机出世,PC以前所未有的广度和速度面向大众普及。IBM PC主机板上配置有64KB存储器,另有5个插槽供增加内存或连接其他外部设备。它还装备着显示器、键盘和两个软磁盘驱动器。它把过去一个大型电脑机房的全套装置统统搬到个人的书桌上。仅在1982年,IBM PC就卖出了25万台。第二年5月8日,IBM公司再次推出改进型IBM PC/XT个人计算机,增加了硬盘装置,当年的市场占有率就超过76%。一举夺得这一新兴市场的领导权。

从此,IBM PC就成为个人电脑的代名词,它甚至被《时代》周刊评选为"年度风云人物",是IBM公司20世纪最伟大的产品。全世界各地的电子电脑厂商也争相转产PC,仿造出来的产品就是IBM PC兼容机。

IBM PC的诞生不仅掀起了个人电脑的大普及,而且导致了软件工业的兴起。其中,受益最大的是微软公司。

1975年7月,19岁的比尔·盖茨走出人生中最关键的一步。他毅然放弃只差一年就到手的哈佛学位,与保罗·艾伦一起在阿尔伯克基市竖起"微软公司"的旗帜。"微软"(Microsoft)取自于"微型"和"软件"二字,专门从事微电脑软件开发。比尔·盖茨为只有

6名员工的小公司定下雄心勃勃的目标：每个家庭每张桌上都有一部电脑运行微软的软件。

1980年，当IBM"国际象棋"专案组需要为PC电脑配套操作系统软件时，找到了微软公司，可当时他们并不擅长编写这种软件，比尔·盖茨想起了西雅图软件天才帕特森(T. Paterson)曾编写过一个QDOS软件，正好可以改造为PC的操作系统。微软公司购买到QDOS版权，并且在帕特森的帮助下，完成了这件影响深远的磁盘操作系统MS-DOS软件。

MS-DOS伴随IBM PC电脑出征，由于所有PC个人电脑(包括其他厂商生产的兼容机)都需要安装MS-DOS，其用户后来竟超过3000万，历史上从来没有哪个软件能够达到如此庞大的用户数。微软公司依托MS-DOS迅速崛起。

4. 软件与硬件交替发展

MS-DOS开始时只支持20多条命令，只能显示黑白的简单字符，只能支持BASIC语言。后来不断地发展成熟，能支持100多条命令，能显示彩色的简单图形，也有了多种高级语言可以运行。与此同时对硬件也提出了更高的要求。当然Intel公司没有停止前进的步伐，386刚刚上市，虞有澄便委任季尔辛格研制下一代芯片，而且必须创新。

由季尔辛格任设计主笔的第6代(P6)产品——"高能奔腾"(Pentium Pro)发布，集成了550万个晶体管，内部元件宽度缩微至0.35微米，运算速度高达每秒钟3亿个指令。

一年半后，Intel公司推出"奔腾Ⅱ"处理器，实现了0.25微米新工艺，它内置多媒体(MMX)功能，集数据、音频、视频、图形、通信于一体，是自"奔腾"以来最重要的新品。"奔腾Ⅱ"一改传统的插脚方式，改变为"单边接触盒"，企图中止其他芯片商对"奔腾"的仿制，并且申请了专利。就在同一天，IBM、DELL、康柏、惠普等公司同步推出"奔腾Ⅱ"电脑产品。

2008年Intel推出45纳米的Core 2 Extreme QX9770处理器，这款四核产品的时钟频率为3.2GHz，前端总线为1600MHz。将配备X48 Express芯片组。

微处理器的发展遵照"摩尔定律"，集成的元件数目以每18个月翻一番的进程，默默走过了30余年。如果走进Intel公司博物馆，人们可以清晰地观看到它的生产过程和它的发展足迹。从第一代4004到第8代Pentium 4，芯片的集成度增加了2400倍，速度提高了5000倍。至1995年，全世界用作电脑"心脏"的微处理器产量已达2.4亿个；用作电器控制的微处理器产量高达30亿个。

Intel微处理器的更新换代，也给微软公司Windows软件升级带来契机。从开始的DOS 1.0，到DOS 6.22，从字符界面到图形化界面，1990年在当时的386基础上推出了Windows操作系统。

实际上每当Intel推出一款新的微处理器，微软公司也推出一款新的操作系统，包括Windows 95、Windows 98、Windows Me、Windows 2000、Windows XP、Windows Vista、Windows 7，每一款在功能上都有一定的进步，从简单图标处理到图片、声音、图像、3D动画、视频、联网功能、安全功能、帮助功能、高清视频等。但对机器性能的要求也高了，以刺激用户的购买欲，同时也推动了个人计算机的发展。据说PC市场60%的利润被Wintel联盟获得。

凭借着Windows 95的成功销售，微软公司控制了个人电脑操作系统90%以上的市场份额，比尔·盖茨也登上美国《财富》杂志全球富豪排行榜榜首，并在此后13年间蝉联美国首富宝座，微软公司数千名员工成为百万富翁或千万富翁。此外，2006年在美国前5位富翁中有4位被信息产业人员占据,当之无愧成为知识经济来到的标志。

1.1.4 中国计算机的发展

从1953年1月我国成立第一个电子计算机科研小组到今天,我国计算机科研人员已走过了六十多年艰苦奋斗、开拓进取的历程。从国外封锁条件下的仿制、跟踪、自主研制到改革开放形势下的与"狼"共舞,同台竞争,从面向国防建设、为两弹一星做贡献到面向市场为产业化提供技术源泉,科研工作者为国家做出了不可磨灭的贡献,树立了一个又一个永载史册的里程碑。下面按年代论述我国计算机的发展。

1958年,中科院计算所研制成功我国第一台小型电子管通用计算机103机(八一型),标志着我国第一台电子计算机的诞生。

1965年,中科院计算所研制成功第一台大型晶体管计算机109乙,之后推出109丙机,该机为两弹试验发挥了重要作用。

1974年,清华大学等单位联合设计、研制成功采用集成电路的DJS-130小型计算机,运算速度达每秒100万次。

1983年,国防科技大学研制成功运算速度每秒上亿次的银河-Ⅰ巨型机,这是我国高速计算机研制的一个重要里程碑。

1985年,电子工业部计算机管理局研制成功与IBM PC兼容的长城0520CH微机。

1992年,国防科技大学研究出银河-Ⅱ通用并行巨型机,峰值速度达每秒4亿次浮点运算(相当于每秒10亿次基本运算操作),为共享主存储器的四处理机向量机,其向量中央处理机是采用中小规模集成电路自行设计的,总体上达到20世纪80年代中后期国际先进水平。它主要用于中期天气预报。

1993年,国家智能计算机研究开发中心(后成立北京市曙光计算机公司)研制成功曙光一号全对称共享存储多处理机,这是国内首次以基于超大规模集成电路的通用微处理器芯片和标准UNIX操作系统设计开发的并行计算机。

1995年,曙光公司又推出了国内第一台具有大规模并行处理机(MPP)结构的并行机曙光1000(含36个处理机),峰值速度每秒25亿次浮点运算,实际运算速度上了每秒10亿次浮点运算这一高性能台阶。曙光1000与美国Intel公司1990年推出的大规模并行机体系结构与实现技术相近,与国外的差距缩小到5年左右。

1997年,国防科大研制成功银河-Ⅲ百亿次并行巨型计算机系统,采用可扩展分布共享存储并行处理体系结构,由130多个处理结点组成,峰值性能为每秒130亿次浮点运算,系统综合技术达到20世纪90年代中期国际先进水平。

1997至1999年,曙光公司先后在市场上推出具有机群结构(Cluster)的曙光1000A,曙光2000-Ⅰ,曙光2000-Ⅱ超级服务器,峰值计算速度已突破每秒1000亿次浮点运算,机器规模已超过160个处理机。

1999年,国家并行计算机工程技术研究中心研制的神威-Ⅰ计算机通过了国家级验收,并在国家气象中心投入运行。系统有384个运算处理单元,峰值运算速度达每秒3840亿次。

2000年,曙光公司推出每秒3000亿次浮点运算的曙光3000超级服务器。

2001年,中科院计算所研制成功我国第一款通用CPU——"龙芯"芯片。

2002年,曙光公司推出完全自主知识产权的"龙腾"服务器,龙腾服务器采用了"龙芯-1"

CPU,采用了曙光公司和中科院计算所联合研发的服务器专用主板,采用曙光 Linux 操作系统,该服务器是国内第一台完全实现自有产权的产品,在国防、安全等部门将发挥重大作用。

2003 年,百万亿次数据处理超级服务器曙光 4000L 通过国家验收,再一次刷新国产超级服务器的历史纪录,使得国产高性能产业再上新台阶。

2009 年 10 月 29 日,每秒钟 1206 万亿次的峰值速度和每秒 563.1 万亿次的 Lin pack 实测性能,使这台名为"天河一号"的计算机位居同日公布的中国超级计算机 100 强之首,也使中国成为继美国之后世界上第二个能够研制千万亿次超级计算机的国家。

2010 年,国防科技大学在"天河一号"的基础上,对加速结点进行了扩充与升级,新的"天河一号 A"系统已经完成了安装部署,其实测运算能力从上一代的每秒 563.1 万亿次倍增至 2507 万亿次。

天河一号 A,是由中国国防科技大学与天津滨海新区合作研发,斥资六亿元人民币制造,它装置在天津中国国家超级计算机中心里,总共有 140 个机柜,一百五十多吨重,由于采用了世界最先进的水冷、制冷技术,它是仅次于 IBM 的蓝色基因,世界上最节能的超级计算机。2010 年 11 月世界超级计算机 TOP 500 排名,位列世界第一。后 2011 年 6 月被日本超级计算机"京"超越。2012 年 6 月 18 日,国际超级电脑组织公布的全球超级电脑 500 强名单中,"天河一号 A"排名全球第五。

2011 年 10 月 27 日,我国第一台完全采用国产 CPU 处理器的千万亿次超级计算机——神威蓝光,在济南国家超级计算机中心投入使用。该机装有 8704 片国产"申威 1600"16 核 64 位处理器,仅 9 个机柜便能达到峰值性能 1100 万亿次每秒。计算能力超过 20 万台普通笔记本电脑。系统综合水平处于当今世界先进行列。该系统具备扩充至每秒万万亿次潜力。

天河一号 A 和神威蓝光展示出中国科技发展的超凡实力。

1.1.5 计算机的应用

计算机之所以迅速发展,其生命力在于它的广泛应用。最早设计计算机的目的是用于军事方面的科学计算,而当制造完成后,由于它的无比的优越性,就开始用于其他领域。第一台商用计算机就被用于"圣经"的文字处理。不久就在银行用于信息处理。目前,计算机的应用范围几乎涉及人类社会的所有领域:从国民经济各部门到个人家庭生活,从军事部门到民用服务,从科学教育到文化艺术,从生产领域到消费娱乐,无一不是计算机应用的天下,对于这么多的应用,这里不可能一一介绍,下面将计算机的应用归纳成 7 个方面来叙述。

1. 科学计算

科学研究和工程技术计算领域,是计算机应用最早的领域,也是应用得较早、较广泛的领域。例如数学、化学、原子能、天文学、地球物理学、生物学等基础科学的研究,以及航天飞行、飞机设计、桥梁设计、水力发电、地质找矿等方面的大量计算都要用到计算机。利用计算机进行数值计算,可以节省大量时间、人力和物力。

例如,大范围地区的日气象预报,采用计算机计算,不到一分钟就可算出结果。若用手摇计算机计算,就得用几个星期,那么"日预报"就毫无价值了。

2. 自动控制

自动控制是涉及面极广的一门学科,应用于工业、农业、科学技术、国防以至我们的日常生活等各个领域。特别是有了体积小、价廉可靠的微型计算机和单片机后,自动控制就有了强有力的工具,使自动控制进入以计算机为主要控制设备的新阶段。

用计算机控制各种加工机床,不仅可以减轻工人的劳动强度,而且生产效率高,加工精度高。例如,微型机控制的铣床可以加工形状复杂的涡轮叶片,加工精度可以提高到0.013mm,加工时间从原来的三星期缩短到四小时。

更进一步发展,用一台或多台计算机控制很多台设备组成的生产线,控制一个车间以至整个工厂的生产,其经济和技术效果更为显著。例如一台年产200万吨的标准带钢热轧机,如用人工控制,每周产量500t就很不简单了。采用计算机控制后,大大提高了轧钢机的速度,每周产量可达5万吨,产量提高到100倍。有人说"计算机是提高生产力最简便的方法",这是很有道理的。

3. CAD/CAM/CIMS

CAD(Computer Aided Design)是人们借助计算机来进行设计的一项专门技术,广泛应用于航空、造船、建筑工程及微电子技术等方面。利用CAD技术,首先按设计任务书的要求设计方案,然后进行各种设计方案的比较,确定产品结构、外形尺寸、材料,进行模拟组装,再对模拟整机的各种性能进行测试,根据测试结果还可对其进行不断修正,最后确定设计。产品设计完成后再将其分解为零件、分装部件,并给出零件图、分部装配图、总体装配图等。上述全部工作均可由计算机完成,大大降低了产品设计的成本,缩短了产品设计周期,最大限度地降低了产品设计的风险。因此CAD技术已被各制造业广泛应用。

CAM(Computer Aided Manufacturing)是利用计算机来代替人去完成制造系统中的有关工作。广义CAM一般指利用计算机参与从毛坯到产品制造过程中的直接或间接的活动,包括工艺准备、生产作业计划、物料采购计划、生产控制、质量控制等。狭义CAM通常仅指数控程序的编制,包括刀具路径的规划、刀位文件的生成、刀具轨迹仿真及数控代码的生成等。目前人们已经将数控、物料控制及储存、机器人、柔性制造、生产过程仿真等计算机相关控制技术统称为计算机辅助制造。

CIMS(Computer Integrated Manufacturing System)即将企业生产过程中有关人、技术、设备、经费管理及其信息流和物质流等有机集成并优化运行,包括信息流和物质流与组织的集成,生产自动化、管理现代化与决策科学化的集成,设计制造、监测控制和经营管理的集成;采用各种计算机辅助技术和先进的科学管理方法,在计算机网络和数据库的支持下,实现信息集成,进而使企业优化运行,达到产品上市快、质量好、成本低、服务好的目的,以此提高产品的市场占有率、企业的市场竞争力和应变能力。

4. 信息处理

信息,是我们人类赖以生存和交际的媒介。通过五官和皮肤,我们可以看到文字图像,听到唱歌说话,闻到香臭气味,尝到酸甜苦辣,感到冷热变化。文字图像、唱歌说话、香臭气味,酸甜苦辣,冷热变化,这些都是信息。人本身就是一个非常高级的信息处理系统。

在商业业务上,广泛应用的项目有:办公室计算机、数据处理机、数据收集机、发票处理机、销售额清单机、零售终端机、会计终端、出纳终端等。

在银行业务上，广泛采用金融终端、销售点终端、现金出纳机。银行间利用计算机进行的资金转移正式代替了传统的支票。个人存款也使用“电子存款”，不用支票，雇员的薪金用计算机转账。

在邮政业务上，大量的商业信件，现在开始传真系统传送。甲地寄出的信件可以自动拆开，用电子传真系统传送到乙地，然后用人送到收信者手中，或在收件者的打印机上打印出来。未来的邮政局将一般邮件都用“电子邮件”方法办理。

自有人类社会以来，各种组织就有各种不同的信息处理系统。因为有社会活动，就必须有组织，有组织就必须收集、处理各种信息。长期以来，人们都用手工来收集、处理各种信息。但是随着社会发展，组织日益复杂，管理职能越来越不适用。

5. 教育和卫生

创立学校、应用书面语言、发明印刷术，被称为教育史上的三次革命。目前，计算机广泛应用于教育，被誉为“教育史上的第四次革命”。

较多的应用是“计算机辅助教学”，例如，学习坐在“学生机”前，通过键盘向计算机网络中的“教师机”送去课程代号，选出所需的教材，并将存储这个教材的光盘机与教室中的学生机接通。于是，教室的大屏幕上或学生机上显示文字或图像，喇叭里放出教师讲课的声音。假如有一段没有听懂，通过键盘输入，教师机就会控制光盘机重放一遍。假如还听不懂，教师机就会控制光盘机送出原先准备好的补充讲解内容。用这种设备进行教学，学生可以生动活泼地进行学习，教师也可以减少大量重复的课堂讲授，而把精力放在提高教材质量和研究教学方法上。

计算机辅助教学既用于普通教育，又用于专业训练方面。例如通过计算机管理的“飞行模拟器”来训练飞机驾驶员，可以收到多快好省的效果。飞行员坐在地面上的飞行模拟器中进行训练，其环境犹如真实飞机在空中飞行一样。

计算机的问世，同样为人类健康长寿带来了福音。一方面，使用计算机的各种医疗设备应运而生，如CT图像处理设备、身体诊断设备、心脑电图分析仪、医疗车系统等，无疑，这些较先进的设备和仪器为及早发现疾病提供了强有力的手段。另一方面，集专家经验之大成，利用计算机建成了各种各样的专家系统，如中医专家诊疗系统、肝病电脑诊治系统、肺癌电脑诊断系统、黄疸病诊疗系统等。事实表明，这些专家系统行之有效，为诊治疾病发挥了很大作用。对人类健康有直接或间接影响的其他领域，像环境保护、水质检测等。

6. 家用电器

计算机不仅在国民经济各部门发挥越来越大的作用，而且已渗入个人生活，特别是家用电器中。例如彩色电视机的调台器，就是把微型机的锁环频率合成器结合起来构成的。从而使电视机增加了数字选台、自动选台、预约节目、遥控等多种功能。目前，不仅使用各种类型的个人计算机，而且将单片机广泛应用于微波炉、磁带录音机、自动洗衣机、煤气定时器、家用空调设备控制器、电子式缝纫机、电子玩具、游戏机等。未来的家用电脑将指挥机器人扫地，清洁地毯，控制炉灶的烹调时间，调节室内温度，执行守护房屋和防火工作，还可以接受主人的电话命令，开启暖炉或冷气机。在21世纪，计算机网络和计算机控制的设备将广泛地应用于办公室、工厂和家庭。通过国际互联网，可以传递多种多样的有益信息，如新闻时事，商业行情、电子商务等。

7. 人工智能

“人工智能”又称“智能模拟”,简单地说,就是要使计算机能够模仿人的高级思维活动。影片《未来世界》中所描绘的机器人,就是在人工智能研究成果基础上所设想的未来世界的情景。不管影片中所描绘的几乎与真人差不多的机器人是否能够实现,或者到什么时候实现,现在确实在人工智能研究方面进行着大量的工作。

人工智能的研究课题是多种多样的,诸如计算机学习、计算机证明、景物分析、模拟人的思维过程、机器人等,内容很多。拿下棋为例,如果程序人员把走棋的法则编成程序存入计算机、计算机就可以按规则走动棋子,与人对弈。下棋的结果,计算机可能输了,第二次再下,当人走法不变时计算机就再输一次。但是如果我们从方法和程序上研究一种新的手段,使计算机下棋输了一次以后它能进行自学习、自组织、自积累经验,那么下次再下棋就不会重犯上次的错误,这就是人工智能所研究的课题。

人类可以直接利用各种自然形式的信息,如文字、图像、颜色、自然景物、声音、语言等,但是计算机目前还不能直接利用自然形式的信息。直接利用自然形式的信息,这正是当前模式识别研究的奋斗目标。目前,在文字识别、图形识别、景物分析以及语言理解等方面都已取得了不少成就。例如在文字识别方面,对规范的印刷体和严格的手写体的识别,已经达到了成熟实用的水平,而对任意的手写体的识别在通过几次学习以后也能识别出来。

1.2 数字表示和信息编码

计算机尽管能处理很复杂的问题,且速度很快。但计算机的整个硬件基础,归根结底却是数字电路。在计算机的整个运行过程中,计算机内部的所有器件只有两种状态:“0”和“1”。计算机也只能识别这两种信号,并对它们进行处理。因此,计算机处理的所有问题,都必须转换成相应的“0”、“1”状态的组合以便与机器的电子元件状态相适应。并且所有信息也都可以用“0”、“1”的状态组合来表示。如:灯亮可以表示为“1”,灯灭可以表示为“0”。再比如:天阴为“01”,天晴为“10”,下雨为“00”等。只要二进制数足够,就可以表示所需要的多种状态。总之,计算机的运算基础是二进制。

1.2.1 数的表示及数制转换

我们日常生活中最常用的是十进制,但计算机中使用的是二进制,为了读写方便,还采用了八进制、十六进制等,下面就介绍各种数制的表示法及相互之间的转换。

1. 各种进位计数制及其表示法

进位计数制就是按进位方法进行计数。日常生活中人们已习惯于“逢10进1”的十进制计数,它的特点是:

(1) 用10个符号表示数。常用0、1、2、3、4、5、6、7、8、9符号表示,这些符号叫做数码。

(2) 每个单独的数码表示0~9中的一个数值。但是在一个数中,每个数码表示的数值不仅取决于数码本身,还取决于所处的位置。4024中的两个4表示的是两个不同的值,4024可写成下列多项式的形式:

$$4\times10^3+0\times10^2+2\times10^1+4\times10^0$$

上式中的 10^3，10^2，10^1，10^0 分别是千位、百位、十位、个位。这“个、十、百、千、…”在数学上称为“权”。每一位的数码与该位的“权”乘积表示该位数值的大小。

(3) 十进制有 0 到 9 共 10 个数码，数码的个数称为基数。十进制的基数是 10。当计数时每一位计到 10 往上进一位，也就是“逢 10 进 1”。所以基数就是两相邻数码中高位的权与低位权之比。

(4) 任一个十进制数 N 可表示为

$$N=\pm[a_{n-1}\times 10^{n-1}+\cdots+a_1\times 10^1+a_0\times 10^0+a_{-1}\times 10^{-1}+\cdots+a_{-m}\times 10^{-m}]$$

$$=\pm\sum_{i=n-1}^{-m} a_i\,10^i \tag{1.1}$$

不难看出式(1.1)是一个多项式。式中的 m、n 是幂指数，均为正整数；a_i 称为系数，可以是 0 到 9 这 10 个数码符号中的任一个，由具体的数决定。10 是基数。

对公式(1.1)推广之，对于任意进位计数制，若基数用 R 表示，则任意数 N 可表示为

$$N=\pm\sum_{i=n-1}^{-m} a_i R^i \tag{1.2}$$

式中 m、n 的意义同上，a_i 则为 0、1、…、$(R-1)$ 中的任一个，R 是基数。

对于二进制，数 N 可表示为

$$N=\pm\sum_{i=n-1}^{-m} a_i 2^i \tag{1.3}$$

基数是 2，而数码符号只有 0 和 1 两个，进位为“逢 2 进 1”。

对于八进制，数 N 可表示为

$$N=\pm\sum_{i=n-1}^{-m} a_i 8^i \tag{1.4}$$

基数是 8，可用的 8 个数码符号：0、1、2、3、4、5、6、7，进位为“逢 8 进 1”。

对于十六进制，数 N 可表示为

$$N=\pm\sum_{i=n-1}^{-m} a_i\,16^i \tag{1.5}$$

基数是 16，可用的 16 个数码符号：0、1、2、3、4、5、6、7、8、9、A、B、C、D、E、F，进位为“逢 16 进 1”。

2. 二进制数的特点

那么计算机为什么要采用二进制呢？主要优点是：

(1) 二进制数只有 0、1 两个状态，易于实现。例如电位的高、低；脉冲的有、无；指示灯的亮、暗；磁性方向的正反等都可以表示成 1、0。这两种对立的状态区别鲜明，容易识别。而十进制有 10 个状态，要用某种器件表示 10 种状态显然是难以实现的。

(2) 二进制的运算规则简单。对于每一位来说每种运算只有 4 种规则。

加法运算规则：0+0=0；0+1=1；1+0=1；1+1=10。

减法运算规则：0−0=0；0−1=1(产生借位)；1−0=1；1−1=0。

乘法运算规则：0×0=0；0×1=0；1×0=0；1×1=1。

(3) 二进制信息的存储和传输可靠。由于用具有两个稳定状态的物理元件表示二进制，两个稳态很容易识别和区分，所以工作可靠。

(4) 二进制节省设备。从数学上推导,采用 $R=e\approx2.7$ 进位计数制实现时最节省设备,据此,采用三进制是最省设备的,其次是二进制。但三进制比二进制实现困难很多,所以计算机广泛采用二进制。

(5) 二进制可以用逻辑代数作为逻辑分析与设计的工具。逻辑代数是研究一个命题的真与假、是与非这样的一对矛盾的数学工具,因此可以把二进制“0”和“1”作为一对矛盾来看待,使用逻辑代数进行逻辑分析和设计。

当然,二进制数也有它的缺点。第一个缺点是人们不熟悉、不易懂,人们熟悉的是十进制。第二个缺点是书写起来长,读起来不方便,为克服这个问题,又提出了八进制和十六进制。

尽管计算机中采用了二进制、八进制、十进制、十六进制等不同的进制,但必须明确的是计算机硬件能够直接识别和处理的,还只是二进制数。虽然计算机对外的功能是非常复杂的,但是构成计算机内部的电路却是很简单的,都是些门电路组成的。这些电路都是以电位的高低表示1、0的。因此计算机中的任何信息都是以二进制形式表示的。

3. 各种进制之间的转换

当两个有理数相等时,其整数部分和小数部分一定分别相等,这是不同进制数之间转换的依据。

(1) 十进制整数转换二进制整数

十进制整数转换二进制整数,采用连续除2记录余数的方法。设 N 为要转换的十进制整数,当它已经转换成 n 位二进制时,可写出下列等式:

$$N=a_{n-1}\times2^{n-1}+a_{n-2}\times2^{n-2}+\cdots+a_1\times2^1+a_0\times2^0$$

把等式两边都除以2,得到商和余数:

$$N/2=\{a_{n-1}\times2^{n-2}+a_{n-2}\times2^{n-3}+\cdots+a_1\times2^0\}+a_0/2$$

显然上式中括号内是商 Q_1,余数正是我们要求的二进制数的最低位 a_0,然后把商 Q_1 除以2,得到:

$$Q_1/2=\{a_{n-1}\times2^{n-3}+a_{n-2}\times2^{n-4}+\cdots+a_2\times2^0\}+a_1/2$$

这次得到的余数是二进制数的次低位 a_1。按此步骤,一直进行到商数为0为止。

[**例1-1**] 把十进制的59转换为二进制数。

解:为了清楚起见,把计算步骤列成下述图示:

0←	1←	3←	7←	14←	29←	59	商数
	÷2↓	÷2↓	÷2↓	÷2↓	÷2↓	÷2↓	
	1	1	1	0	1	1	余数
	a_5	a_4	a_3	a_2	a_1	a_0	

把各余数排成 $a_5a_4a_3a_2a_1a_0=111011$,即为59的二进制数。但必须注意的是这里先算出来的是低位,而后算出来的是高位。

(2) 十进制小数转换二进制小数

十进制小数转换二进制小数采用连续乘2而记录其乘积中整数的方法。设 N 是一个十进制小数,它对应的二进制数共有 m 位,则

$$N=a_{-1}\times2^{-1}+a_{-2}\times2^{-2}+\cdots+a_{-m+1}\times2^{-m+1}+a_{-m}\times2^{-m}$$

把等式两边都乘以2,得到整数部分和小数部分 F_1:

$$2N=a_{-1}+\{a_{-2}\times 2^{-1}+\cdots+a_{-m+1}\times 2^{-m+2}+a_{-m}\times 2^{-m+1}\}$$

显然上式中括号内是小数部分 F_1,整数部分正是我们要求的二进制数的最高位 a_{-1},然后把小数部分 F_1 乘以2,得到:

$$2F_1=a_{-2}+\{a_{-3}\times 2^{-1}+\cdots+a_{-m+1}\times 2^{-m+3}+a_{-m}\times 2^{-m+2}\}$$

这次得到的整数部分是二进制数的次高位 a_{-2}。以此类推,就逐次得到 $a_{-1}a_{-2}a_{-3}a_{-4}a_{-5}$ 的值,这就是所求的二进制数。

[例1-2] 把十进制的0.625转换为二进制数。

解:为了清楚起见,把计算步骤列成下述图示:

$$\begin{array}{lccc} & 0.625 \rightarrow & 0.25 \rightarrow & 0.5 \rightarrow 0 \\ & \downarrow\times 2 & \downarrow\times 2 & \downarrow\times 2 \\ \text{整数} & 1 & 0 & 1 \end{array}$$

所以0.625的二进制小数为0.101。

值得注意的是,在十进制小数转换成二进制小数时,整个计算过程可能无限制地进行下去(即积的小数部分始终不为0),此时可根据需要取若干位作为近似值,必要时对舍去部分采用类似十进制四舍五入的0舍1入的规则。

(3) 十进制混合小数转换二进制数

混合小数由整数和纯小数复合而成。转换时将整数部分和纯小数部分分别按上述方法进行转换,然后再将它们组合起来即可。

[例1-3] 把十进制数59.625转换成二进制数。

解:先将59用"除2取余"法转换成二进制数,得到111011,再将0.625用"乘2取整"法转换成二进制数,得到0.101,最后把两个二进制数组合起来,得到结果111011.101就是59.625的二进制数,即 $(59.625)_{10}=(111011.101)_2$。

(4) 二进制数转换成十进制数

二进制数转换为十进制数的方法比较简单,只要将被转换的数按式(1.3)展开,并计算出结果即可。

$$\begin{aligned}(111011.101)_2 &= 1\times 2^5+1\times 2^4+1\times 2^3+0\times 2^2+1\times 2^1+1\times 2^0 \\ &\quad +1\times 2^{-1}+0\times 2^{-2}+1\times 2^{-3}=(59.625)_{10}\end{aligned}$$

(5) 二进制数与八进制数之间的转换

三位二进制数恰有八种组合(000、001、…、111)。因此,二进制数转换为八进制数时,可以从小数点开始向左和右分别把整数和小数部分每三位分成一组。最高位和最低位的那两组如果不足三位,要用0补足三位。整数部分最高位的一组把0加在左边。小数部分最低位的一组把0加在右边。然后用一个等值的八进制数代换每一组的三位二进制数。现举例说明如下。

设有一个二进制数1101001.0100111,要转换成八进制数。我们将它从小数点开始分别向左和向右分为三位一组:

$$\begin{array}{ccccccc} \underline{001} & \underline{101} & \underline{001} & . & \underline{010} & \underline{011} & \underline{100} \\ 1 & 5 & 1 & . & 2 & 3 & 4 \end{array}$$

每一组的三位二进制数转换成八进制数,得151.234。

特别要注意最右边的一组要用0补足三位,否则会发生错误。在上例中,最右边一组只有1,如不加00就错了。

如果要把八进制转换为二进制数,只要用三位二进制数来代替每一位八进制数就可以了。

例如八进制数406.274转换为二进制数:100 000 110 . 010 111 100。

(6) 二进制数与十六进制数之间的转换

4位二进制数能得到16种组合。因此,4位二进制数可直接转换为十六进制数。一个二进制数的整数部分要转换为十六进制数时,可从小数点开始向左按4位分成若干组,最高位一组不足4位时在左边加0补齐。二进制数的小数部分可以从小数点开始向右按4位一组分成若干组,最右一组如果不足4位,要用0补足4位。然后把每一组的4位二进制数转换为十六进制数。

例如二进制数10010100101.1110011101可用以下方法转换为十六进制数:

0100 1010 0101 . 1110 0111 0100

4 A 5 . E 7 4

因此$(10010100101.1110011101)_2=(4A5.E74)_{16}$。

把十六进制数转换为二进制数是上述过程的逆过程,只要把十六进制数的每一位转换为对应的二进制数即可。

例如:$(2F7E.A70C)_{16}=(10\ 1111\ 0111\ 1110\ .\ 1010\ 0111\ 0000\ 1100)_2$。

(7) 任意进制数之间的转换

如果一个R进制数转换为十进制数可以利用式(1.2)计算。而一个十进制数转换为R进制还是要分成整数部分和小数部分分别转换,其方法是整数部分用"除R取余",而小数部分用"乘R取整"来计算。

表1.1列出了常用的十进制、二进制、八进制、十六进制数的转换。

表1.1 常用的十进制、二进制、八进制、十六进制数的转换

十进制	二进制	八进制	十六进制
0	0000	0	0
1	0001	1	1
2	0010	2	2
3	0011	3	3
4	0100	4	4
5	0101	5	5
6	0110	6	6
7	0111	7	7
8	1000	10	8
9	1001	11	9
10	1010	12	A
11	1011	13	B
12	1100	14	C
13	1101	15	D
14	1110	16	E
15	1111	17	F

为了区别数制，书写时可在数的右下角注明数制。如$(1011)_2$、$(32)_8$、$(7B)_{16}$的下标表示它们的数制。也可在数字后面加字母来区别，如加B(Binary)表示为二进制数；以字母O(Octal)表示为八进制数；以D(Decimal)或不加字母表示为十进制数；用字母H(Hexadecimal)表示为十六进制数。如1011B表示的是二进制数，127H表示的是十六进制数。

1.2.2　数的定点与浮点表示

在计算机中，涉及小数点位置时，数有两种表示方法，即定点表示和浮点表示。所谓定点表示，就是小数点在数中的位置是固定不变的；所谓浮点表示，就是小数点在数中的位置是浮动的。

1. 定点数表示

通常，任意一个二进制数总可以表示为纯整数(或纯小数)和一个2的整数次幂的乘积。例如，二进制数N可写成：

$$N=2^P\times S$$

其中，S称为N的尾数；P称为N的阶码；2称为阶码的底。尾数S表示了N的全部有效数字，阶码P指明了小数点的位置。此处P、S都是用二进制表示的数。

当阶码为固定值时，称这种表示法为数的定点表示法。这样的数称为定点数。

如假定$P=0$，且尾数S为纯整数，这时定点数只能表示整数，称为定点整数。

如假定$P=0$，且尾数S为纯小数，这时定点数只能表示小数，称为定点小数。

定点数的这两种表示法在计算机中均有采用。究竟采用哪种方法，都是事先约定的。

在计算机中数的符号也用二进制数码表示，通常取正数的符号为0，负数的符号为1，在机器内定点数用下述方式表示。

定点小数——约定小数点在符号位与最高数值位之间，即

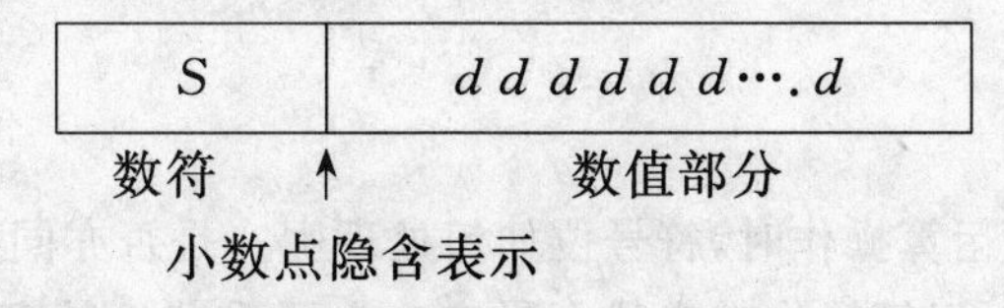

定点整数——约定小数点在最低有效位后面，即：

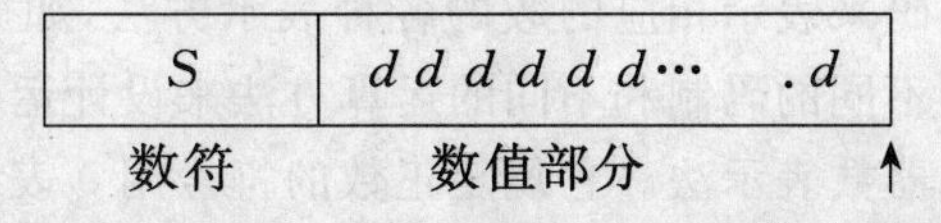

当定点数的位数确定以后，定点数表示的范围也就确定了。如果一个数超过了这个范围，这种现象就称为溢出。

2. 浮点数表示

如果阶码可以取不同的数值，并与数一并表示，称这种表示法为数的浮点表示法。这样的数称为浮点数。这时：$N=2^P\times S$，其中阶码P用整数表示，可为正数或负数。用一位二进制数P_f表示阶码的符号位，当$P_f=0$时，表示阶码为正数；当$P_f=1$时，表示阶码为负数。而尾数S一般为纯小数，用定点小数来表示，同样用S_f表示尾数的符号，$S_f=0$表示尾数为

正数(也就是 N 为正);$S_f=1$ 表示尾数为负数。在计算机中表示形式如下:

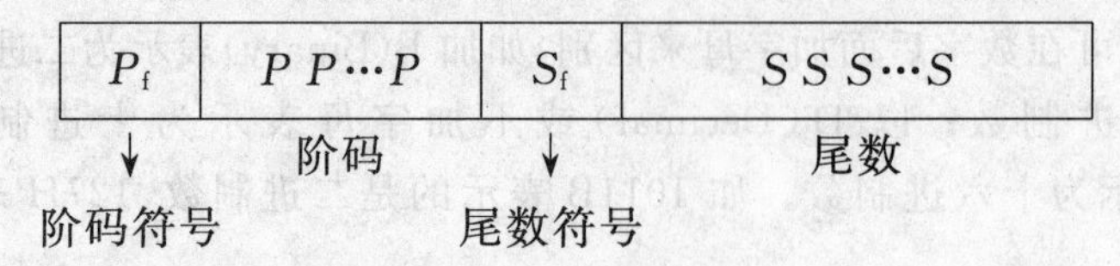

可见,在机器中表示一个浮点数,要分为阶码和尾数两个部分来表示。一般来说,阶码部分的位数决定了数的表示范围,而尾数部分的位数决定了数的精度。但是不同机器对浮点数的定义是不同的。而美国电气与电子工程师协会(IEEE)制定了有关浮点数表示的工业标准 IEEE 754,它已被包括 Pentium 在内的大多数处理器所采用。

1.2.3 数的码制

前面介绍了数据数值的进制表示及数据的小数点表示,下面还需要解决数据的符号表示,为此引出了机器数和真值的概念以及数据的原码、补码及反码的表示形式,注意:它们既可表示定点小数,也可表示定点整数。这里只介绍定点整数的表示。

1. 机器数与真值

数的符号在机器中亦被"数码化"。用"0"表示正数符号,用"1"表示负数符号。设有 $N_1=+1001001$;$N_2=-1001001$。

则它们在机器中表示为

N_1:01001001　　N_2:11001001

至此,一个数的数值与符号全部数码化了。为了区别一般书写表示的数和机器中这些编码表示的数,我们把"符号化"的数称为机器数,而符号没有数码化的数称为数的真值。

上面提到的 $N_1=+1001001$,$N_2=-1001001$ 为真值,其在机器中的表示 01001001 和 11001001 为机器数。另外,机器数一般是固定长度的,这里假定机器字长为 8 位数的位不够时应当补足。

2. 原码

那么,在对数据进行运算操作时,符号位如何处理呢?是否亦同数值一起参加运算操作呢?参加运算的结果会对运算操作带来什么影响?为了妥善地处理好这些问题,就产生了把符号位和数值位一起编码来表示相应的数的各种表示方法,如原码、补码、反码等。计算机将根据不同的运算使用不同的码制和不同的运算方法来设计运算器。

原码是一种简单的机器数表示法。它规定正数的符号用 0 表示,负数的符号用 1 表示,数值部分即为该数本身。例如:

$X=+100101$,其原码表示为$[X]_{原}=00100101$。

$X=-100101$,其原码表示为$[X]_{原}=10100101$。

当 X 为整数且$|X|<2^{n-1}$时,原码的定义是:

$$[X]_{原}=\begin{cases}X, & 0\leqslant X<2^{n-1}\\ 2^{n-1}-X=2^{n-1}+|X|, & -2^{n-1}<X\leqslant 0\end{cases}$$

式中 n 为包括符号位在内的字长的位数。

由上可见，机器数用原码表示简单易懂，易于真值转换，但进行加减运算时比较复杂。这是因为，原码实际上只是把数的符号"数码化"了，其运算方法与手算类似。例如要做 $x+y$ 的运算，首先要判别符号，若 x、y 同号，则相加；若 x、y 异号，就要判别两数绝对值的大小，然后将绝对值大的数减去绝对值小的数。显然，这种运算方法不仅增加运算时间，而且也使设备复杂了。而机器数的补码表示法可避免上述缺陷。

3. 补码

补码表示法的指导思想：把负数转化为正数，使减法变成加法，从而使正负数的加减运算转化为单纯的正数相加运算。

为了便于理解补码这个概念，我们以日常生活中常见的机械式钟表为例来说明。表面标有12个表示小时的刻度，时针沿着刻度周而复始地旋转。当时针超过12后，理应为13，但由于没有13刻度，仍用1表示，实际上时针把12"丢掉"了，因为它把12作为0重新开始计时。假设现在表的时间不对，要"对时"。若时针停在10点上，正确时间为6点，两者差4小时。为了校正时间，可以顺拨8格；也可以逆拨4格。这就相当于是加8和减4，可以得到相同的数值。这就是模的概念，模数即为被丢掉的数值，一般用Mod来表示。

当 X 为整数时，补码的定义是：

$$[X]_补=\begin{cases}X, & 0\leqslant X<2^{n-1}\\ 2^n+X, & -2^{n-1}\leqslant X\leqslant 0\end{cases}\quad(\text{Mod } 2^n)$$

这里(Mod 2^n)表示模 2^n，即当结果超过 2^n 时，就丢掉 2^n 而保留下剩余部分。

$$X=+100101 \qquad [X]_补=00100101$$
$$X=-1010101 \qquad [X]_补=2^8-1010101=10101011$$

显然求补码比较复杂，这里介绍一种简单的转换方法：如果 $X\geqslant 0$ 时其补码与原码相同；如果 $X<0$ 时其补码符号位为1，其他各位求反码，然后在最低位加1。所谓反码就是将1变为0，0变为1。如：

$$X=-1010101 \qquad [X]_补=1\ 0101010+1=10101011$$

那么如何从 $[X]_原$ 转换成 $[X]_补$ 呢？已知 $[X]_原$，则正数 X 的补码为其本身；负数 X 的补码等于它的原码 $[X]_原$ 除符号位外"求反加1"。反之，若已知负数的补码 $[X]_补$，同样可以通过对 $[X]_补$ 除符号位外"求反加1"得到它的原码 $[X]_原$。

在用补码减法运算求 $Y-X$ 的值时，因为 Y 和 X 本身都可能带正负号，故应将 $Y-X$ 写成：$[Y]_补-[X]_补$。但这样写仍要做减法，为把减法转化为加法，可以写成：$[Y]_补+[-X]_补$。那么 $[-X]_补$ 又怎么求呢？可以证明，若已知 $[X]_补$，把 $[X]_补$ 连同其符号位一起求反加1即可得到 $[-X]_补$。我们把 $[-X]_补$ 又称为 $[X]_补$ 的机器负数。

如：$X=+100101 \qquad [X]_补=00100101 \qquad [-X]_补=11011011$

$X=-100101 \qquad [X]_补=11011011 \qquad [-X]_补=00100101$

4. 反码

在补码表示中已经提到反码，这也是一种机器数的表示法。反码的定义：

$$[X]_反=\begin{cases}X, & 0\leqslant X<2^{n-1}\\ (2^n-1)+X, & -2^{n-1}<X\leqslant 0\end{cases}\quad(\text{Mod}(2^n-1))$$

在求反码时,与求补码相似,只是少加了一个1而已。

$X=+1101010 \qquad [X]_{反}=01101010$

$Y=-1101010 \qquad [Y]_{反}=10010101$

在反码的表示法中,0的表示法不是唯一的。

$[+0]_{反}=00000000 \qquad [-0]_{反}=11111111$

反码又称为1的补码,它是补码的特例。通常作为求补过程的中间形式。

表1.2列出了常用原码、补码、反码的对照表。

表1.2 常用原码、补码、反码的对照表

数值	原码	反码	补码
0	00000000	00000000	00000000
−0	10000000	11111111	00000000
+1	00000001	00000001	00000001
−1	10000001	11111110	11111111
−15	10001111	11110000	11110001
−127	11111111	10000000	10000001
−128			10000000

1.2.4 算术运算

一个数字系统可以只进行两种基本运算:加法和减法。利用加法和减法,就可以进行乘法、除法,而有了加减乘除就可以进行其他的数值运算。在计算机中通常加减运算采用补码,乘除运算可以用原码也可以用补码。为了方便暂时假定机器字长为8位,并且使用纯整数。

1. 补码加法运算

当$|X|<2^7$,$|Y|<2^7$,$|X+Y|<2^7$满足时,则有:

$$[X]_{补}+[Y]_{补}=[X+Y]_{补} \qquad (\text{Mod } 2^8)$$

这表示在模2^8意义下,任意两个数的补码之和等于该两数之和的补码。这是补码加法的理论基础。这里要强调一下补码加法的特点:一是符号位要作为数的一部分一起参加运算;二是要在模2^8的意义下相加,即超过2^8的进位要丢掉。这里的8就是补码位数。

[**例1-4**] $X=-1001010$,$Y=-101001$,用补码加法求$X+Y=$?

解:$[X]_{补}=10110110 \qquad [Y]_{补}=11010111$。

用补码运算:

$[X]_{补}$ 10110110
$+[Y]_{补}$ 11010111
丢掉←[1] 10001101$=[X+Y]_{补}$

用真值运算:

−1001010 X
+ −101001 Y
−1110011 $X+Y$

$[X+Y]_{补}=[X]_{补}+[Y]_{补}=10110110+11010111=10001101$

由补码运算结果可知:$X+Y=-1110011$。这与真值运算的结果一致。

2. 补码减法运算

前面讨论了负数的加法可以转化为补码的加法来做,那么减法运算当然要设法转化为加法来做。

$$[X-Y]_补=[X+(-Y)]_补=[X]_补+[-Y]_补 \quad (\text{Mod } 2^8)$$

可见,为了求两数之差的补码$[X-Y]_补$,只需将$[X]_补$与$[-Y]_补$相加即可。因此,只要能从$[Y]_补$求得$[-Y]_补$,减法就转换为加法了。

[例 1-5]　$X=+1101010, Y=+110100$,用补码加法求 $X-Y=?$

解:$[X]_补=01101010, [Y]_补=00110100, [-Y]_补=11001100$

$$[X-Y]_补=[X]_补+[-Y]_补=01101010+11001100=00110110$$

$X-Y=+110110$。

[例 1-6]　$X=-1101011, Y=-110001$,用补码加法求$[X-Y]_补$

解:$[X]_补=10010101, [Y]_补=11001111, [-Y]_补=00110001$

$$[X-Y]_补=[X]_补+[-Y]_补=10010101+00110001=11000110$$

3. 溢出检查

上面按照这种方法进行运算是正确的,但是否总是如此?再看两个例子:

[例 1-7]　$X=+1001011, Y=+1101001$,用补码加法求$[X+Y]_补$

解:$[X]_补=01001011, [Y]_补=01101001$

$$[X+Y]_补=01001011+01101001=10110100 \quad (溢出)$$

两个正数相加,结果是负数,显然是错误的。

[例 1-8]　$X=-1110100, Y=-1101001$,用补码加法求$[X+Y]_补$

解:$[X]_补=10001100, [Y]_补=10010111$

$$[X+Y]_补=10001100+10010111=00100011 \quad (溢出)$$

两个负数相加,结果是正数,显然是错误的。

产生上述错误的原因,是因为在定点运算中参加运算的两个数的绝对值都是小于 2^7,但在运算过程中可能出现绝对值大于 2^7 的现象,这种现象称为“溢出”,只有当两个数符号相同且做加法时,才有可能产生溢出。因此,判别溢出的方法就是:如果同号相加而结果为异号,则就产生了溢出。在此,如果发现了溢出,我们只需在结果后加注“溢出”即可。至于解决方法将在其他课程中讲解。

4. 乘除运算

在介绍乘除运算前,我们先来看一下用手计算二进制乘法的过程。

```
          1101      被乘数
      ×   1011      乘数
      ---------
          1101
         1101
        0000
   +)  1101
   -------------
      10001111      乘积
```

从上述过程中可以看出二进制的乘法实际只是被乘数的左移和加法,同理,除法可以通过移位和减法来实现,具体实现方法将在计算机组成原理中讲述。

1.2.5 逻辑运算

逻辑运算又称布尔运算。布尔(George Boole)是19世纪的英国数学家,他用数学方法研究逻辑问题,成功地建立了逻辑演算。他用等式表示判断,把推理看作等式的变换。这种变换的有效性不依赖人们对符号的解释,只依赖于符号的组合规律。这一逻辑理论人们常称它为布尔代数。20世纪30年代,逻辑代数在电路系统上获得应用,随后,由于电子技术与计算机的发展,出现各种复杂的大系统,它们的变换规律也遵守布尔所揭示的规律。逻辑运算 (Logical Operators) 通常用来测试真假值。

逻辑运算与算术运算不同,算术运算是将一个二进制数的所有位综合为一个数值整体,低位的运算结果会影响到高位(如进位等),而逻辑运算是按位进行运算,故逻辑运算没有进位或借位,常用的逻辑运算有"与"运算(逻辑乘)、"或"运算(逻辑加)、"非"运算(逻辑非)及"异或"运算(逻辑异或)等,下面将介绍这些运算的规则,并举例说明之。

1. 与运算

"与"逻辑的一般定义为:只有决定一件事的全部条件都具备时,这件事才成立;如果有一个(或者一个以上)条件不具备,则这件事不成立,这样的因果关系称为"与"逻辑关系。

"与"逻辑运算也叫逻辑乘。两变量A、B的逻辑乘可表示为

$$F = A \wedge B \quad 或 \quad F = A \cdot B \tag{1.6}$$

式(1.6)称为"与"逻辑函数表达式(简称逻辑函数式,或称逻辑式、函数式)。式中A,B只能取0或1,读作"A与B"或"A乘B"。式中,只有当A与B同时为"1"时,结果F才为"1";否则,F总为0。

"∧"表示"与"运算符号(有些文献中用符号"·"表示),它仅表示"与"的逻辑功能,无数量相乘之意,书写时可把"·"省掉。

该逻辑关系可用表1.3来描述。

表1.3 "与"逻辑运算表

A	B	$F=AB$
0	0	0
0	1	0
1	0	0
1	1	1

由表可以得出"与"(AND)运算的规则如下:

$$0\wedge 0=0 \qquad 0\wedge 1=0 \qquad 1\wedge 0=0 \qquad 1\wedge 1=1$$

例如,两个8位二进制数的"与"运算结果如下:

$$\begin{array}{r} 10110110 \\ \wedge\ 11010111 \\ \hline 10010110 \end{array}$$

2. 或运算

"或"逻辑的一般定义为:在决定一件事的各种条件中,只要有一个(或一个以上)条件

具备时,这件事就成立;只有所有条件都不具备时,这件事才不成立。这样的因果关系称为“或”逻辑关系。

“或”逻辑运算也叫逻辑加。两变量 A、B 的逻辑加用代数表达式可表示为

$$F = A \vee B \quad 或 \quad F = A + B \tag{1.7}$$

式(1.7)中“$A \vee B$”读作“A 或 B”或“A 加 B”。式中,只有当 A 与 B 同时为“0”时,结果 F 才为“0”;否则,F 总为 1。

“∨”表示“或”运算符号(有些文献中用符号“+”表示),它仅表示“或”的逻辑功能,无数量累加之意。

该逻辑关系可用表 1.4 来描述。

表 1.4　“或”逻辑运算表

A	B	$F=A \vee B$
0	0	0
0	1	1
1	0	1
1	1	1

由表可以得出“或”(OR)运算的规则如下:

$$0 \vee 0=0 \qquad 0 \vee 1=1 \qquad 1 \vee 0=1 \qquad 1 \vee 1=1$$

例如,两个 8 位二进制数的“或”运算结果如下:

$$\begin{array}{r} 10110010 \\ \vee\ \ 10010111 \\ \hline 10110111 \end{array}$$

3. 非运算

“非”逻辑的一般定义为:假定事件 F 成立与否与条件 A 的具备与否有关。若 A 具备,则 F 不成立;若 A 不具备,则 F 成立。F 和 A 之间的这种因果关系被称为“非”逻辑关系。

“非”逻辑运算也叫逻辑否定。用代数表达式可表示为

$$F = \overline{A} \tag{1.8}$$

式(1.8)中“$\overline{A}$”读作“A 非”,变量 A 上面的短横线表示“非”运算符号。A 叫做原变量,$\overline{A}$ 叫做反变量,A 和 $\overline{A}$ 是一个变量的两种形式。式(1.8)表明,F 为 A 的非。

“非”(NOT)运算的规则如下:

$$\overline{0}=1 \qquad \overline{1}=0$$

例如,对二进制数的 11001010 进行“非”运算,则得其反码 00110101。

4. 异或运算

两个变量的异或逻辑函数式为

$$F=A\overline{B}+\overline{A}B=(\overline{A}+\overline{B})(A+B)=A \oplus B$$

式中“⊕”表示异或运算符号。

“异或”(EOR: Exclusive OR)运算的规则如下:

$$0\oplus0=0 \quad 0\oplus1=1 \quad 1\oplus0=1 \quad 1\oplus1=0$$

异或逻辑的真值表如表1.5所示。其逻辑功能可概括为“相异出1,相同出0”,这也是“异或”的含义所在。

表1.5 异或逻辑真值表

A	B	$F=A\oplus B$
0	0	0
0	1	1
1	0	1
1	1	0

例如,两个8位二进制数的“异或”运算结果如下:

$$\begin{array}{r} 10100110 \\ \oplus\ 11010111 \\ \hline 01110001 \end{array}$$

5. 同或运算

两个变量的同或逻辑函数式为:

$$F=AB+\overline{A}\,\overline{B}=(\overline{A}+B)(A+\overline{B})=A\odot B$$

式中“⊙”表示同或运算符号。

同或逻辑的真值表如表1.6所示。其逻辑功能可概括为“相同出1,相异出0”,故又名为“一致”逻辑或“符合”逻辑。

表1.6 同或逻辑真值表

A	B	$F=A\odot B$
0	0	1
0	1	0
1	0	0
1	1	1

综上可知,计算机中的逻辑运算是按位计算的(没有进位问题),它是一种比算术运算更为简单的运算。由于计算机中的基本电路都是两种状态的电子开关电路,这种极为简单的逻辑运算正是描述电子开关电路工作状态的有力工具。

1.2.6 字符在计算机中的编码

字符是各种文字和符号的总称,包括各国家文字、标点符号、图形符号、数字等。计算机只能识别1和0,因此在计算机内表示的数字、字母、符号等都要以二进制数码的组合代替,这就是二进制编码。根据不同的用途有各种字符集,也就有了对应的各种各样的编码方案,较常用的有ASCII码、BCD码、汉字编码等。用它们计算机就能够识别和存储各种字符并准确地处理。

1. ASCII码

ASCII码(American Standard Code for Information Interchange)即美国标准信息交换

码，是基于罗马字母表的一套计算机编码系统，它主要用于显示现代英语和其他西欧语言。它是现今最通用的单字节编码系统，尤其是在微型计算机中得到了广泛使用。这一编码最初是由美国制定的，后来由国际标准组织(ISO)确定为国际标准字符编码(ISO 646)。为了与国际标准接轨，我国根据它制定了国家标准，即 GB 1988。其中除了将货币符号转换为人民币符号外，其他都相同。

ASCII 码采用七位二进制编码，共可表示 128 个字符，它包括 26 个英文字母的大小写符号、数字、一些标点符号、专用符号及控制符号(如回车、换行、响铃等)，计算机中常以 8 位二进制即一个字节为单位表示信息，因此将 ASCII 码的最高位取 0。而扩展的 ASCII 码取最高位为 1，又可表示 128 个符号，它们主要是一些制表符。ASCII 码表见表 1.7。

表 1.7 ASCII 码表

高位 / 低位	000	001	010	011	100	101	110	111
0000	NUL	DLE	SP	0	@	P	`	p
0001	SOH	DC1	!	1	A	Q	a	q
0010	STX	DC2	“	2	B	R	b	r
0011	EXT	DC3	#	3	C	S	c	s
0100	EOT	DC4	$	4	D	T	d	t
0101	ENQ	NAK	%	5	E	U	e	u
0110	ACK	SYN	&	6	F	V	f	v
0111	BEL	ETB	‘	7	G	W	g	w
1000	BS	CAN	(	8	H	X	h	x
1001	HT	EM	)	9	I	Y	i	y
1010	LF	SUB	*	:	J	Z	j	z
1011	VT	ESC	+	;	K	[	k	{
1100	FF	FS	,	<	L	\	l	|
1101	CR	GS	—	=	M	]	m	}
1110	SO	RS	.	>	N	^	n	~
1111	SI	US	/	?	O	_	o	DEL

2. BCD 码

在目前的数字系统中，一般是采用二进制数进行运算的，但是由于人们习惯采用十进制数，因此常需进行十进制数和二进制数之间的转换，其转换方法上面已讨论过了。为了便于数字系统处理十进制数，经常还采用编码的方法，即以若干位二进制码来表示一位十进制数，这种代码称为二进制编码的十进制数，简称二-十进制码，或 BCD 码(Binary Coded Decimal Codes)。

因为十进制数有 0~9 共 10 个计数符号，为了表示这 10 个符号中的某一个，至少需要 4 位二进制码。由于 4 位二进制码有 $2^4=16$ 种不同组合，我们可以在 16 种不同的组合代码中任选 10 种表示十进制数的 10 个不同计数符号。根据这种要求可供选择的方法是很多的，选择方法的不同，就能得到不同的编码形式。常见的有 8421 码、5421 码、2421 码和余 3 码等，如表 1.8 所示。

在表 1.8 中，8421 码、5421 码、2421 码为有权码，有权 BCD 编码是以代码的位权值来命名的。在这些表示0～9这10个数字的4位二进制代码中,每位数码都有确定的位权,因此可以根据位权展开求得所代表的十进制数字。例如,对8421码而言,二进制码各位的权从高位到低位依次为8、4、2、1,例$(0110)_{8421BCD}$所代表的十进制数为$0\times8+1\times4+1\times2+0\times1=6$。又例如,对5421码而言,二进制码各位的权从高位到低位依次为5、4、2、1,所以$(1010)_{5421BCD}$所代表的十进制数为$1\times5+0\times4+1\times2+0\times1=7$。

表1.8 常用BCD码

十进制数	8421码	5421码	2421码	余3码
0	0000	0000	0000	0011
1	0001	0001	0001	0100
2	0010	0010	0010	0101
3	0011	0011	0011	0110
4	0100	0111	0100	0111
5	0101	1000	1011	1000
6	0110	1001	1100	1001
7	0111	1010	1101	1010
8	1000	1011	1110	1011
9	1001	1100	1111	1100

在有权码中,8421是最常用的,这是由于8421码的每一位的位权的规定和二进制数是相同的,因此8421码对十进制的十个计数符号的表示与普通二进制数是一样的,这样便于记忆。

[**例1-9**] 用8421BCD码表示十进制数$(67.58)_{10}$。

解:只要将十进制数的各位写出相应的代码即可。

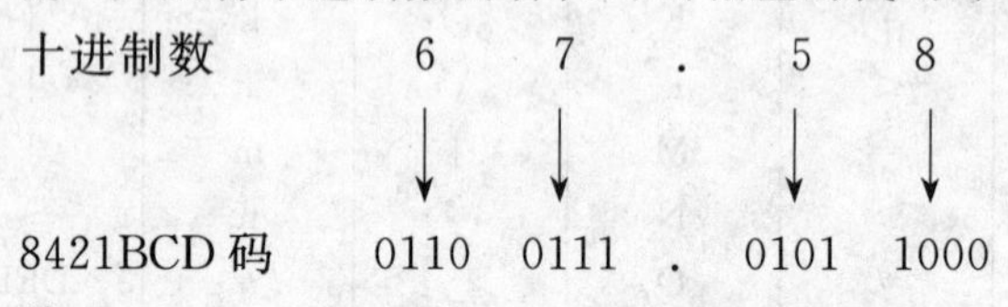

故$(67.58)_{10}=(01100111.01011000)_{8421BCD}$

相对于有权码,在表1.8中的余3码属无权码,无权码的每位无确定的权,因此不能按权展开来求它所代表的十进制数。但是这些代码都有其特点,在不同的场合可以根据需要选用。余3码是在每个对应的8421BCD代码上加$(3)_{10}=(0011)_2$得到的。如十进制数6在8421BCD码中为0110,将它加$(3)_{10}$,$0110+0011=1001$,得到的1001即为十进制数6的余3码。

BCD码十分直观,可以很容易实现与十进制的转换。在商业上有它特殊的意义。

3. 汉字编码

汉字编码是一门涉及语言文字、计算机技术、统计数学、心理学、认知科学等多学科的边缘学科。优秀的编码应该建立在科学的基础上,即符合汉字结构规律,适应人们的书写习惯,又以国民知识为背景,具有友好的人机界面,便于使用,易于普及。

(1) 国标码

汉字是世界上最庞大的字符集之一。国家标准GB 2312－80提供了中华人民共和国国家标准信息交换用汉字编码，简称国标码，是中华人民共和国的中文常用汉字编码集，亦被新加坡采用。该字符集的内容由三部分组成。第一部分是各类符号、各类数字以及各种字母，包括英文、俄文、罗马字母、日文平假名与片假名、拼音符号和制表字符，共687个；第二部分为常用汉字，有3755个汉字，通常占常用汉字的90%左右，按拼音字母顺序排列，以便于查找；第三部分为二级常用汉字，有3008个，按部首顺序排列。

所有的国标码汉字及符号组成一个94行94列的二维代码表。在此方阵中，每一行称为一个“区”，每一列称为一个“位”。这个方阵实际上组成一个有94个区(编号由01到94)，每个区有94个位(编号由01到94)的汉字字符集。每两个字节分别可用两位十进制编码，前字节的编码称为区码，后字节的编码称为位码，此即区位码，其中，高两位为区号，低两位为位号。这样区位码可以唯一地确定某一汉字或字符；反之，任何一个汉字或符号都对应一个唯一的区位码，没有重码。如“保”字在二维代码表中处于17区第3位，区位码即为“1703”。

国标码并不等于区位码，国标码是一个4位十六进制数，区位码是一个4位的十进制数，但因为十六进制数我们很少用到，所以大家常用的是区位码，由区位码稍作转换得到国标码，其转换方法为：先将十进制区码和位码转换为十六进制的区码和位码，这样就得到了一个与国标码有一个相对位置差的代码，再将这个代码的第一个字节和第二个字节分别加上20H，就得到国标码，国标码＝区位码＋2020H。

例如：“保”字的国标码为3123H，它是经过下面两步转换得到的：

① 1703D(区位码)→1103H。

② 1103H＋2020H→3123H。

注意：区位码两字节是十进制编码的。在中文Pwin 98系统的字符集中包含了20 902个汉字，采用GBK编码标准，使用4字节来表示，Pwin 98提供了基于GBK的区位码汉字输入和全拼汉字输入方法。

此外，还有许多关于少数民族文字编码的国家标准。也还有一些少数民族文字编码标准仍在制定中。

(2) 机内码

该编码是指一个汉字被计算机系统内部处理和存储而使用的代码，国标码是汉字信息交换的标准编码，但因其前后字节的最高位为0，与ASCII码发生冲突，如“保”字，国标码为31H和23H，而西文字符“1”和“#”的ASCII也为31H和23H，现假如内存中有两个字节为31H和23H，这到底是一个汉字，还是两个西文字符“1”和“#”？于是就出现了二义性。

因此，国标码是不可能在计算机内部直接采用的，于是，汉字的机内码采用变形国标码，其变换方法为：将国标码的每个字节都加上128，即将两个字节的最高位由0改1，其余7位不变，标识为汉字机内码，简称汉字内码，如：由上面我们知道，“保”字的国标码为3123H，前字节为00110001B，后字节为00100011B，高位改1为10110001B和10100011B即为B1A3H，因此，“保”字的机内码就是B1A3H。由于汉字机内码的每个字节都大于128，这就解决了与西文字符的ASCII码冲突的问题，保证了中西文兼容，既允许西文机内码存在，又允许国标码存在。二字节机内码如下所示：

1	国标码第一字节	1	国标码第二字节

(3) 字形码

字形码就是描述汉字字形信息的编码,它主要分为两大类:字模编码和矢量编码。字模编码是将汉字字形点阵进行编码,其方法是将汉字写在一个24×24的坐标纸上,在每个格子中就出现有墨和无墨两种情况,计算机就让每一个格子占一个二进制位,并规定有墨的地方用"1"表示,无墨的地方用"0",然后将这些1、0按顺序排列下来,就成为汉字字模码。这样可以看出一个24×24汉字字模要占576个二进制位,即72个字节。图1.11给出了一个汉字字形码的例子。要存储全部GB 2312的汉字字模就需要576KB容量。在实际汉字系统中一般需要多种字体,如黑体、仿宋体、宋体、楷体等,对应每种字体都需要一套对应的字模。当然为了不同需要也可以有不同大小的点阵字模,如16×16、48×48、64×64等,点阵的点越多时,一个字的表示(显示或打印)质量也就越高,也就越美观,但同时占用的容量也越大。点阵汉字表示简单,但在放大、缩小、变形后不够美观,为此就产生了矢量汉字编码法。矢量汉字是将汉字的形状、笔划、字根等用数学函数进行描述的方法。如TrueType就是一种,这样的字形信息便于缩放和变换,并且字形美观。近年来开发的新的汉字操作系统中常常使用矢量汉字表示法。

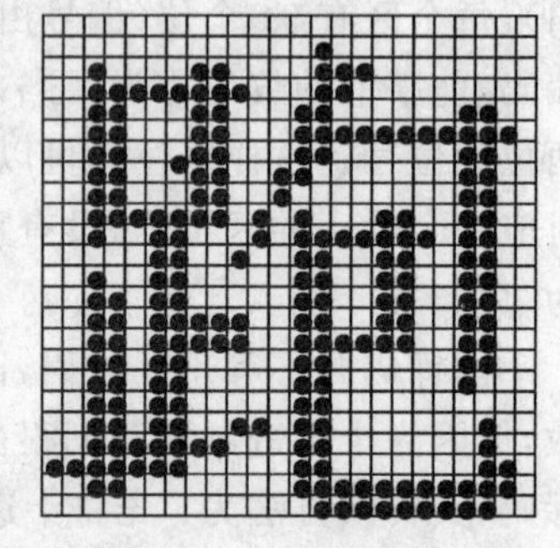

图1.11 汉字字形码

(4) 汉字输入码

该编码指在键盘上利用数字、符号或字母将汉字以代码的形式输入。由于存在多种输入编码方案,如区位码、首尾码、拼音码、简拼码、五笔字型码、电报码、郑码、笔形码等,因此对常用的六千多个汉字和符号各有一套汉字输入码。显然,一个汉字操作系统若支持几种汉字输入方式,则在内部必须具备不同的汉字输入码与汉字国标码的对照表。这样,在系统支持的输入方式下,不论选定哪种汉字输入方式,每输入一个"汉字输入码",便可根据对照表转换成唯一的汉字国标码。

汉字输入技术是汉字信息处理技术的关键之一。与英文等拼音文字相比,用键盘输入汉字要困难得多。英文是拼音文字,每个单词的字母是按照自左向右的顺序排列的,只要按照单词的字母顺序击键,就能得到它们的编码。而汉字是方块图形文字,字数多,字形复杂,加之简、繁、正、异各体,总数不下6万个,即使是GB 2312中收集的汉字也有6千多个,这给汉字的输入带来了一定的困难。根据汉字的字形各异,每字含义独特,个性鲜明,有表形、表义、表音的功能,几个汉字组成汉字词组等特点,多年来,我国陆续开发出基于普通西文键盘的汉字输入方法已达几百种,常用的也有几十种,汉字输入技术已日趋成熟。汉字输入法主要分为如下几种。

① 数字编码,如电报码、区位码,它无重码,但难记难用;

② 基于字音的音码,如全拼、微软拼音,搜狗拼音输入法等,它易学,但重码率高;

③ 基于字形的形码,如五笔字型,它重码率不高,易学,但要记字根;

④ 基于字音和形的音形混合码,如自然码,它综合了前两种特点。

人们为了提高汉字输入速度对输入法进行了不断的改进,从开始时以单字输入为主,发展到以词组输入为主、以整句输入为主,并向着以意义输入为主的方向发展。

1.3 算法与数据结构

要使计算机解决某个问题，首先必须针对该问题设计一个解题的步骤，然后再根据此步骤编写程序并让计算机执行。这里所说的解题步骤就是“算法”，采用某种程序设计语言对问题的对象和解题步骤进行的描述就是“程序”。而如何描述问题的对象就是“数据结构”，一般来说算法与数据结构是相对的，也就是一种算法对应一种数据结构，不同的数据结构需要不同的算法实现。“算法”和“数据结构”是编写程序时必须首先考虑的两个重要方面。

1.3.1 算法及算法的特征

1. 算法的概念

做任何事情都有一定的步骤。例如，你要看病，就要先挂号，然后到分号台确定诊室，到指定诊室排队等候，医生看病开药，划价，拿药等。你要考入大学，首先要填报名单，交报名费，拿到准考证，按时参加考试，得到录取通知书，到指定学校报到注册等。这些都是按一系列的顺序进行的步骤，缺一不可，次序错了也不行。因此，我们从事各种工作和活动，都必须事先想好进行的步骤，以免产生错乱。事实上，在日常生活中的许多活动都是按照一定的规律进行的，只是人们不必每次都重复考虑它而已。

不要认为只有“计算”的问题才有算法。概括地说，算法是指对解题方案的准确而完整的描述，即为解决一个问题而采取的方法和步骤，就称为“算法”(Algorithm)。

对同一个问题，可以有不同的解题方法和步骤，即可以有不同的算法。

例如，求 1＋2＋3＋…＋100 的和 SUM。

算法一：按顺序相加，先进行 1＋2，再加 3，再加 4，一直加到 100，SUM＝5050；

算法二：SUM＝(1＋99)＋(2＋98)＋…＋(49＋51)＋100＋50＝100×50＋50＝5050；

算法三：利用等差数列。SUM＝(1＋100) * 100/2＝5050。

当然，方法有优劣之分。一般说，希望采用方法简单，运算步骤少的方法。因此，为了有效地进行解题，不仅需要保证算法正确，还要考虑算法的质量，选择合适的算法。

当然，我们在这里只关心计算机算法，计算机算法可分为两大类：数值运算算法和非数值运算算法。数值运算的目的是求数值解，其特点是少量的输入、输出，复杂的运算，例如求方程的根、求一个函数的定积分等，都属于数值运算范围。非数值运算算法的目的是对数据的处理，其特点是大量的输入、输出，简单的运算，应用面十分广泛，如事务管理领域中的图书检索、人事管理、证券分析系统等。计算机在非数值运算方面的应用远远超过了在数值运算方面的应用。由于数值运算有现成的模型，可以运用数值分析方法，因此对数值运算的算法的研究比较深入，有比较成熟的算法可供选用。并常常把这些算法汇编成册(写成程序形式)，或者将这些程序存放在磁盘或磁带上，供用户调用。例如有的计算机系统提供“数学程序库”，使用起来十分方便。而非数值运算的种类繁多，要求各异，难以规范化，因此只对一些典型的非数值运算算法(例如排序算法)作比较深入的研究。其他的算法要根据实际情况来考虑。

2. 算法的基本特征

对于一个问题，如果可以通过一个计算机程序，在有限的存储空间内运行有限长的时间而得到正确的结果，则称这个问题是算法可解的。但算法与程序不同，程序可以作为算法的一种描述，但通常还需考虑很多与方法和分析无关的细节问题，这是因为在编写程序时要受到计算机系统运行环境的限制。通常，程序的编制不可能优于算法的设计。一般来说，算法应该有如下的特征：

(1) 能行性(effectiveness)

算法中有待实现的操作都是计算机可执行的，即必须在计算机的能力范围之内，且在有限时间内能够完成。

(2) 确定性(definiteness)

算法的确定性，是指算法中的每一个步骤都应当是确定的，不允许有模棱两可的解释，也不允许有多义性。这一性质也反映了算法与数学公式的明显差别。如将例3-2中的第三步写成“N被一个整数除，得余数R”，这就是不确定的，它没有说明N被哪一个整数除。也就是说，算法的含义应当是唯一的。

(3) 有穷性(finiteness)

算法的有穷性，是指算法应包含有限的操作步骤，必须能在有限的时间内做完。数学中的无穷级数，在实际计算时只能取有限项，即计算无穷级数的过程只能是有穷的。因此，一个数的无穷级数表示只是一个计算公式，而根据精度要求确定的计算过程才是有穷的算法。事实上，算法的有穷性往往指在合理的范围内，即执行的时间应该合理。如果让计算机执行一个100年才结束的算法，这虽然是有穷的，但超过了合理的范围，我们就把它视为无效算法。

(4) 有零个或多个输入

所谓输入是指在执行算法时需要从外界取得必要的信息。在上面的例3-2中，需要输入N的值，然后判断N是否素数。也可以有两个或多个输入，例如，求两个整数m和n的最大公约数，则需要输入m和n的值。一个算法也可以没有输入。一般来说，一个算法执行的结果总是与输入的初始数据有关，不同的输入将会有不同的结果输出。当输入不够或输入错误时，算法本身也就无法执行或导致执行有错。

(5) 有一个或多个输出

算法的目的是为了求解，“解”就是输出。没有输出的算法是没有意义的。

综上所述，所谓算法，是一组严谨地定义运算顺序的规则，并且每一个规则都是有效的，且是明确的，此顺序将在有限的次数内终止。

1.3.2 算法的表示

为了描述算法，可以使用多种方法。常用的有自然语言、传统流程图、N-S流程图、伪代码和计算机语言等。

1. 自然语言

自然语言就是用人们日常使用的语言。用自然语言描述算法通俗易懂。

［例 1-10］ 将 2000—2100 年中每一年是否闰年打印出来。

解：闰年的条件是：

(1) 能被 4 整除，但不能被 100 整除的年份都是闰年；

(2) 能被 4 整除，又能被 400 整除的年份是闰年。如 1989 年，1900 年不是闰年，1992 年，2000 年是闰年。

设 Y 为年份，算法可表示如下。

① $Y:=2000$；

② 若 Y 不能被 4 整除，则打印 Y“不是闰年”；然后转到⑤。

③ 若 Y 不能被 100 整除，则打印 Y“是闰年”；然后转到⑤。

④ 若 Y 能被 400 整除，则打印 Y“是闰年”，否则打印 Y“不是闰年”；

⑤ $Y:=Y+1$。

⑥ $Y\leqslant 2100$ 时，转②继续执行，如 $Y>2100$，算法停止。

在这个算法中，采取了多次判断，先判断 Y 能否被 4 整除，如不能，则 Y 必然不是闰年。如 Y 能被 4 整除，并不能马上判定它是闰年，还要看它能否被 100 整除。如不能被 100 整除，则肯定是闰年(例如 1992 年)。如能被 100 整除，还不能判断它是否是闰年，还要能被 400 整除，如果能被 400 整除，则它是闰年，否则不是闰年，在这个算法中，每做一步，都分别分离出一些年份(为闰年或非闰年)，逐步缩小范围，使被判断的范围愈来愈小。

在考虑算法时，应当仔细分析所需判断的条件，如何一步一步缩小被判断的范围。有的问题，判断的先后次序是无所谓的，而有的问题，判断条件的先后次序是不能任意颠倒的，读者可根据具体问题决定其逻辑。

［例 1-11］ 若给定 n 个整数，试将这 n 个数据按从小到大排序，比如数据为 2、100、43、56、98，排序结果应该是：2、43、56、98、100。

解：作为问题分析，要求已经很明确了，输入数据是给出的 n 个数据，输出数据是排序结果。算法用自然语言描述如下。

(1) 从所有整数中选一个最小的，作为已排序的第一个数；

(2) 从剩下未排序整数中选最小的数，添加到已排序整数的后面；

(3) 反复执行步骤(2)，直到所有整数都处理完毕；

反复进行 $n-1$ 次即可得到排序后的结果。

自然语言描述算法虽然简单，但存在以下缺陷。

(1) 易产生歧义性，往往需要根据上下文才能判别其含义，不太严格；

(2) 语句比较烦琐、冗长，并且很难清楚地表达算法的逻辑流程，尤其对描述含有选择、循环结构的算法，不太方便和直观。

2. 传统的流程图

流程图是用一些图框、线条以及文字说明来形象地、直观地描述算法，又称为程序框图，用方框表示一个处理步骤，菱形代表一个逻辑条件，箭头表示控制流向，如图 1.12 所示。从 20 世纪 40 年代末到 70 年代中期，程序流程图一直是软件设计的主要工具。但它不是逐步求精、细化的好工具，再加上不容易表示数据结构，因此现在已经较少使用。

［例 1-12］ 将例 1-11 用流程图表示。

思路：把待排序的整数放在一个数组 A 中：A[1]，A[2]，A[3]，…，A[n]，每次“循环”

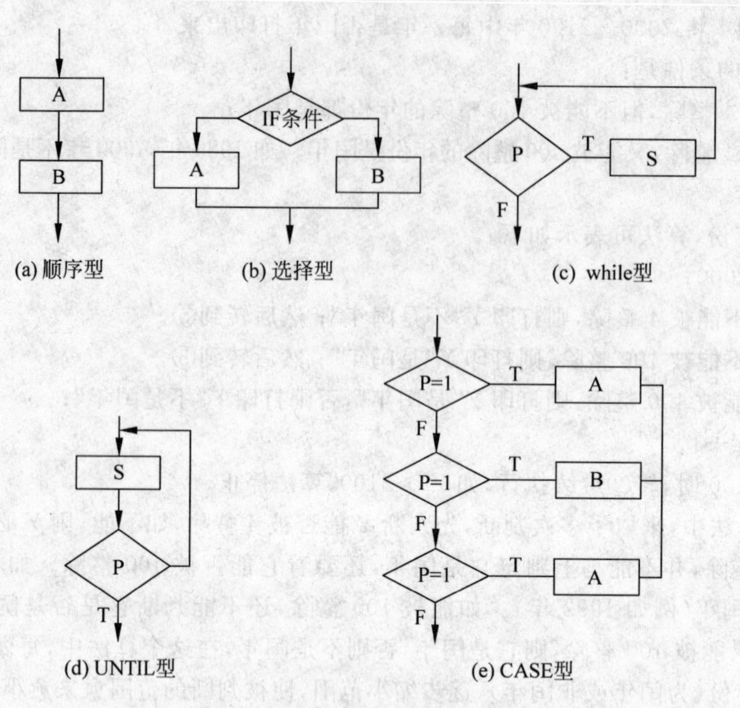

图 1.12　流程图的基本符号

只需在数组的无序元素部分选出最小的数，排好序的元素在 A 的前面部分，无序的元素留在后面，每循环一次有序部分增加 1 个元素，无序部分减少 1 个元素，反复 $n-1$ 次程序结束。如图 1-13 所示为用流程图表示直接排序算法。

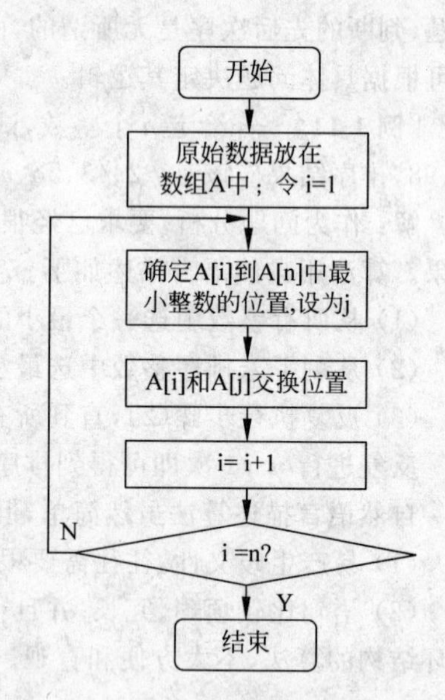

图 1.13　用流程图表示直接排序算法

3. N-S 流程图法

随着结构化程序设计的兴起，简化了控制流向，出现了 N-S 图，也可称为盒图，如图 1.14 所示。N-S 图是美国学者 I. Nassi 和 B. Shneideman 提出的一种新的流程图形式，并以他俩的姓名的第一个字母命名。N-S 图中去掉了传统流程图中带箭头的流向线，全部算法以一个大的盒子来表示，并且可以嵌套。在图中，功能域明确，不可能任意转移控制。用盒图作为详细设计的工具，可以使程序员逐步养成用结构化的方式思考问题和解决问题的习惯。

4. PAD 图

PAD 图即问题分析图(Problem Analysis Diagram)，用二维树形结构图描述结构化程序允许使用的几种结构。使用 PAD 符号所设计出来的程序必然是结构化程序，而且能够使用软件工具自动将这种图翻译成程序代码。图 1.15 给出了 PAD 图的基本符号。

5. 伪代码法(PDL)

由于绘制流程图较费时、自然语言容易产生歧义性和难以清楚地表达算法的逻辑流程等

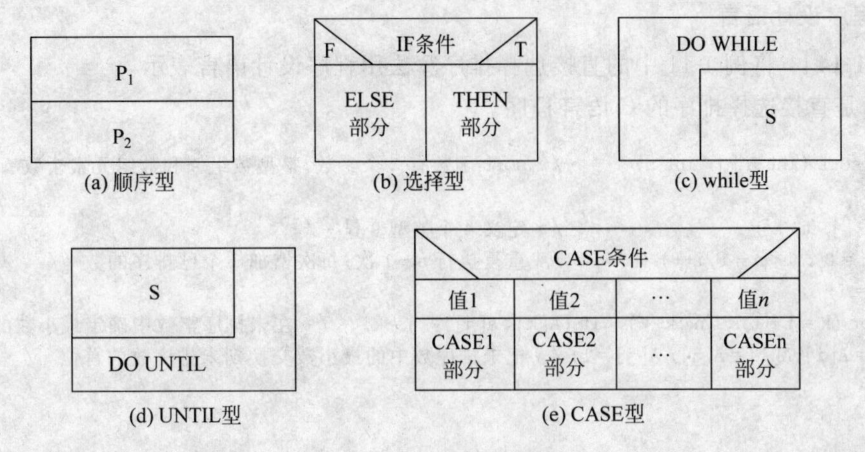

(a) 顺序型　(b) 选择型　(c) while型　(d) UNTIL型　(e) CASE型

图 1.14　盒图的基本符号

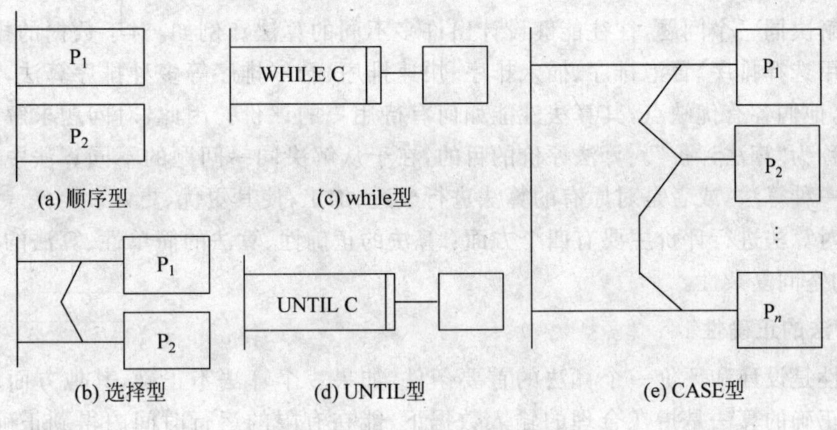

(a) 顺序型　(c) while型　(b) 选择型　(d) UNTIL型　(e) CASE型

图 1.15　PAD 图的基本符号

缺陷,因而采用伪代码。伪代码产生于 20 世纪 70 年代,也是一种描述程序设计逻辑的工具。

伪代码是用介于自然语言和计算机语言之间的文字和符号来描述算法。伪意味着假,因此伪代码是一种假的代码,不能被计算机所理解,借助于某些高级语言的控制结构和自然语言进行描述,通常用缩进格式来表示控制结构的嵌套,例如 Procedure,begin,end,loop,if,then,else,exit 等。现在有许多种不同的过程设计语言都在使用 PDL。由于 PDL 中只有少量的语法规则,而大量使用了自然语言语句,因此它能灵活方便地描述程序算法。

［**例 1-13**］　将例 1-11 中的直接选择排序算法用伪代码表示。

```
Procedure  直接选择排序  is
begin
    将原始数据放在数组 A 中;
    设置 i 的初值为 1,循环执行下列操作,直到 i = n:
    {   确定 A[i] 到 A[n]中最小整数的位置,设为 j;
        交换 A[i]和 A[j];
        i = i + 1;
    }
End
```

6. 程序设计语言

[**例 1-14**] 将例 1-11 中的直接选择排序算法用程序设计语言表示。

下面是直接选择排序的 C 语言程序。

```
void sort (int A [], int n)          /* sort 函数有 2 个参数:整型数组 A 和数组元素个数 n */
{
int i, j, t, k ;                     /* 定义 4 个整型变量 */
for(i = 0 ; i < n - 1;i++) {         /* 重复执行 n - 1 次,每次增加 1 个已排序的数 */
   j = i;
   for (k = i + 1;k<=n ;k++)  if (A[k]< A[j])  j = k;    /* 在未排序整数中确定最小数的位置 */
   t = A[i];A[i] = A[j]; A[j] = t; /* 把未排序数中的最小数交换到未排序数的首位 */
   }
}
```

1.3.3 算法分析

对于解决同一个问题,往往能够设计出许多不同的算法。例如,对于数据的排序问题,我们可以用选择排序、冒泡排序、插入排序、快速排序、希尔排序等多种排序算法,对于这些排序算法,他们各有优缺点,其算法性能如何有待用户的评价。因此,对问题求解的算法优劣的评定称为"算法评价"。算法评价的目的,在于从解决同一问题的不同算法中选择出较为合适的一种算法,或者是对原有的算法进行改造、加工,使其更优、更好。

一般对算法进行评价主要有四个方面:算法的正确性、算法的简单性、算法的时间复杂性、算法的空间复杂性。

1. 算法的正确性

正确性是设计和评价一个算法的首要条件,如果一个算法不正确,其他方面就无从谈起。一个正确的算法是指在合理的输入数据下,能在有限的运行时间内得到正确的结果。通过对数据输入的所有可能情况的分析和上机调试,以证明算法是否正确。

2. 算法的简单性

算法简单有利于阅读,也使得证明算法正确性比较容易,同时有利于程序的编写、修改和调试。但是算法简单往往并不是最有效的。因此,对于问题的求解,我们往往更注意有效性。有效性比简单性更重要。

3. 算法的时间复杂性

算法的运行时间是指一个算法在计算机上运算所花费的时间。它大致等于计算机执行简单操作(如赋值操作,比较操作等)所需要的时间与算法中进行简单操作次数的乘积。通常把算法中包含简单操作次数的多少叫做"算法的时间复杂性"。它是一个算法运行时间的相对量度,一般用数量级的形式给出。量度一个程序的执行时间通常有以下两种方法。

(1) 一种是"事后统计"的方法。因为很多计算机内部都有计时功能,有的甚至可精确到毫秒级,不同算法的程序可通过一组或若干组相同的统计数据以分辨优劣。但这种方法有两个缺陷。一是必须先运行依据算法编制的程序;二是所得时间的统计量依赖于计算机的硬件、软件等环境因素,有时容易掩盖算法本身的优劣。因此人们常常采用另一种"事前分析估算"的方法。

(2)"事前分析估算"的方法基于：一个用高级程序语言编写的程序在计算机上运行时所消耗的时间取决于下列因素。

① 依据的算法选用何种策略，不同算法、不同策略所消耗的 CPU 时间显然是不同的。

② 问题的规模，例如求 100 以内还是 1 000 000 以内的素数。

③ 书写程序的语言，对于同一个算法，实现语言的级别越高，执行效率就越低。

④ 编译程序所产生的机器代码的质量，编译器的区别，版本会有所不同。

⑤ 机器执行指令的速度。

显然，同一个算法用不同的语言实现，或者用不同的编译程序进行编译，或者在不同的计算机上运行时，效率均不相同。这表明使用绝对的时间单位衡量算法的效率是不合适的。撇开这些与计算机硬件、软件有关的因素，可以认为一个特定算法"运行工作量"的大小，只依赖于问题的规模(通常用整数量 n 表示)，或者说，它是问题规模的函数。

一个算法是由控制结构(顺序、分支和循环三种)和原操作(指固有数据类型的操作)构成的，算法时间则取决于两者的综合效果。为了便于比较同一问题的不同算法，通常的做法是，从算法中选取一种对于所研究的问题(或算法类型)来说是基本运算的原操作，以该基本操作重复执行的次数作为算法的时间度量。

按数量级递增排列，常见的时间复杂度有：常数阶 $O(1)$，对数阶 $O(\log_2 n)$(以 2 为底 n 的对数，下同)，线性阶 $O(n)$，线性对数阶 $O(n\log_2 n)$，平方阶 $O(n^2)$，立方阶 $O(n^3)$，…，k 次方阶 $O(n^k)$，指数阶 $O(2^n)$。随着问题规模 n 的不断增大，上述时间复杂度不断增大，算法的执行效率越低。

4. 算法的空间复杂性

算法在运行过程中临时占用的存储空间的大小被定义为"算法的空间复杂性"。空间复杂性包括程序中的变量、过程或函数中的局部变量等所占用的存储空间以及系统为了实现递归所使用的堆栈两部分。算法的空间复杂性一般也以数量级的形式给出。

类似于算法的时间复杂度，以空间复杂度作为算法所需存储空间的量度，记作

$$S(n)=O(f(n))$$

其中 n 为问题的规模(或大小)。一个上机执行的程序除了需要存储空间来寄存本身所用指令、常数、变量和输入数据外，也需要一些对数据进行操作的工作单元和存储一些为实现计算所需信息的辅助空间。若输入数据所占空间只取决于问题本身，和算法无关，则只需要分析除输入和程序之外的额外空间，否则应同时考虑输入本身所需空间(和输入数据的表示形式有关)。若额外空间相对于输入数据量来说是常数，则称此算法为原地工作。如果所占空间量依赖于特定的输入，则除特别指明外，均按最坏情况来分析，即以所占空间可能达到的最大值作为其空间复杂度。

[**例 1-15**] 若给定 n 个整数，现给出任意一个整数 x，要求确定数据 x 是否在这 n 个数据中。

解：这 n 个数据我们可以按任意次序排成$(a_1,a_2,\cdots,a_n)$的形式，那么，要查找 x 就必须首先将 x 与 a_1 比较，若不等，则与 a_2 比较，以此类推，直到存在某个 $i(1\leqslant i\leqslant n)$，使得 x 等于 a_i 或者 i 大于 n 为止，后者说明没有找到。

如果我们将数据按大小次序排列起来，满足 $a_1\leqslant a_2\leqslant\cdots\leqslant a_n$，则按顺序在表中查找 x

时,只要发现 $x<a_1$,或出现 $a_i<x<a_{i+1}$,($1\leqslant i\leqslant n-1$),或 $a_n<x$,就可以断定 x 不在这 n 个数据中,只要 x 不是这 n 个数据中最大的,就不会要 n 次比较,这样确定 x 不在数据集中的平均查找时间就要少得多了。

从前面看出,同样采用顺序查找的方式,如数据组织不同,则算法效率就不同。

在数据按大小顺序排列后,若我们采用下面的二分查找方法,则平均查找时间会大大减少。二分查找的算法如下。

开始设 $l=1,h=n$;重复以下步骤,直到 $l>h$ 后转(5)。

(1) 计算中点 $m=(l+h)/2$ 的整数部分(小数部分丢弃);

(2) 若待查数据 x 与第 m 个数据相同,查找成功,算法结束;

(3) 若 x 小于第 m 个数据,则 h 改为 $m-1$,转(1);

(4) 若 x 大于第 m 个数据,则 l 改为 $m+1$,转(1);

(5) 查找不成功,x 不在这 n 个数据中,算法结束。

从这里我们又看出,同样的数据排列方式,不同的算法将影响任务完成的效率。

一个算法执行时间的多少是算法好坏评价的重要依据,一个算法段的执行时间衡量通常用关键语句的执行次数作为依据。比如上面排序算法的例子,其第一轮在 n 个数据中处理将最大的数据放在第 n 个位置共需要进行 $n-1$ 次比较,第二轮需要 $n-2$ 次比较,要完成全部排序总共要进行 $n-1$ 轮,比较次数依次为 $n-1,n-2,\cdots,2,1$。这是一个首项是 $n-1$,最后一项是1的等差数列,按数列求和公式,我们得到 $(n-1)\times n/2$。这是一个二次多项式。可以证明,此算法的时间同 n 的二次方成正比。由此,可以估算算法的执行时间。比如,在 n 为10时,上面的排序方法用时为 t,则 n 为100时,排序的时间就大约为 t 的 $(100/10)^2$ 倍了,也就是 $100t$。

1.3.4 数据结构

利用计算机进行数据处理是计算机应用的一个重要领域。因此,大量的数据元素按什么结构存放在计算机中,可以提高数据处理的效率,并且节省计算机的存储空间,已成为进行数据处理的关键问题。数据结构作为计算机的一门学科,主要研究和讨论以下三个方面的问题。

(1) 数据的逻辑结构;

(2) 数据的存储结构;

(3) 对各种数据结构进行的运算。

通常,算法的设计取决于数据的逻辑结构,算法的实现取决于数据的物理存储结构。

为了讨论的方便,我们首先介绍几个基本的概念。

1. 数据结构中涉及的基本概念

(1) 数据

是对客观事物的符号表示。在计算机科学中其含义是指所有能够输入到计算机中并被计算机程序处理的符号集合。例如,数字、字母、汉字、图形、图像、声音都称为数据。

(2) 数据元素

是数据集合中的一个实体,是计算机程序中加工处理的基本单位。

数据元素按其组成可分为简单型数据元素和复杂型数据元素。简单型数据元素由一个数据项组成，所谓数据项就是数据中不可再分割的最小单位；复杂型数据元素由多个数据项组成，它通常携带着一个概念的多方面信息。

数据元素具有广泛的含义。一般来说，现实世界中客观存在的一切个体都可以是数据元素。例如，描述一年四季的季节名，可以作为季节的数据元素；表示数值的各个数：11，34，25，67，99，可以作为数值的数据元素；表示家庭成员的各成员名：父亲、儿子、女儿，可以作为家庭成员的数据元素。一般情况下，在具有相同特征的数据元素的集合中，各个数据元素之间存在着某种关系（即联系），这种关系反映了该集合中的数据元素所固有的一种结构。在数据处理领域中，通常把数据元素之间这种固有的关系简单地用前后件关系（或者直接前驱与直接后继关系）来描述。例如，在考虑一年四个季节的顺序关系时，则“春”是“夏”的前件，而“夏”是“春”的后件。在考虑家庭成员间的辈分关系时，则“父亲”是“儿子”和“女儿”的前件，而“儿子”和“女儿”都是“父亲”的后件。一般来说，数据元素的任何关系都可以用前后关系来描述。

(3) 数据结构

是指相互之间存在一种或多种特定关系的数据元素所组成的集合。具体来说，数据结构包含三个方面的内容，即数据的逻辑结构，数据的存储结构和对数据所施加的运算。这三个方面的关系为：

① 数据结构中所说的“关系”实际上是指数据元素之间的逻辑关系，又称此为逻辑结构。数据的逻辑结构独立于计算机，是数据本身所固有的。

② 存储结构是逻辑结构在计算机存储器中的映像，必须依赖于计算机。与孤立的数据元素表示形式不同，数据结构中的数据元素不但要表示其本身的实际内容，还要表示清楚数据元素之间的逻辑结构。

③ 运算是指所施加的一组操作的总称。运算的定义直接依赖于逻辑结构，但运算的实现必依赖于存储结构。

2. 数据结构的分类

(1) 从逻辑结构划分数据结构。

① 线性结构

元素之间为一对一的线性关系，第一个元素无直接前驱，最后一个元素无直接后继，其余元素都有一个直接前驱和直接后继。

② 非线性结构

元素之间为一对多或多对多的非线性关系，每个元素有多个直接前驱或多个直接后继。

(2) 从存储结构划分数据结构。

① 顺序存储（向量存储）

所有元素存放在一片连续的存储单元中，逻辑上相邻的元素存放到计算机内存后仍然相邻。

② 链式存储

所有元素存放在可以不连续的存储单元中，但元素之间的关系可以通过地址确定，逻辑上相邻的元素存放到计算机内存后不一定是相邻的。

③ 索引存储

使用该方式存放元素的同时，还建立附加的索引表，索引表中的每一项称为索引项，索引项的一般形式是:(关键字,地址),其中的关键字是能唯一标识一个结点的那些数据项。

④ 散列存储

通过构造散列函数,用函数的值来确定元素存放的地址。

3. 数据结构的抽象描述

前面我们提到,数据结构是反映数据元素之间关系的数据元素的集合,即数据结构是带有结构的数据元素的集合。这里所谓的结构实际上就是数据元素之间的前后件关系,因此,一个数据结构应包含以下两方面的信息:

(1) 表示数据元素的信息。

(2) 表示各数据元素之间的前后件关系(即逻辑关系)。

因此,数据结构可用二元组 $D=(K,R)$ 的形式来描述。其中,$K=\{a_1,a_2,\cdots,a_n\}$ 为元素集合,$R=\{r_1,r_2,\cdots,r_m\}$ 为关系的集合。

[**例 1-16**] 家庭成员数据结构可以表示成 $D=(K,R)$,其中 $K=\{$父亲,儿子,女儿$\}$,

$$R=\{\langle 父亲,儿子\rangle,\langle 父亲,女儿\rangle\}$$

[**例 1-17**] 设有一个线性表(a_1,a_2,a_3,a_4,a_5),它的抽象描述可表示为 $D=(K,R)$,其中 $K=\{a_1,a_2,a_3,a_4,a_5\}$,$R=\{\langle a_1,a_2\rangle,\langle a_2,a_3\rangle,\langle a_3,a_4\rangle,\langle a_4,a_5\rangle\}$,则它的逻辑结构用图 1.16 描述。

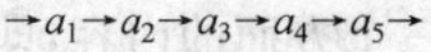

$\rightarrow a_1 \rightarrow a_2 \rightarrow a_3 \rightarrow a_4 \rightarrow a_5 \rightarrow$

图 1.16 线性结构抽象描述示意图

[**例 1-18**] 设一个数据结构的抽象描述为 $D=(K,R)$,其中

$K=\{a,b,c,d,e,f,g,h\}$

$R=\{\langle a,b\rangle,\langle a,c\rangle,\langle a,d\rangle,\langle b,e\rangle,\langle c,f\rangle,\langle c,g\rangle,\langle d,h\rangle\}$

则它的逻辑结构用图 1.17 描述。

[**例 1-19**] 设一个数据结构的抽象描述为 $D=(K,R)$,其中

$$K=\{1,2,3,4\}$$

$$R=\{(1,2),(1,3),(1,4),(2,3),(2,4),(3,4)\}$$

则它的逻辑结构用图描述,见图 1.18。

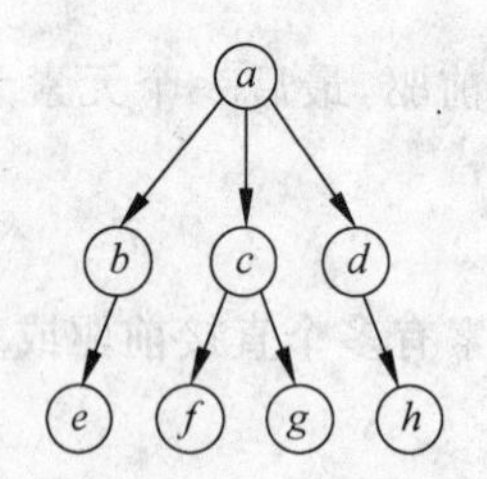

图 1.17 树状结构抽象描述示意图

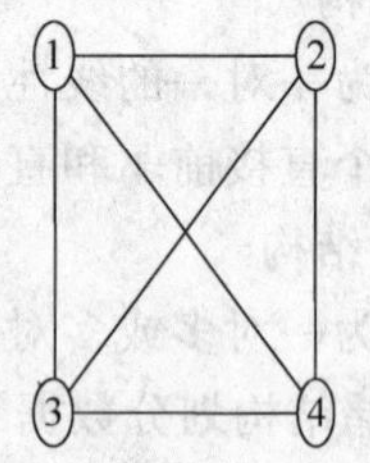

图 1.18 图形结构抽象描述示意图

1.4 计算机工作原理

计算机系统由计算机硬件系统和计算机软件系统两大部分组成。计算机硬件系统由一系列电子元器按照一定逻辑关系连接而成,是计算机系统的物质基础。计算机软件系统由操作系统、语言处理系统以及各种软件工具等软件程序组成。计算机软件指挥、控制计算机

硬件系统按照预定的程序运行、工作，从而达到我们预定的目标。

1.4.1 计算机硬件的基本结构

计算机的基本工作原理是存储程序和程序控制。计算机硬件系统则是根据计算机的基本工作原理将各种硬件设备按照一定的结构体系连接而成。

1. 冯·诺依曼原理

存储程序和程序控制原理最初是由冯·诺依曼于1945年提出来的，故称为冯·诺依曼原理。其基本思想是：预先要把指挥计算机如何进行操作的指令序列(通常称为程序)和原始数据通过输入设备输入到计算机的内部存储器中。每一条指令中明确规定了计算机从哪个地址取数，进行什么操作，然后将结果送到什么地址等步骤。计算机在运行时，先从内存中取出第一条指令，通过控制器的译码，按指令的要求，从存储器中取出数据进行指定的运算和操作，然后再按地址把结果送到内存中去。接下来，再取出第二条指令，在控制器的指挥下完成规定操作。依此进行下去，直至遇到停止指令。简而言之即将程序和数据一样存储，按程序编排的顺序，一步一步地取出指令，自动地完成指令规定的操作。

按照冯·诺依曼原理构造的计算机又称冯·诺依曼计算机，其体系结构称为冯·诺依曼结构。目前计算机已发展到了第四代，基本上仍然遵循着冯·诺依曼原理结构。但是，像“集中的顺序控制”又常常成为计算机性能进一步提高的瓶颈。当今的计算机系统已对冯·诺依曼结构进行了许多变革，如指令流水线技术、多总线。但总体上没有突破冯·诺依曼结构。

冯·诺依曼计算机的基本特点如下。

(1) 计算机的工作由程序控制，程序是一个指令序列，指令是能被计算机理解和执行的操作命令；

(2) 程序(指令)和数据均以二进制编码表示，均存放在存储器中；

(3) 存储器中存放的指令和数据按地址进行存取；

(4) 指令是由CPU一条一条顺序执行的。

虽然人们把“存储程序计算机”当作现代计算机的重要标志，并把它归于冯·诺依曼的努力，但是，他本人认为现代计算机的设计思想来自图灵的创造性工作。

2. 计算机的硬件结构

计算机硬件通常由五部分组成：输入设备、输出设备、存储器、运算器和控制器。这五部分之间的连接结构如图1.19所示，称为冯·诺依曼结构图，其以运算器和控制器为中心。

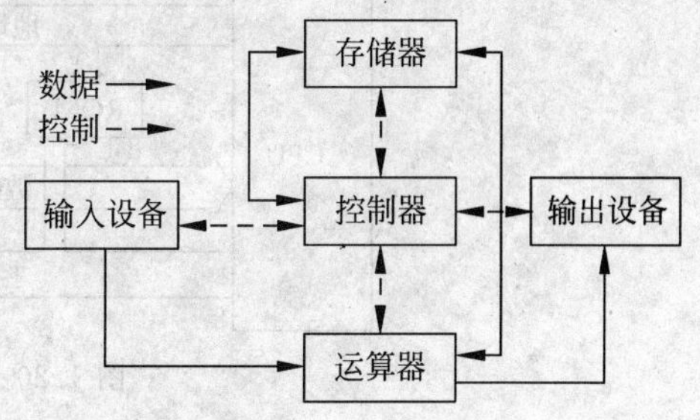

图1.19 冯·诺依曼结构图

(1) 输入设备：输入设备是向计算机输入信息的装置，用于把原始数据和处理这些数据的程序输入到计算机系统中。常用的输入设备有：键盘、鼠标、光笔、麦克风、扫描仪等。

不论信息的原始形态如何，输入到计算机中的信息都使用二进位来表示。

(2) 输出设备：各种输出设备的主要任务是

将计算机处理过的二进位信息以用户熟悉、方便的形式输送出来(文字、符号、图形、声音等)。常用的输出设备有:屏幕显示器、打印机、绘图仪、音箱等。

(3) 存储器:存储器是计算机的记忆装置,用于存放原始数据、中间数据、最终结果和处理程序。为了对存储的信息进行管理,把存储器划分成单元,每个单元的编号称为该单元的地址。各种存储器基本上都是以1个字节(8位二进制)作为一个存储单元。存储器内的信息是按地址存取的。向存储器内存入信息也称为“写入”。写入新的内容则覆盖了原来的旧内容。从存储器里取出信息,也称为“读出”。信息读出后并不破坏原来存储的内容,因此信息可以重复取出,多次利用。

(4) 运算器:运算器是对信息进行加工处理的部件。它在控制器的控制下与内存交换信息,负责进行各类基本的算术运算、逻辑运算、比较、移位、逻辑判断等各种操作。此外,在运算器中还含有能暂时存放数据或结果的寄存器。

(5) 控制器:控制器是整个计算机的指挥中心。它负责对指令进行分析、判断,发出控制信号,使计算机的有关设备协调工作,确保系统正确运行。

(6) 总线:用于连接CPU、内存、外存和各种I/O设备并在它们之间传输信息的一组共享的传输线及其控制电路。

控制器和运算器一起组成了计算机的核心,称为中央处理器,即CPU。

通常把控制器、运算器和主存储器一起称为主机,而其余的输入、输出设备和辅助存储器称为外部设备。

1.4.2 计算机的工作过程

当程序存入计算机的内存之后,计算机的工作过程就是取出指令和执行指令这两个阶段。由于实际的计算机结构较复杂,对初学者来说不易掌握基本部件及基本概念来建立整机的工作过程。为此,我们先从一个初级的计算机入手来讨论计算机的工作过程,以后再扩展到实际的计算机。

1. 初级计算机

图1.20给出了一个假想的初级计算机结构,由中央处理器(CPU)、存储器、接口电路组成,通过接口电路再与外部设备相连接。相互之间通过三条总线(地址总线AB、双向数据总线DB和控制总线CB)来连接。为了简化问题,先不考虑外部设备以及接口电路,并认为要执行的程序以及数据已存入存储器内。

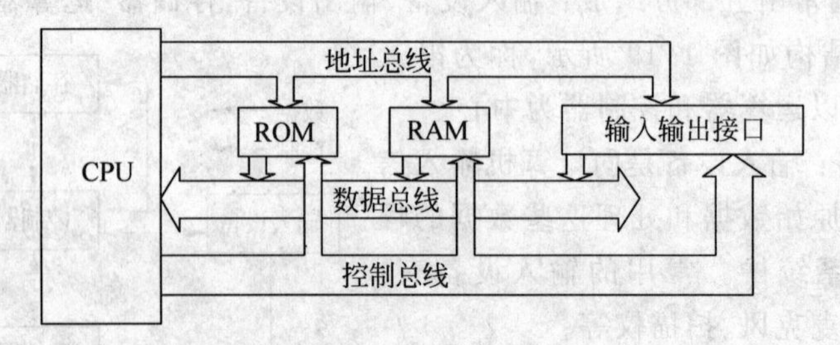

图1.20 初级计算机结构

(1) CPU的结构。初级计算机的中央处理器CPU的结构如图1.21所示,由算术逻辑单元ALU(Arithmetic Logic Unit)、寄存器组(H)、指令寄存器IR (Instruction Register)、指令译码器 ID (Instruction Decoder)、程序计数器 PC(Program Counter)、标志寄存器 F (Flags Register)、累加器 A (Accumulator)等组成。

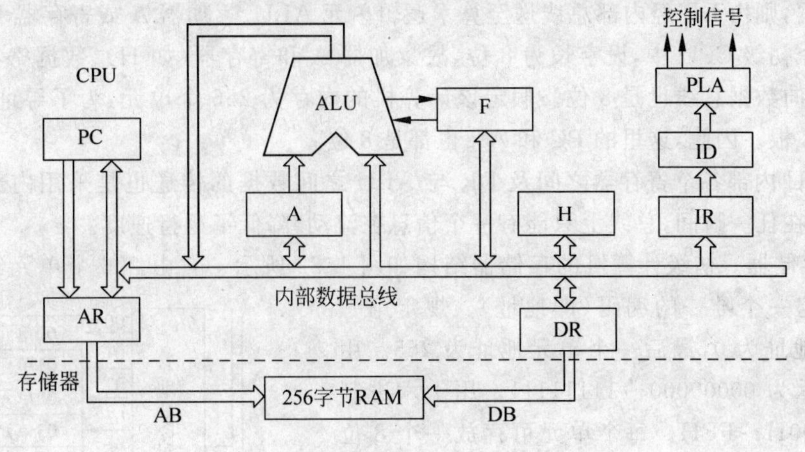

图 1.21　初级 CPU 结构

算术逻辑单元 ALU 是执行算术和逻辑运算的装置,它以累加器 A 的内容作为一个操作数;另一个操作数由内部数据总线提供,可以是寄存器组中一个寄存器(如 H 寄存器)的内容,也可以是数据寄存器 DR 提供的由内存读出的内容等。操作的结果通常放在累加器 A 中。

累加器 A 是专门存放算术或逻辑运算的一个操作数和运算结果的寄存器。

寄存器组(H)由多个寄存器组成,它用于暂时存放数据。

指令寄存器(IR)是用于存放当前正在执行的指令。当前指令执行完后,下条指令才可存入。如果不取入新的指令,指令寄存器的内容是不会改变的。

指令译码器(ID)用来对指令进行分析译码,根据指令译码器的输出信号(可由可编程逻辑阵列 PLA 实现),时序逻辑产生出各种操作电位、不同节拍的信号、时序脉冲等执行当前指令所需要的全部控制信号。

标志寄存器 F 由一些标志位组成,它为逻辑判断提供状态信息,如溢出。

程序计数器 PC 又称指令计数器,它的作用是指明将要执行的下一条指令在存储器中的地址。一般情况下,每取一个指令字节,PC 自动加 1。当程序顺序执行时,PC 自动计数。如果程序要转移或分支,只要把转移地址放入 PC 中即可。

内部数据总线把 CPU 内部各寄存器和 ALU 连接起来,以实现各单元之间的信息传输。

256 字节 RAM(Random-access memory)是假想存储器,它用于存放指令和数据。

地址寄存器(Address Register,AR),由它把要寻址的单元地址(可以是指令,其地址由 PC 提供;也可以是数据,其地址要由指令中的地址码部分给定)通过地址总线,送至存储器。

数据寄存器(Data Register,DR),用来存放从存储器中读出数据,并经过内部数据总线送到需要这个数据的寄存器中;或将要写入存储器的数据经过(DR)送给存储器。

从存储器中取出的信息可能是指令操作码,也可能是操作数。如果取出的是指令操作码,则由数据寄存器DR经内部总线送至指令寄存器IR,然后由指令译码器ID及可编程逻辑阵列PLA进行译码并产生执行一条指令所需的全部微操作控制命令。如果从存储器取出的是数据,则由DR经内部总线送至算术逻辑单元ALU、累加器A或寄存器H。

在这个初级CPU中,设字长为8位,故累加器A和寄存器(如H)、数据寄存器DR均为8位,双向数据总线也是8位。假定该计算机的内存为256个单元,为了寻址这些单元,需地址线8根。因此,这里的PC和AR也都是8位。

在CPU内部各个寄存器之间及DR与ALU之间数据的传送也是采用内部单总线结构。因此,在任一瞬间,总线上只能有一个信息在流动,降低了运行速度。

(2) 存储器。初级计算机的存储器结构如图1.22所示。它由256个单元组成。每个单元被规定一个唯一的编码(即地址)。规定第一个单元的地址为0,最后一个单元地址为255。用二进制表示为00000000～11111111。用十六进制数表示为00H～FFH。每个单元可存放一个8位的二进制信息(即一个字节的信息)。每一个存储单元的地址和这个地址中存放的内容是两个截然不同的概念,千万不要混淆了。CPU给出要操作的某存储单元地址,该地址通过地址总线AB送到存储器中的地址译码器,从256个单元中找到该地址码相应的那个存储单元,然后再对这个单元进行读出或写入操作。

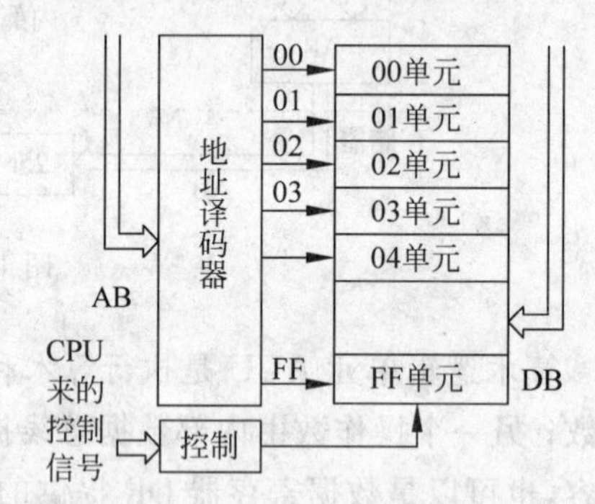

图1.22 初级计算机的存储器结构

读操作:假定要把06H号存储单元的内容读出到数据总线上,那么首先要求CPU的地址寄存器给出地址编码06H,然后通过地址总线送到存储器,存储器中的地址译码器对它进行译码,找到06H号单元。这时CPU再发出读操作命令,将06H号单元的内容(84H)经过数据总线送到数据寄存器DR中,如图1.23所示。

写操作:若要把数据寄存器中的内容26H写入到10H号存储单元中,则要求CPU的地址寄存器AR先给出地址10H,并通过地址总线AB送到存储器,经存储器中地址译码器译码后找到10H号单元;然后把数据寄存器DR中的内容26H放到数据总线DB上;CPU发出写操作命令,于是数据总线上的内容26H就写入到10H单元,如图1.24所示。

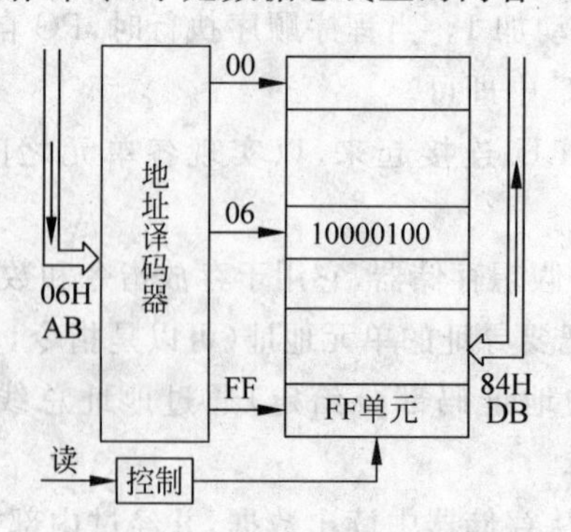

图1.23 存储器读操作示意图

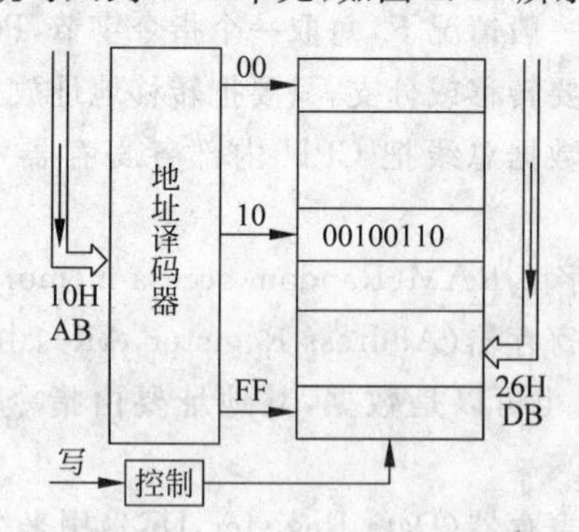

图1.24 存储器写操作示意图

2. 计算机的工作过程

下面通过一个浅显通俗的例子来讨论这些电路是怎样配合起来执行一段程序的，以了解计算机是怎样工作的。

例如，要求计算 $Y=5+9$，且将结果放在累加器A中。显然这是相当简单的问题。但对计算机来说却困惑不解。人们必须告诉计算机如何去做，直到最小的细节。怎样让计算机领会人的意图呢？这就要有专用助记符和操作代码。例如 MOV 表示数据传送指令，ADD 表示加法指令，HALT 表示停机指令等。所以，人们想使计算机进行什么操作，只要给它送去相应的指令即可。对于一个具体问题，到底使用什么指令？每种计算机都有自己的指令表，这里假设以下三条指令及功能。

```
MOV  A,05H     ；将立即数 05H 送至累加器 A 中
ADD  A,09H     ；将立即数 09H 加到累加器 A 中
HALT           ；停机
```

为了让计算机能够按照上述程序来操作，必须将此程序通过键盘（或其他方式）送入存储器中，在存储器中指令以二进制形式存放，每个存储单元存放一个字节的内容。上述三条指令共有5个字节，占据5个存储单元。可以把这5个字节的程序存放在存储器的任意区域。假设把它们存放在以40H地址开始的5个连续单元中，如图1.25所示。

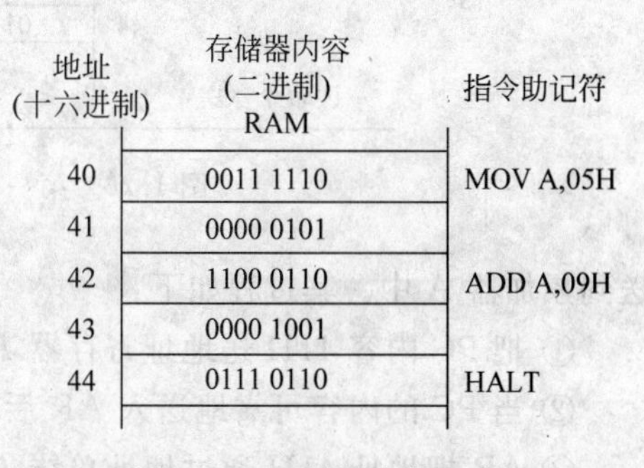

图1.25　存储器中的程序

程序输入到计算机后，只要告诉计算机程序的起始地址（这里是40H），并发出一个启动命令，机器就被启动来执行这段程序。执行程序的过程实际上就是反复进行取出指令和执行指令这两个基本操作。

(1) 第一条指令取指阶段。

给PC赋以第一条指令的地址40H后，就进入第一条指令的取指阶段，具体过程为：

① PC=40H送地址寄存器AR，使AR=40H。

② 当PC的内容可靠地送入AR后，PC内容加1变为41H。

③ 地址寄存器AR把地址40H通过地址总线AB送到存储器，经地址译码器译码后，选中40H号单元。

④ CPU发出读命令。

⑤ 所选中的40H号单元内容3EH读到数据总线DB上。

⑥ 读出的内容经过DB送到数据寄存器DR中。

⑦ 在取指阶段，取出的是指令操作码，故DR把它送到指令寄存器IR中，然后经过指令译码器ID和可编程逻辑阵列PLA，发出执行这条指令的各种微操作命令。其过程如图1.26所示。

(2) 第一条指令执行阶段。

经过对第一条指令操作码译码后知道，这是一条把操作数送入累加器A的操作，而操作数是在指令的第二字节。所以，执行第一条指令就必须把第二字节中的操作数取出来并

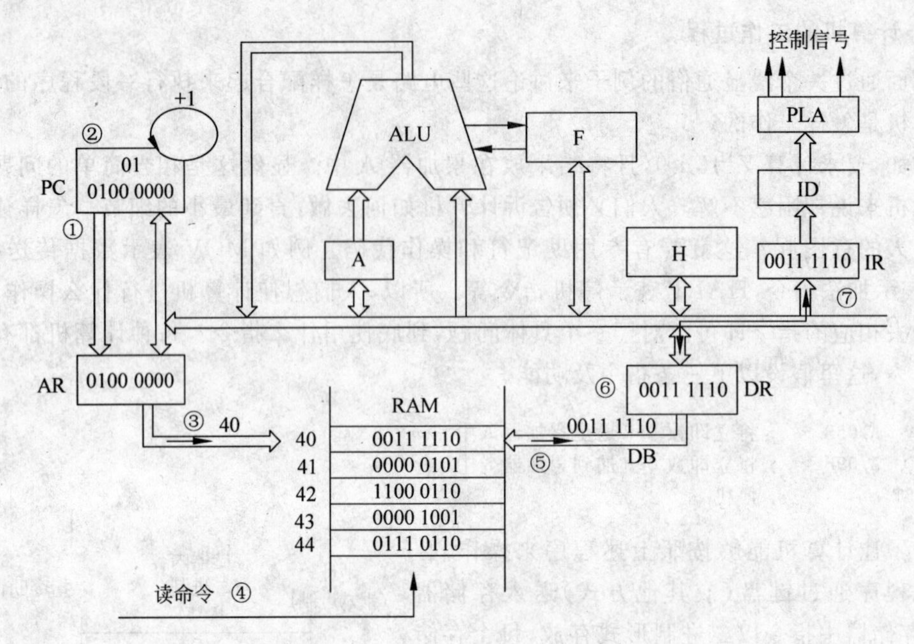

图 1.26 第一条指令取指阶段操作示意图

送到累加器 A 中。其过程如下:

① 把 PC 内容 41H 送地址寄存器 AR,使 AR=41H。

② 当 PC 的内容可靠地送入 AR 后,PC 自动加 1,变为 42H。

③ AR 把地址 41H 通过地址总线 AB 送到存储器,经地址译码器译码后,选中 41H 号单元。

④ CPU 发出读命令。

⑤ 选中的 41H 号单元内容 05H 读到数据总线 DB 上。

⑥ 读出的内容经过 DB 送到数据总线 DR 中。

⑦ 因已知读出的操作数,且指令要求把它送累加器 A,故由 DR 通过内部数据总线送到累加器 A 中,其过程如图 1.27 所示。

至此,第一条指令执行完毕,进入第二条指令的取指阶段。

(3) 第二条指令取指阶段。

① PC 内容 42H 送 AR,使 AR=42H。

② 当 PC 的内容可靠地送入 AR 后,PC 内容加 1 变为 43H。

③ AR 通过 AB 把地址 42H 送到存储器,经地址译码器译码后,选中 42H 号单元。

④ CPU 发出读命令。

⑤ 把被选中的 42H 号单元内容 C6H 读到数据总线 DB 上。

⑥ 读出的内容经过 DB 送到数据总线 DR 中。

⑦ 因是取指阶段,读出的是指令,DR 将它送到 IR,并经过 ID 译码后,发出执行这条指令的各种微操作命令。与取第一条指令的过程相同。

(4) 第二条指令执行阶段。

经过对第二条指令操作码译码后知道,它是加法指令,以 A 中的内容为一个操作数,另

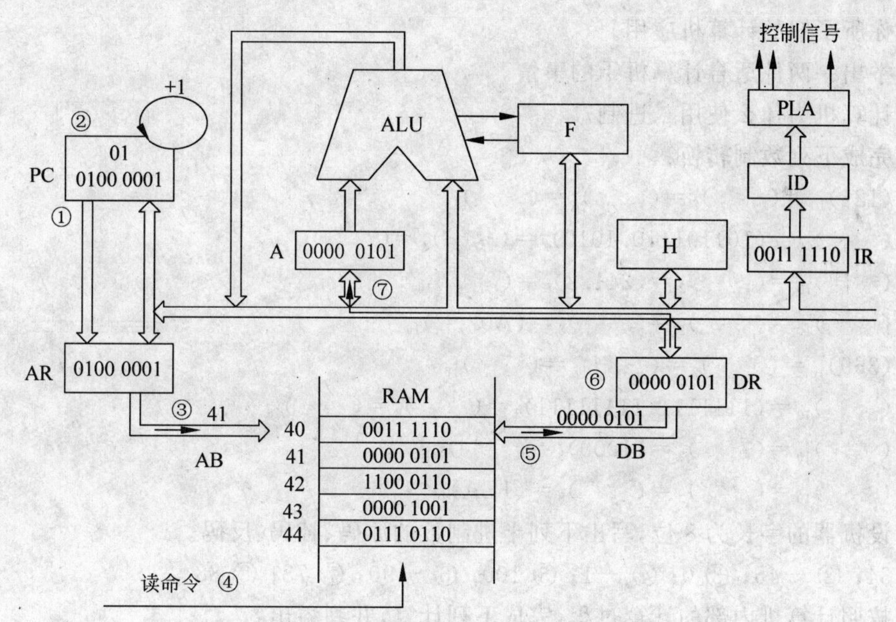

图 1.27　第一条指令执行阶段操作示意图

一个操作数在指令的第二个字节中，执行第二条指令，必须取出指令的第二字节。

① 把 PC 内容 43H 送地址寄存器 AR，使 AR＝43H。

② 当 PC 的内容可靠地送入 AR 后，PC 自动加 1，变为 44H。

③ AR 通过 AB 把地址 43H 送到存储器，经译码后选中 43H 号单元。

④ CPU 发出读命令。

⑤ 被选中的 43H 号单元内容 09H 读到数据总线 DB 上。

⑥ 读出的内容 09H 经过 DB 送到数据总线 DR 中。

⑦ 由指令译码已知读出的为操作数，且要与 A 中的内容相加，故数据 09H 由 DR 通过内部数据总线送至 ALU 的另一输入端。

⑧ A 中的内容送 ALU，且 ALU 做加法操作。

⑨ 相加的结果由 ALU 输出，经内部数据总线送到累加器 A 中。

至此，第二条指令执行完，转入第三条指令的取指阶段。

按照上述类似的过程取出第三条指令，经过译码后，控制器停止产生控制信号而停机。程序执行完毕，$Y=5+9$ 的计算任务也就此完成，累加器 A 中存有它的运算结果。

综上所述，计算机的工作过程就是：从存储器中取指令⟶分析指令⟶执行指令⟶再取下条指令⟶分析指令⟶执行指令⟶再取下条指令……，反复循环，直至程序结束。通常把其中的一个循环(取指令、分析指令、执行指令)称为计算机的一个指令周期。这样，我们可把程序对计算机的控制，归结为每个指令周期中指令对计算机的控制。

习题

1. 从计算机发展过程中，你能联想到一些什么？
2. 举出两个实例，说明如何在未来应用人工智能提高人们的生活质量。

3. 你所了解的计算机应用。

4. 举出一两件适合计算机干的事情。

5. 计算机为什么使用二进制。

6. 完成下列数制转换：

① $(121)_{10}=(\quad)_2=(\quad)_8=(\quad)_{16}$

② $(\quad)_{10}=(101101110.1010)_2=(\quad)_8=(\quad)_{16}$

③ $(\quad)_{10}=(\quad)_2=(241.2)_8=(\quad)_{16}$

④ $(\quad)_{10}=(\quad)_2=(\quad)_8=(\text{A02.C})_{16}$

⑤ $(369)_{10}=(\quad)_2=(\quad)_8=(\quad)_{16}$

⑥ $(\quad)_{10}=(1111111111111111)_2=(\quad)_8=(\quad)_{16}$

⑦ $(\quad)_{10}=(\quad)_2=(1000)_8=(\quad)_{16}$

⑧ $(\quad)_{10}=(\quad)_2=(\quad)_8=(\text{1EA})_{16}$

7. 设机器的字长为8位，写出下列十进制数的原码、补码、反码。

① 34；② −45；③ 0；④ −1；⑤ 100；⑥ −90；⑦ 78；⑧ 88。

8. 按照计算机内部的计算过程，完成下列计算，并判溢出：

$X=101011\text{B}$； $Y=-1110111\text{B}$； $Z=+1101011\text{B}$； $W=68\text{H}$

求：$[X+Y]_补$，$[X+Z]_补$，$[X+W]_补$，$[W-Y]_补$，$[Z+Y]_补$，$[X-Y]_补$，$[Z-Y]_补$，$[W-Z]_补$。

9. 已知$[W]=00011010$，$[X]=01001110$，$[Y]=11100110$，$[Z]=01010101$，试完成下列逻辑运算：

$[X\wedge Y]$，$[Y\wedge W]$，$[Z\wedge X]$，$[X\vee Y]$，$[Y\vee W]$，$[Z\vee X]$，$[X\oplus Y]$，$[Y\oplus W]$，$[Z\oplus X]$，$[\overline{X}]$，$[\overline{Y}]$。

10. 试简要说明计算机的工作原理。

11. 在中、西文兼容的计算机中，计算机怎样区别西文字符和汉字字符？

12. 简述下列术语。

① ASCII码；② 汉字内码；③ 汉字字形码；④ 指令；⑤ 程序。

13. 冯·诺依曼式计算机由五个部分组成，请说明它由哪五个部分组成以及每个部分的功能。

14. 什么是算法？它具有哪些基本特征？

15. 什么是结构化程序设计方法？这种方法有哪些优点和缺点？

16. 请进行以下简单算法的设计：

(1) 输入10个数，找出最大的一个数，并打印出来。

(2) 输入一个班35人的成绩，求出平均分数、最高分数、不及格人数。

(3) 求出$ax^2+bx+c=0$的根。分别考虑$D=b^2-4ac$大于0、等于0和小于0三种情况。

(4) 给定一个偶数$M(M\geqslant 6)$，将它表示成两个素数之和。

(5) 对一个大于或等于3的正整数，判断它是不是一个素数。

CHAPTER 2

第2章 计算机工程

2.1 中央处理器

中央处理器的英文含义是 Central Processing Unit，即 CPU，是计算机系统中的核心部件。计算机的快速发展过程，实质上就是 CPU 从低级向高级、从简单向复杂的发展过程。

2.1.1 CPU 的结构

CPU 主要包含运算器、控制器和寄存器等，承担着系统软件和应用软件运行任务的处理，是任何一台计算机必不可少的核心组成部件，其组成及与内存的关系如图 2.1 所示。

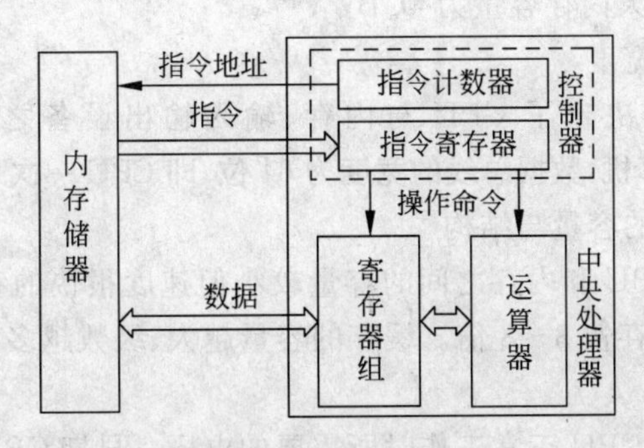

图 2.1 CPU 的组成及其与内存的关系

CPU 的主要任务是执行指令，它按指令的规定对数据进行操作。其中运算器用来对数据进行各种算术或逻辑运算，所以称为算术逻辑部件(ALU)，参加 ALU 运算的操作数通常来自通用寄存器 GPR，运算结果也送回 GPR，而控制器就是按着事先编好的程序控制计算机各个部件有条不紊地自动工作的。

2.1.2 CPU的性能指标

CPU的主要性能指标有:

(1) 主频

主频即CPU工作的时钟频率。CPU的工作呈现周期性,它不断地执行取指令、执行指令等操作。这些操作需要精确定时,按照精确的节拍工作,因此CPU需要一个时钟电路产生标准节拍,一旦机器加电,时钟便连续不断地发出节拍,就像乐队的指挥一样指挥CPU有节奏地工作,这个节拍的频率就是主频。一般说来,主频越高,CPU的工作速度越快。

(2) 外频

实际上,计算机的任何部件都按一定的节拍工作。通常是主板上提供一个基准节拍供各部件使用,主板提供的节拍称为外频。

(3) 倍频

随着科技的发展,CPU的主频越来越快,而外部设备的工作频率跟不上CPU的工作频率,解决的方法是让CPU以外频的若干倍工作。CPU主频的相对倍数称为CPU的倍频。

可表示为:

CPU工作频率=倍频×外频

(4) 指令综合能力

处理器能执行的指令条数和每条指令的能力直接影响处理速度,在传统的指令基础上为了提高处理器在多媒体和通信应用方面的性能,引入了MMX (Multi-Media eXtension)指令。后来又有了SSE指令、3Dnow! 指令等。当然指令平均执行时间也一项重要的指标。

(5) 地址总线宽度

PC采用的是总线结构。地址总线宽度(地址总线的位数)决定了CPU可以访问的存储器的容量,不同型号的CPU总线宽度不同,因而使用的内存最大容量也不一样。32位地址总线能使用的最大内存容量为4GB。

(6) 数据总线宽度

数据总线宽度决定了CPU与内存、输入输出设备之间一次数据传输的信息量。Pentium以上的计算机,数据总线的宽度为64位,即CPU一次可以同时处理8个字节的数据。

(7) 高速缓存的容量与结构

缓存是位于CPU和内存之间的容量较小但速度很快的存储器,使用静态RAM做成,存取速度比一般内存快3~8倍。缓存的容量越大、级数越多,其效用就越显著。

(8) 工作电压

工作电压是指CPU正常工作时所需要的电压。早期CPU的工作电压一般为5V,而随着CPU主频的提高,CPU工作电压有逐步下降的趋势,以解决发热过高的问题。目前CPU的工作电压一般在1.6~2.8V之间。CPU制造工艺越先进,则工作电压越低,CPU运行的耗电功率就越小。这对笔记本电脑用CPU而言显得特别重要。

(9) CPU的逻辑结构

CPU的逻辑结构也将影响CPU的性能,这涉及CPU包含的定点运算器和浮点运算器数目;CPU是否采用流水线结构以及流水线的条数和级数;是否有指令预测和数据预测功能;执行部件的数目;是否多核,有几个内核等。

2.1.3　微机中常用的 CPU

微型计算机系统的 CPU 从最初发展至今已经有三十多年的历史了，这期间，按照其处理信息的字长，CPU 可以分为 4 位微处理器、8 位微处理器、16 位微处理器、32 位微处理器、64 位微处理器及 128 位微处理器等。

1. Intel 公司产品

(1) Pentium 处理器

1993 年，全面超越 486 的新一代 586 处理器问世，为了摆脱 486 时代处理器名称混乱的困扰，Intel 公司把自己的新一代产品命名为 Pentium(奔腾)，以区别 AMD 和 Cyrix 的产品。它是真正的第五代处理器。早期的 Pentium 60 和 Pentium 66 分别工作在与系统总线频率相同的 60MHz 和 66MHz 两种频率下，没有现在所说的倍频设置，而且最初的部分产品还有浮点运算错误，因此它并没有受到人们的欢迎。后来的 Pentium 处理器采用了现在一直使用的“外频×倍频＝CPU 工作频率”的设置，工作频率从 75MHz 到 200MHz 多种规格。1996 年 Intel 推出了 Pentium Pro(高能奔腾)。它是为 32 位操作系统设计的，16 位性能并不出色，加上当时成品率太低导致其价格居高不下，因此它并没有流行起来。

1997 年初，Intel 发布了 Pentium 的改进型号——Pentium MMX(多能奔腾)，Pentium MMX 在原 Pentium 的基础上进行了重大的改进，增加了片内 16KB 数据缓存和 16KB 指令缓存，同时新增加了 57 条 MMX 多媒体指令，这些指令专门用来处理音频、视频等数据，以大大缩短 CPU 处理多媒体数据的时间，使计算机的性能达到一个新的水准。之后，Intel 公司陆续推出了 Pentium Ⅱ、Pentium Ⅲ、Pentium 4、Pentium D、奔腾至尊、Core、Core 2 和 Core i3/i5/i7，如图 2.2 所示为处理器外形。

(a) Core i5

(b) Core i3

图 2.2　Intel 公司的处理器

Pentium 4 处理器从 1.3GHz 起步，其超流水线技术使主频达到 3.400GHz。其 800MHz 系统总线频率与超快速 RDRAM 系统内存的完美组合可以支持出色的内存吞吐能力，同时也提供了强大的图形和多媒体性能。144 条新指令改善了如多媒体、三维处理以及音频视频等领域的性能。Pentium 4 处理器采用了超线程技术(HT)，使一个 Pentium 4 处理器可以同时执行两条线程(两个独立的代码流)。

Pentium D 引入了 Intel 的新芯片组技术，具有两个独立的执行核心以及两个 1MB 的二级缓存，两执行核心共享 800MHz 的前端总线与内存连接。新的双核奔腾至尊版 840 处理器，运行频率是 3.2GHz，每核心同样分别具有 1MB 的 L2 缓存，针对的是愿意花费大笔金钱的游戏玩家。

Pentium D、奔腾至尊、Core 2 等增加了 13 条 SSE3 指令，即流式单指令多数据指令(Streaming SIMD Extention，SSE)，处理 128 位长操作数。

Core i5 和 Core i7 在 Core 2 的基础上又增加了四十多条 SSE4 指令。

(2) Celeron 处理器

为了同时占领高端市场和低端市场，Intel 专门推出 Pentium 的廉价版本 Celeron(赛扬)系列,其目标是压低成本,降低售价。Celeron核心技术与Pentium相同。最初的Celeron采用0.35μm的工艺制造,外频为66MHz,从333MHz开始就改用了0.25μm的制造工艺。最初的Celeron犯了一个错误,就是把Celeron的二级缓存给去掉了,因此它的性能不理想。随后Intel改正了这个错误,在Celeron内部集成了128KB的全速二级Cache。目前的Celeron主频已达到4GHz。事实说明这种策略是对的,赛扬系列处理器到现在还很有市场。

(3) Itanium处理器

Intel Itanium(安腾)是2001年问世的64位处理器,给了用户又一个高性能计算系统的选择。2002年Intel发布Itanium 2处理器,其核心采用微体系结构,Itanium 2处理器和第一代Itanium处理器均采用0.18μm工艺制造。Itanium 2处理器的系统总线频率为400MHz、128位数据总线。Itanium 2处理器高速缓存系统最重要的创新就是将3MB三级高速缓存集成到处理器硅片上,而不是作为系统主板的一个独立芯片。这不仅加快了数据检索速度,同时可将三级高速缓存和处理器内核间的整体通信带宽提高了三倍多。

新一代代号为Madison和Deerfield的处理器将采用0.13μm工艺制造。Madison将采用6MB三级高速缓存。代号为Montecito的第五代Intel Itanium处理器将采用90nm工艺制造。从而可进一步提高性能标准。

Itanium 2处理器将为企业资源规划、大型数据库和交易处理、安全电子商务、高性能科学和技术计算、计算机辅助设计等应用提供卓越性能。

(4) Xeon

Xeon(至强)芯片是Intel公司2003年3月推出的到目前为止速度最快的、用于服务器和工作站的处理器。其超线程技术能更加有效地使用处理器资源,增强多线程、多处理应用程序的性能。

(5) Banias

迅驰(Centre Neutrino,Centrino)处理器采用移动计算技术,它由三个部分组成:Pentium M移动式处理器、Intel 855系列芯片组以及Intel PRO无线网络芯片。集成的芯片产品命名为Banias,使用了新的高级指令系统和微操作合并技术,应用于笔记本电脑、服务器以及小型台式机。

用Centrino技术装备的笔记本电脑,集成了对无线局域网的连接能力,使用户脱离缆线的约束,为笔记本系统带来崭新的性能和低功耗。

(6) Core

Intel Core™微体系结构,是一款领先节能的新型微架构,设计的出发点是提供卓然出众的性能和能效,提高每瓦特性能,也就是所谓的能效比。Intel Core™微体系结构面向服务器、台式机和笔记本电脑等多种处理器进行了多核优化,其创新特性可带来更出色的性能、更强大的多任务处理性能和更高的能效水平,各种平台均可从中获得巨大优势。Intel Core™微架构拥有4组解码器,相比Pentium Pro (P6)、Pentium Ⅱ、Pentium Ⅲ、Pentium M架构可多处理一组指令,简单讲,就是每个内核可以同时处理更多的指令。

Core一代:英特尔先推出的Core用于移动计算机,上市不久即被Core 2取代。

Core二代:2006年5月9日,Intel公司在京宣布,Intel-Core 2双核处理器将成为该公司未来强大的、具有更高能效的处理器的新品牌,Core 2是一个跨平台的构架体系,包括服务器版、桌面版、移动版三大领域。

Core i7：是一款 Intel 于 2008 年推出的 64 位 45nm 原生四核处理器，以 Intel Nehalem 微架构为基础，处理器拥有 8MB 三级缓存，支持三通道 DDR3 内存，晶体管 7.31 亿。处理器采用 LGA 1366 针脚设计，支持第二代超线程技术，也就是处理器能以八线程运行。Core i7 是面向高端发烧用户，包含 Bloomfield(2008 年)、Lynnfield(2009 年)、Clarksfield(2009 年)、Arrandale(2010 年)、Gulftown(2010 年)、Sandy Bridge(2011 年)、Ivy Bridge(2012 年)等多个子系列的处理器。

Core i5：面对着价格昂贵的 Core i7，Intel 推出了同样基于 Nehalem 架构的双核处理器 Core i5，依旧采用整合内存控制器，三级缓存模式，L3 达到 8MB，支持 Turbo Boost 等技术。Core i5 采用的是成熟的 DMI(Direct Media Interface)，相当于内部集成所有北桥的功能，采用 DMI 用于准南桥通信，并且只支持双通道的 DDR3 内存。2011 年 1 月，Intel 发表了新一代的四核 Core i5，与旧款不同的在于新一代的 Core i5 改用 Sandy Bridge 架构。同年二月发表双核版本的 Core i5，接口亦更新为与旧款不兼容的 LGA 1155。

Core i3：Core i3 可看做是 Core i5 的进一步精简版，Core i3 最大的特点是整合 GPU(图形处理器)，也就是说 Core i3 将由 CPU＋GPU 两个核心封装而成。由于整合的 GPU 性能有限，用户想获得更好的 3D 性能，可以外加显卡，显示核心部分的制作工艺仍会是 45nm。在规格上，Core i3 的 CPU 部分采用双核心设计，通过超线程技术可支持四个线程，总线采用频率 2.5GT/s 的 DMI 总线，三级缓存由 8MB 削减到 4MB，而内存控制器、双通道、超线程等技术仍然保留。Core i3 采用 LGA 1156 接口，相对应的主板将会是 H55/H57。

表 2.1 是 Intel 公司微处理产品主要技术参数比较(2000 年之前)，从中可见微电子和微处理器技术发展之神速。

表 2.1 Intel 公司微处理器主要技术参数比较

处理器 / 参数	8086	80286	80386	80486	Pentium	Pentium Pro	Pentium Ⅱ	Pentium Ⅲ	Pentium 4
推出时间/年	1978	1982	1985	1989	1993—1996	1995—1997	1998	1999	2000
主频/MHz	4.77	6～20	16～33	33～100	60～200	150～200	233～333	450～1400	1500～3800
系统总线频率/MHz	4.77	6～20	16～33	25～33	50,66	66	66	100,133	400,533,800,1066
外部数据线数	16	16	32	32	64	64	64	64	64
地址线数	20	24	32	32	32	36	36	36	36
存储器空间大小	1MB	16MB	4GB	4GB	4GB	64GB	64GB	64GB	64GB
晶体管数/万	2.9	13.4	27.5	120	310	550	750	950	4200
制造工艺/μm	2	1.5	1.5～1.0	1.0～0.8	0.8～0.35	0.6～0.35	0.35～0.25	0.25～0.13	0.13～0.06
引脚数	40	68	132	168	273,296	387	242	370	478,775

Intel公司的创始人之一摩尔(Gordon Moore)曾预言,计算机的CPU性能"每18个月,集成度将翻一番,速度将提高一倍,而其价格将降低一半",这就是著名的摩尔定律。这一定律量化和揭示了微型计算机的独特的发展速度。这一定律从1965年首次被提出,之后CPU的发展历程证实了它的正确性。但是,自Intel在2003年6月发布主频为3.2GHz的Pentium 4之后,CPU频率的发展似乎停滞不前了,目前频率最高的微处理器在4.0GHz。相比过去几十年CPU频率的飞速提升,这个速度是非常缓慢的。CPU频率发展的摩尔定律暂遇挫折后,中高端CPU正在向双核或多核发展。进入2006年后,双核CPU(双核处理器即是基于单个半导体的一个处理器上拥有两个一样功能的处理器核心,也就是将两个物理处理器核心整合入一个核中)已成为服务器、工作站,甚至普通台式机和笔记本电脑的标准配备。

CPU的产品并非只出于Intel公司一家,IBM、Apple、Motorola、AMD、cyrix等也是著名的微处理器产品的生产公司。

2. AMD公司产品

(1) AMD K6处理器

AMD K6处理器是与Pentium MMX同一个档次的产品,其由原来的NexGen公司的686改装而来,包括了全新的MMX指令以及64KB L1缓存,因此K6的整体性能要优于Pentium MMX。基本相当于同主频的Pentium Ⅱ的水平,但其弱点是需要使用MMX或浮点运算应用程序时,与Intel相比速度较慢。

(2) AMD K6-2处理器

K6-2是AMD的拳头级产品,为了打败Intel,K6-2进行了大幅度的改进,其中最重要的一条便是支持"3Dnow!"指令,3Dnow!指令是对x86体系结构的重大突破,它大大加强了处理3D图形和多媒体所需要的密集浮点运算能力。3Dnow!技术带给我们的好处是真正优秀的3D表现,更加真实地重现3D图像以及大屏幕的声像效果。同时CPU的核心工作电压为2.2V,使K6-2的发热量大幅度降低。

(3) AMD Athlon 7处理器

1998年AMD向人们展示了它最新的K7处理器,其出色的性能完全具备与Pentium Ⅲ相抗衡的实力。1999年AMD正式更名K7处理器为"Athlon",它作为AMD公司新一代的旗舰产品,起点主频定位在500MHz。但不久就推出了600MHz,700MHz的产品,Athlon处理器不但主频超过了Pentium Ⅲ,而且AMD一向被人们认为弱项的浮点运算表现也超过同频的Pentium处理器。这是CPU发展史上具有意义的一页,兼容CPU厂商第一次全面在性能上超过Intel的同级产品。

(4) 64位处理器

这是AMD公司的第八代处理器,采用x86-64v架构,其面向工作站和服务器的CPU产品命名为Opteron(开发代号为SledgeHammer),面向台式机的产品命名为Athlon 64(开发代号为ClawHammer)。从AMD构想得知,基于Opteron的系统不但能运行32位软件,同时也具有64位系统优秀的扩展能力。并且AMD在Opteron的设计上充分发挥了独创才智,在处理器内部集成内存控制器,这样不但解决了前端总线的性能瓶颈、提高内存的存取速度,而且使内存容量可随处理器数量的增加而增加。面对普通用户的Athlon 64处理器,采用0.13μm制造工艺,内置的单内存控制器可支持DDR333内存,最大支持4GB内存，集成128KB一级缓存，256KB或512KB二级缓存。

(5) 双核心处理器

AMD的双核心处理器分别是双核心的Opteron系列和全新的Athlon 64 X2系列处理器。其中，Athlon 64 X2是用以抗衡Pentium D和Pentium Extreme Edition的桌面双核心处理器系列。AMD推出的Athlon 64 X2是由两个Athlon 64处理器上采用的Venice核心组合而成，每个核心拥有独立的512KB(1MB) L2缓存及执行单元。除了多出一个核芯之外，从架构上来看，双核心Athlon 64 X2的大部分规格、功能与Athlon 64架构没有任何区别，也就是说，新推出的Athlon 64 X2双核心处理器，仍然支持1GHz规格的HyperTransport总线，并且内建了支持双通道设置的DDR内存控制器。

对于双核心架构，AMD的做法是将两个核心整合在同一片硅晶内核之中，不会在两个核心之间存在传输瓶颈的问题。AMD推出的Athlon 64 X2处理器给用户带来最实惠的好处就是，不需要更换平台，就能使用新推出的双核心处理器，只要对老主板升级一下BIOS就可以了。这与Intel双核心处理器必须更换新平台才能支持的做法相比，升级双核心系统会节省不少费用。

(6) 四核Barcelona

AMD于2007年下半年推出K10架构。采用K10架构的Barcelona为四核并有4.63亿个晶体管。Barcelona是AMD第一款四核处理器，原生架构基于65nm工艺技术。和Intel Kentsfield四核不同的是，Barcelona并不是将两个双核封装在一起，而是真正的单芯片四核心。

3. IBM公司

IBM作为高端服务器处理器的最大制造商，为捍卫其霸主地位，设计了Power 4。该处理器采用0.13μm制造工艺，主频速度将超越1.3GHz，每块Power 4中集成了两个完整的子CPU(后续版本可能集成4到8个CPU)，还有1.5MB二级缓存。它可以让两个子CPU同时执行自己的线程，而每个线程内部照样使用目前最先进的超标量、流水线等结构。当然，IBM不会满足现状，2004年，推出了支持64路(32个双核心处理器)的Power 5处理器。

Power 5处理器频率1.5GHz至2.3GHz，制造工艺130nm至90nm，指令集构架PowerPC v.2.02，核心数2，L1缓存32+32KB/core，L2缓存1.875MB/chip，L3缓存36MB/chip (off-chip)，比它的前任Power 4在性能上提高了40个百分点，Power 5具有和超线程类似的Simultaneous Multithreading功能，所以在软件层面上，系统会把芯片识别为4个同时工作的逻辑处理器，这样系统不论是浮点还是整数运算能力都会比原来提高超过50个百分点。Power 5处理器另一个值得注意的是其超大容量的CPU缓存，除了具有1.9MB的片载二级缓存外，Power 5还同时配备了惊人的36MB板载三级缓存，这对提高CPU执行效率和内部带宽有着直接和明显的好处。构架上Power 5处理器还具有硬件层面上的虚拟机技术，通过Power 5的虚拟引擎，多操作系统能在同一个硬件上互不察觉或干扰的情况下同时运行，每个操作系统都能随机地得到十分之一的CPU时间。

2007年，IBM推出的有史以来频率最高的微处理器Power 6，其生产工艺是65nm，晶体管数量7900万，核心面积341mm^2，指令集构架Power ISA v.2.05，核心数2，每个核心可实现2路并行多线程(SMT)，L1缓存64KB指令缓存及64KB数据缓存，L2缓存4MB，L3缓存32MB。与之同时推出的是一款充分利用了该芯片在节能和虚拟化技术方面重大突破的新型超高性能服务器——IBM System p570。新型System p570是业界第一款同时囊括四大UNIX基准测试速度记录的服务器。它集成有能够加速许多媒体任务的AltiVec指令集。通过对多个数据元素执行同一条指令,AltiVec能够提高处理器的数据处理效率。这将有助于台式机执行音频和视频任务,而服务器在运行基因数据处理等高性能计算任务时的效率也会提高。

双核Power 6处理器的速度为4.7GHz,是其上一代Power 5处理器的两倍,但运行和散热所消耗的电能基本相同。这意味着客户可以使用新的处理器将性能提高100%或将能耗减半。Power 6处理器的速度几乎是HP服务器产品线所使用的最新HP Itanium处理器的三倍。Power 5的数据传输速率是150Gbps,而Power 6的传输速率则达到了300Gbps。IBM公司为了与更快的时钟频率保持同步,它提高了Power 6的通讯能力。新的IBM System p570服务器中的Power 6芯片是第一款在硬件上进行十进制浮点计算的微处理器。内置的十进制浮点运算能力能够为企业运行复杂的税收、金融和ERP程序带来巨大的优势。

在Power 6芯片研发工作中,IBM利用了大量的技术成果,如指令执行的全新改进方法、降低能耗、电压或频率"可调"、全新的芯片设计方法等。

2010年,IBM推出了功能更加强大的Power 7。最高设计频率2.4GHz至4.25GHz,制造工艺45nm,指令集构架Power ISA v2.06,核心数4、6、8,L1缓存32+32KB/core,L2缓存256KB/core,L3缓存32MB。

IBM Power 7贯彻了之前Power系列芯片的45nm SOI铜互联工艺制程,是一个单晶片的八核处理器,密集部署了12亿个晶体管在芯片上,最大特点是它具有12个执行单元,以及4个同步多线程(Power 5和Power 6都是两个),这样保证Power 7处理器每个循环最高可以处理6个简单指令,如果运行4个混合多处理附加指令的话,每个循环最高可以执行8个浮点计算。同步多线程是充分利用乱序架构的好方法,相对来说,顺序架构利用起来就比较难。近年来处理器的发展是追求低功耗、大规模并行,越来越走向多路处理了,既然走向了多核心,那么走向更多路的SMT同步多线程也就顺理成章了,相对来说Power 7的功耗并不高,Power 7主要用在服务器等大型超级计算机中。

4. Sun公司

1987年,Sun和TI公司合作开发了RISC微处理器——SPARC。SPARC微处理器最突出的特点就是它的可扩展性,这是业界出现的第一款有可扩展性功能的微处理。SPARC的推出为Sun赢得了高端微处理器市场的领先地位。

1999年6月,UltraSPARC Ⅲ首次亮相。它采用先进的0.18μm工艺制造,全部采用64位结构和VIS指令集,时钟频率从600MHz起,可用于高达1000个处理器协同工作的系统上。UltraSPARC Ⅲ和Solaris操作系统的应用实现了百分之百的二进制兼容,完全支持客户的软件投资,得到众多的独立软件供应商的支持。

在64位UltraSPARC Ⅲ处理器方面,Sun公司主要有三个系列。首先是可扩展式s系列,主要用于高性能、易扩展的多处理器系统。UltraSPARC Ⅲs的频率已经达到750MHz。还有UltraSPARC Ⅳs和UltraSPARC Ⅴs等型号。其中UltraSPARC Ⅳs的频率为1GHz,UltraSPARC Ⅴs则为1.5GHz。其次是集成式i系列,它将多种系统功能集成在一个处理器上,为单处理器系统提供了更高的效益。UltraSPARC Ⅲi的频率达到700MHz,UltraSPARC Ⅳi的频率将达到1GHz。

处理器的发展逐渐走向多核与多线程，以英特尔4核心 Xeon 处理器或双核心 Itanium 处理器为例，每个核心便有两个线程，甚至以强调主频的 IBM Power 6，同样采用双核心，但每个核心也支持两条线程(Threads)。2007年，Sun 发布了 UltraSPARC T2(研发代号：Niagara 2)核心数便达到8个，每个核心更支持8个线程，一颗处理器便具有64个逻辑处理器，是目前较快的处理器。

今天，SPARC T5140 和 T5240 企业级服务器又以突破性的性能记录领先世人，在从网络边缘到数据中心的核心等一系列企业级关键业务与计算密集型任务中，这两款系统在性能、性价比、能耗与空间利用等各个方面均超越了竞争对手。

5. 英国 ARM 公司

1991年 ARM 公司成立于英国剑桥，主要出售芯片设计技术的授权。ARM(Advanced RISC Machines)，既可以认为是一个公司的名字，也可以认为是对一类微处理器的统称，还可以认为是一种技术的名字。世界各大半导体生产商从 ARM 公司购买其设计的 ARM 微处理器核，根据各自不同的应用领域，加入适当的外围电路，从而形成自己的 ARM 微处理器芯片进入市场。基于 ARM 技术的微处理器应用约占据了32位 RISC 微处理器75%以上的市场份额，ARM 技术正在逐步渗入到我们生活的各个方面。我国的中兴集成电路、大唐电信、中芯国际和上海华虹，以及国外的一些公司如德州仪器、意法半导体、Philips、Intel、Samsung 等都推出了自己设计的基于 ARM 核的处理器。

到目前为止，ARM 微处理器及技术的应用已经广泛深入到国民经济的各个领域，如工业控制领域、网络应用、消费类电子产品、成像和安全产品等，ARM 微处理器的主要特点有低功耗、低成本、高性能、采用 RISC 体系结构、大量使用寄存器以及高效的指令系统。

ARM 微处理器系列包括 ARM7 系列、ARM9 系列、ARM9E 系列、ARM10E 系列、SecurCore 系列、Intel 的 Xscale，其中，ARM7、ARM9、ARM9E 和 ARM10 为4个通用处理器系列，每一个系列提供一套相对独特的性能来满足不同应用领域的需求。SecurCore 系列专门为安全要求较高的应用而设计。

ARM7 系列是低功耗的32位 RISC 处理器，最适合用于对价位和功耗要求较高的消费类应用。如工业控制、Internet 设备、网络和调制解调器设备、移动电话等多种多媒体和嵌入式应用。

ARM9 系列微处理器在高性能和低功耗特性方面提供了最佳的表现。ARM9 系列微处理器主要应用于无线设备、仪器仪表、安全系统、机顶盒、高端打印机、数字照相机和数字摄像机等。ARM9E 和 ARM10E 系列微处理器主要应用于下一代无线设备、数字消费品、成像设备、工业控制、通信和信息系统、存储设备和网络设备等领域。

SecurCore 系列微处理器除了具有 ARM 体系结构各种主要特点外，还在系统安全方面具有较佳的性能，主要应用于一些对安全性要求较高的应用产品及应用系统，如电子商务、电子政务、电子银行业务、网络和认证系统等领域。

2.2 存储设备

计算机系统中用来记录信息的设备称为存储器。信息是指指令和数据，它们都是以二进制数表示的，所以存储器中存放的是二进制数0和1。

存储器是计算机中的主要设备之一。存储器的容量越大,表明它能容纳的信息越多;把信息存入存储器或从存储器取出信息的速度越快,计算机处理信息的速度就越高。因此,如何设计一个容量大、速度快、成本低的存储器是个重要课题。本节主要介绍存储器的类别,并分类阐述其特点、性能及工作原理等。

2.2.1 存储器分类

由于信息载体和电子元器件的不断发展,存储器的功能和结构都发生了很大变化。相继出现了各种类型的存储器,以适应计算机系统的需要。下面从不同的角度介绍存储器的分类情况。

1. 按存取方式分类

(1) 随机存储器(RAM)。随机存储器是指那种通过指令可以随机地存取任一单元的内容,且存取时间基本固定,即与存储信息的地址无关的存储器。随机存储器既能读出又能写入信息,故又称为读写存储器。

(2) 顺序存储器(SAM)。如果存储器中只能按某种顺序来存取信息,也就是说存取时间与存储单元的物理位置有关,就称它为顺序存储器,如磁带存储器和磁盘存储器。通常顺序存储器的存储周期较随机存储器要长。

(3) 只读存储器(ROM)。存储器中的内容不允许随意改变,只能读出其中的内容,这种存储器称为只读存储器。

2. 按功能和存取速度分类

(1) 寄存器型存储器。它是由多个寄存器组成的存储器,如当前许多CPU内部的寄存器组。它可以由几十个或上百个寄存器组成,其字长与机器字长相同,主要用来存放地址、数据及运算的中间结果,速度可与CPU匹配,但容量很小。

(2) 高速缓冲存储器。是计算机中的一个高速小容量存储器,其中存放的是CPU近期要执行的指令和数据。一般用双极型半导体存储器作为高速缓冲存储器。由于它存取速度高,因此,在中档、高档计算机中用它来提高系统的处理速度。

(3) 主存储器。计算机系统中的主要存储器称为主存储器(简称主存)。它被用来存储计算机运行期间的程序和数据。由于它是计算机主机内部的存储器,故又称内存。主存一般由半导体MOS存储器组成。

(4) 外存储器。计算机主机外部的存储器称为外存储器,也叫辅助存储器(简称外存、辅存)。它的容量很大,但存取速度较低,如目前广泛使用的磁盘存储器和光盘存储器,它主要用来存放当前暂不参加运算的程序和数据。

上述各类存储器之间的关系如图2.3所示。高速缓冲存储器处于CPU和主存之间,主存介于高速缓冲存储器和外存之间。越靠近CPU的存储器,其存取速度越快,但容量相对来说就越小。

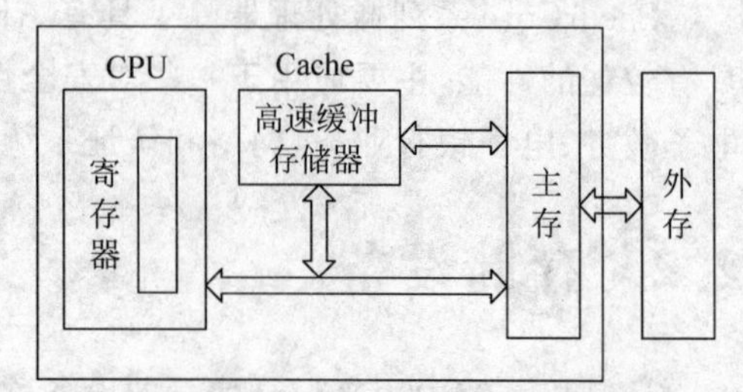

图2.3 各类存储器之间的关系

计算机系统中没有高速缓冲存储器时,CPU直接访问主存(向主存存取信息)。一旦有了高速缓冲存储器,CPU当前要使用的指令和数据都是先通过访问高速缓冲存储器获取,如果缓冲存储器中没有,才会访问内存。另外,CPU不能直接访问外存,当需要用到外存上的程序和数据时,先要将它们从外存调入主存,再从主存调入高速缓冲存储器后为CPU所利用。用这种分层的方法,可以构成一个性价比最好的存储器系统。

2.2.2 存储器的性能指标

各种存储器的性能可以用存储容量、存取速度、数据传输率三个基本指标表示。除这三个技术指标外,通常还要考虑每位存储价格这个经济指标。

1. 存储容量

存储容量是指存储器有多少个存储单元。最基本的存储单元是位(bit),但在计算容量时常用字节(Byte)或机器字长(Word)作单位。最常用的单位是千字节KB(1024 Byte),依次为兆字节MB(1024KB)、吉字节GB(1024MB)、太字节TB(1024GB)。例如,硬磁盘目前的水平是250GB~1TB,半导体存储器DRAM目前的水平是每片1~4GB。

2. 存取速度

把数据存入存储器称为写入,把数据取出称为读出。存取速度是指从请求写入(或读出)到完成写入(或读出)一个存储位的时间。它包括找到存储地址与传送数据的时间,半导体存储器的读取时间与地址无关,因此它只有一个存储时间,一般是固定的;而磁盘、光盘的读取时间与地址有关,存取速度由四个因素决定。

(1) 寻道时间。一组读写头要同时找到某一磁道的位置。

(2) 读写头切换时间。在一组读写头中,确定哪一个要进行读写操作。

(3) 转动延迟时间。在所需磁道上找到所需的记录,这依靠磁盘的转动来实现。

(4) 数据传输时间。这指把内存的数据传送到磁盘指定的磁道上,或者从磁道上传送到内存所需的时间。

3. 数据传输率

这个指标大多用于外部存储器,衡量它与内存交换数据的能力。目前,硬磁盘机的数据传输率为100MB/s左右。对于磁带来说,数据传输率稍低些。4mm数字音频盒带机为183KB/s,对于光盘来说,数据传输率为2.5~6.5Mbps。依惯例,在所用单位中B/s表示每秒字节数,bps表示每秒比特数。

2.2.3 半导体存储器

目前,半导体存储器主要用于计算机、数据处理和通信设备作内部存储器使用。随着技术的发展和应用的开拓,已经开始向高清晰度电视机、录像机、彩色显示器、智能电传、激光打字机、数字复印机、电话等领域扩展。

半导体存储器按照是否能随机地进行读写分为两大类:随机存取存储器(RAM)、只读存储器(ROM)。

1. 随机存取存储器

随机存取存储器的英文含义是Read Write Random Access Memory,简称RAM,供计算机随机读出和写入信息,是计算机对信息进行操作的工作区域,一切要执行的程序和数据都要先装入该存储器内。RAM空间越大,计算机所能执行的任务就越复杂,相应计算机的功能就越强。通常所说的计算机内存容量指的就是RAM存储容量。一旦关机断电,RAM中的内容自动消失,且不可恢复。若需保存信息,则必须在关机前把信息先存储在磁盘或其他外存储介质上。

RAM分双极型(TTL)和单极型(MOS)两种。微机使用的主要是单极型的MOS存储器,它又分静态存储器(Static RAM,SRAM)和动态存储器(Dynamic RAM,DRAM)两种。

(1) DRAM。适合使用于内存储器的主体部分,其容量可以扩展。这种存储器需要周期性地给电容充电(刷新),集成度较高,价格较低,但由于需要周期性地刷新,存取速度较慢。DRAM中的SDRAM(Synchronous DRAM,同步动态随机存储器)是目前奔腾计算机系统普遍使用的内存形式,由于采用与系统时钟同步的技术,所以比DRAM快得多。SDRAM Ⅱ是SDRAM的更新换代产品,DDRRAM(Double Data Rate,RAM)是双倍速率的SDRAM,其速度是标准SDRAM的两倍。

(2) SRAM。静态RAM是利用双稳态的触发器来存储"1"和"0"的。"静态"的意思是指它不需要像DRAM那样经常刷新。所以,SRAM比任何形式的DRAM都快得多,也稳定得多。但SRAM的价格比DRAM贵得多,常用来作为高速缓存Cache。

随机存储器主要有两个特点:

(1) 存储器中的数据可以反复使用,只有向存储器写入新数据时存储器中的内容才被更新。

(2) RAM中的信息会随着计算机的断电而自动消失,因此RAM是计算机处理数据的临时存储区。

自1970年Intel公司推出1Kb DRAM以来,半导体存储器也走上迅速发展的道路。DRAM一直是存储器市场的主流产品。由于DRAM具有高密度的特点,所以集成度的提高非常迅速。集成度差不多以每三年增加四倍的速度发展着,典型的存取时间为10ns,但这个速度还不能与SRAM速度相比,因为后者的存取时间为2ns。

2. 只读存储器

存储器的任何单元只能随机地读出信息,而不能写入新信息,称为只读存储器ROM(Read Only Memory),其信息通常是厂家制造时在脱机情况或者非正常情况下写入的。ROM的最大特点是在电源中断后信息也不会消失或受到破坏。在计算机中,只读存储器可以作为主存储器的一部分,常用来存放重要的、经常用到的程序和数据,如监控程序等,只要接通电源,就可执行ROM中的程序。只读存储器还可以用作其他固定存储器,例如存放微程序的控制存储器、存放字符点阵图案的字符发生器等。自从1985年美国Mostek公司推出1M位的ROM芯片以来,ROM的集成度不断提高。显然,大容量的ROM对计算机系统的设计有重要意义,嵌入式系统中只要一块芯片就能把某个操作系统全部存下。

按照ROM的内容是否能被改写或改写的方式可分为两类:不可在线改写内容的ROM和Flash ROM(快擦除ROM,或闪速存储器)。

(1) 不可在线改写内容的ROM。包括Mask ROM(掩膜ROM)、PROM(可编程只读存储器,Programmable ROM)、EPROM(可擦除可编程只读存储器,Erasable Programmable ROM)和E^2PROM(电擦除可编程只读存储器,Electrically Erasable Programmable ROM),Mask ROM只能读出数据不能写入,PROM和EPROM能够让用户

按照自己的需要对其编程。PROM 的内容一旦输入，其功能就和普通 ROM 一样，内容不能消除和改变。EPROM 可以从计算机上取下来，用特殊的设备擦除其内容后重新编程。而 E^2PROM 在擦除与编程方面更加方便。不管是 PROM、EPROM 还是 E^2PROM，其内容均不能在线更改。

(2) Flash ROM。闪速存储器兼有了 ROM 和 RAM 二者的性能及高密度，是目前为数不多的同时具备大容量、高速度、非易失性、可在线擦写特性的存储器。闪存 ROM 常用于个人电脑、蜂窝电话、数字相机、个人数字助手等。

3. 主存储器

主存储器是 CPU 可直接访问的存储器，用于存放供 CPU 处理的指令和数据。

主存储器由若干内存条组成，而内存条是把若干片 DRAM 芯片焊装在一小条印制电路板上制成的。在微机中内存条必须插在主板上的内存条插槽中才能使用。

主存储器如同一个宾馆一样分为很多个房间，每个房间称为一个存储单元。每个单元都有自己唯一的门牌号码，称为地址码。存储器通常是按地址进行访问的。若对存储器某个单元进行读/写操作，必须首先给出被访存储单元的地址码。

主存储器的最基本的组成可简化为图 2.4 所示的逻辑框图。图中存储体相当于宾馆的客房，它是存放二进制信息的主体。地址寄存器用于存放所要访问的存储单元的地址码，由它经地址译码找到被选的存储单元。数据寄存器是主存储器与其他部件的接口，用于暂存从存储器读出(取出)或向存储器中写入(存入)的信息。时序控制逻辑用于产生存储器操作所需的各种时序信号。

主存储器是以字节为单位进行连续编址，每个存储单元为 1 个字节(8 个二进位)。主存储器中所包含的存储单元的总数称为存储容量(单位：MB 或 GB)。

4. 高速缓冲存储器(Cache)

高速缓冲存储器是位于主存储器与 CPU 之间的高速小容量存储器，用于解决 CPU 与主存之间速度不匹配的问题，它存放的是 CPU 立即要运行或刚使用过的程序和数据。CPU 读取数据的顺序是先 Cache 后内存。

Cache 在逻辑上位于 CPU 和内存之间，只能被 CPU 访问，程序无法直接访问它，因此 Cache 对程序员是“透明”的。如图 2.5 所示为在主板上的 Cache 芯片。

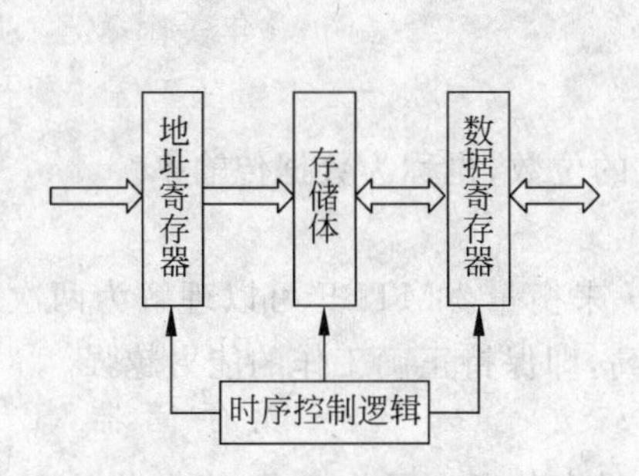

图 2.4　主存储器结构简图

图 2.5　高速缓冲存储器(Cache)

Cache的运算速度高于内存而低于CPU。其容量是数百千字节到几兆字节。Cache一般采用SRAM,也有同时内置于CPU的。Cache的内容是当前RAM中使用最多的程序块和数据块,并以接近CPU的速度向CPU提供程序和数据。CPU读写程序和数据时先访问Cache,若包含,则直接从Cache中读取(称为"命中"),并送给CPU处理;若未包含,则再到主存去读取(称为"未命中"),同时把这个数据所在的数据块调入Cache中,可以使得以后对整块数据的读取都从Cache中进行,不必再调用内存。命中率是Cache的一个重要性能指标,它的含义是指CPU需要的指令或数据在Cache中能直接取到的概率。Cache的读取机制使命中率可达90%左右,也就是说CPU下一次要读取的数据90%都在Cache中,只有大约10%需要从内存读取。这大大节省了CPU直接读取内存的时间,也使CPU读取数据时基本无需等待。Cache的存储容量越大,其命中率就越高,相应地CPU运算速度就越快,越有利于CPU发挥工作效率。

Intel从Pentium开始将Cache分为一级高速缓存L1和二级高速缓存L2。L1 Cache是集成在CPU中的,被称为片内Cache。在L1中还分数据Cache(D-Cache)和指令Cache(I-Cache)。它们分别用来存放数据和执行这些数据的指令,而且两个Cache可以同时被CPU访问,减少了争用Cache所造成的冲突,提高了处理器效能。以前的L2 Cache没集成在CPU中,而在主板上或与CPU集成在同一块电路板上,因此也被称为片外Cache,其容量比L1 Cache大一个数量级以上,价格也较前者便宜。但从Pentium Ⅲ开始,由于工艺的提高L2 Cache被集成在CPU内核中,以相同于主频的速度工作,结束了L2 Cache与CPU大差距分频的历史。

L2 Cache只存储数据,因此不分数据Cache和指令Cache。在CPU核心不变化的情况下,增加L2 Cache的容量能使性能提升,同一核心的CPU高低端之分往往也是在L2 Cache上做手脚,可见L2 Cache的重要性。现在CPU的L1 Cache与L2 Cache唯一的区别在于读取顺序。

总之,增加Cache,只是提高CPU的读写速度,而不会改变内存的容量。

5. 半导体存储器的主要技术指标

(1) 存储容量

存储器的存储容量是指它包含的存储单元的总数。目前常以MB(1MB=2^{20}B)或GB(1GB=2^{30}B)为单位计算,半导体存储器DRAM目前水平是每片1～4GB。

(2) 存取时间

存取时间是在存储器地址被选定后,存储器读出数据并送到CPU(或者是把CPU数据写入存储器)所需要的时间,单位是ns(1ns=10^{-9} s)。

(3) 存储器总线带宽

指存储器在单位时间内所存取的二进制信息的位数,也称为数据传输率。

(4) 存储器的可靠性

存储器的可靠性用平均故障间隔时间MTBF来衡量。MTBF可以理解为两次故障之间的平均时间间隔。MTBF越长,表示可靠性越高,即保持正确工作的能力越强。

(5) 价格

半导体存储器的价格常用每位价格来衡量。设存储器容量为S位,总价格为C,则每位价格可表示为$c=C/S$。

半导体存储器的总价格正比于存储容量，而反比于存取时间。容量、速度、价格三个指标是相互矛盾、相互制约的。高速存储器往往价格也高，因而容量也不可能很大。

2.2.4 磁记录存储器

现在讨论利用磁表面工作的软、硬磁盘。

1. 磁记录的基本概念

利用外加磁场在磁介质表面进行磁化，产生两种方向相反的磁畴单元来表示0和1，这是磁记录的基本原理。外加磁场是磁头提供的，磁介质表面则有磁盘、磁带等形式。

无论是哪种磁记录设备，增大存储容量的基本途径是提高磁介质的表面的记录密度。

(1) 面密度。磁介质表面的单位面积上，存储的二进制信息量称为磁记录的面密度。其单位为每平方英寸比特数 b/in^2，例如采用垂直记录技术的硬盘，它的面密度可达 $1Gb/in^2$。

(2) 道密度。磁记录多以一条条磁道的形式实现。在磁道的垂直方向上，单位长度包含的磁道数称为道密度。其单位为每英寸磁道数 tpi，或者每厘米磁道数 t/cm。例如，硬盘的道密度从1956年的20tpi提高到目前的2400tpi；软盘的道密度从1970年的48tpi提高到目前的777tpi。

道密度等于磁道间距的倒数，而磁道间距则是相邻两条磁道中线间的距离。

(3) 位密度。磁道上单位长度存储的二进制信息量称为位密度也称为线密度。其单位为每英寸比特数 bpi，例如，硬盘的位密度从1956年的100bpi提高到目前的35 000bpi。又如，5.25in软盘的三种容量1MB、1.6MB、2MB对应的位密度分别为5900bpi、9500bpi、11 800bpi，而采用垂直记录技术的软盘，位密度可达70Kbpi。

2. 软磁盘及其设备

软磁盘(Floppy Disk)是一种涂有磁性物质的聚酯塑料薄膜圆盘。在磁盘上信息是按磁道和扇区来存放的，软磁盘的每一面都包含许多看不见的同心圆，盘上一组同心圆环形的信息区域称为磁道，它由外向内编号。每道被划分成相等的区域，称为扇区。制成的盘片封装在保护外套中，外套上开着几个窗孔：驱动轴孔、磁头读写槽、定时孔、写保护口等。软盘的主要规格是磁片直径。1972年出现的是8in软盘，1976年与微型机同时面世的是5.25in软盘，简称5in盘；1985年日本索尼公司推出3.5in盘。1987年又推出2.5in磁盘，简称2in盘。目前使用的主要是3.5in软盘，它又可以分为高密盘和低密盘。3.5in高密度磁盘的盘面划分为80个磁道，每个磁道又分割为18个扇区，每个18个扇区包含512个字节，存储容量为1.44MB。

软磁盘必须置于软盘驱动器中才能正常读写。在把软盘插入驱动器时应把软盘的正面朝上，一旦通电，同步电机便通过皮带带动盘片稳定旋转，驱动器里的读写头对软盘进行读写操作。工作时，驱动器上的指示灯持续闪亮。需要注意的是在驱动器工作指示灯亮时不得插入、抽取软盘，以防损坏软盘。

3. 硬磁盘及其设备

硬盘是计算机系统中最主要的辅助存储器，硬盘盘片与其驱动器合二为一，称为硬盘机，后来人们叫熟了，统称为硬盘，如图2.6所示。硬盘通常安装在主机箱内，所以无法从计算机的外部看到。按硬盘的几何尺寸划分有5.25in、3.5in、2.5in、1.8in硬盘,有些甚至更小。近年来,市场上主要以3.5in为主。按硬盘接口划分,主要有IDE、EIDE、ATA和SCSI接口硬盘。

图2.6 硬盘

硬盘主要的性能指标如下。

(1) 容量。硬盘的容量指的是硬盘中可以容纳的数据量,以GB为单位。从硬盘外观来看,不同的硬盘几乎没有差别,但由于制造技术的不同,相同大小硬盘的容量却不尽相同,发展趋势是容量越来越大。目前硬盘单碟容量约为几百个GB。

(2) 平均存取时间。磁盘上的信息以扇区为单位进行读写,平均存取时间在几毫秒~几十毫秒之间,由硬盘的旋转速度、磁头寻道时间和数据传输速率所决定。

$$T=\text{寻道时间}+\text{旋转等待时间}+\text{数据传输时间}$$

① 寻道时间——磁头寻找到指定磁道所需时间,它直接影响到硬盘的随机数据传输速度,目前的主流硬盘中,除了昆腾的"超能火球"稍快(为0.8ms)外,其余品牌基本为(2.0ms左右)。

② 旋转等待时间——指定扇区旋转到磁头下方所需要的时间(大约4~6ms),与转速相关(转速:4200/5400/7200/10000rpm),转速可以说是硬盘的所有指标中除了容量之外最重要的参数。

③ 数据传输时间——(大约0.01毫秒/扇区)

(3) 转速。转速是指硬盘内部马达旋转的速度,单位是rpm(每分钟转数)。因为转速对于硬盘数据传输速度影响很大,目前市面上主流的IDE硬盘主要有两种转速——5400rpm和7200rpm。指定扇区旋转到磁头下方所需要的时间(大约4~6ms)(转速:4200/5400/7200/10000rpm)。

(4) 缓存。缓存的大小会直接影响到硬盘的整体性能,原则上越大越好。缓存容量的加大,可以容纳更多的预读数据,这样,系统等待的时间被大大缩短。目前市面上主流硬盘的缓存通常为几兆字节~几十兆字节,8MB缓存的硬盘是定位于低端市场的廉价型号。

(5) 数据传输速率。

① 外部传输速率指主机从(向)硬盘缓存读出(写入)数据的速度,与采用的接口类型有关。

② 内部传输速率指硬盘在盘片上读写数据的速度,转速越高内部传输速率越快。

(6) 与主机的接口。前几年使用并行ATA(PATA)接口,Ultra ATA100或Ultra ATA133接口,传输速率最高分别为100MB/s和133MB/s;近两年开始大量采用SATA接口(150~300MB/s),该接口采用串行传输方式,工作频率高(1.5~3GHz),内嵌时钟信号,传输线长度增加,插头插座体积缩小。

弄明白了上述硬盘的性能指标后,就可根据需要选购合适的硬盘了,其实,市面上不同时期都有不同档次的流行款式,选购硬盘并不是什么太难的事。

2.2.5 光盘存储器

数字化的多媒体信息量非常大，要占用巨大的存储空间，光存储技术的发展为存储多媒体信息提供了保证。

光盘(Optical Disk)存储器是利用激光对凹凸不平的物体表面的反射原理来存储信息的，其结构如图2.7所示。

光盘存储器具有存储容量大、工作稳定、密度高、寿命长、介质可换、便于携带、价格低廉等优点，它在正常情况下是非常耐用的。这是由于光盘表面不会接触其他物质，而其表面存储介质也基本不会受湿度和温度影响。光盘存储器的缺点主要是读出速度慢，平均访问时间是250ms，比起硬盘的访问时间(20ms以内)要慢得多。

光盘存储器必须通过机电装置才能进行信息的存取操作，该机电装置被称为光盘驱动器，如图2.8所示。

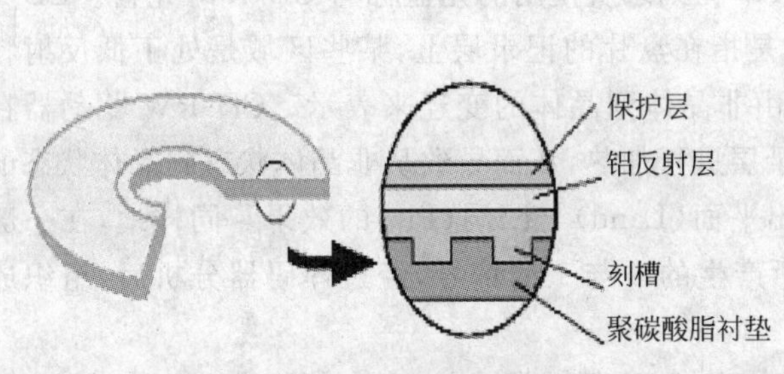

图2.7 光盘结构图

图2.8 光盘驱动器

1. 只读型光盘CD-ROM

只读型光盘CD-ROM(Compact Disk-Read Only Memory)是一种小型光盘只读存储器，由光盘片和光驱两部分组成。光盘片用来存储数据，在盘片上用平坦表面来表示0，而用凹坑部表示1，盘片表面再由一个保护层覆盖，有助于保护盘片。它的特点是只能写一次，而且是在制造时由厂家用冲压设备把信息写入的。写好后信息将永久保存在光盘上，用户只能读取，不能修改和写入。CD-ROM最大的特点是存储容量大，一张CD-ROM光盘，其容量为650MB左右。CD-ROM驱动器利用从光盘表面反射回来的激光束来读取CD-ROM盘上的信息。其性能指标之一是数据传输速率：倍速。一倍速的数据传输速率是150kbps；24倍速的数据传输速率是150kbps×24＝3.6Mbps。CD-ROM适合于存储容量固定、信息量庞大的内容。

2. CD-R

CD-R是英文CD Recordable的简称，中文简称为可记录式光盘，相应的驱动器称为光盘刻录机。CD-R标准(橙皮书)是由Philips公司于1990年制定的，目前已成为工业界广泛认可的标准。CD-R的另一英文名称是CD-WO(Write Once)，顾名思义，就是只允许写一次，写完以后，记录在CD-R盘上的信息无法被改写，但可以像CD-ROM盘片一样，在CD-ROM驱动器和CD-R驱动器上被反复地读取多次。

CD-R盘与CD-ROM盘相比有许多共同之处，它们的主要差别在于CD-R盘上增加了一层有机染料作为记录层，当写入激光束聚焦到记录层上时，染料被加热后烧熔，形成一系列代表信息的凹坑。这些凹坑与CD-ROM盘上的凹坑类似，但CD-ROM盘上的凹坑是用金属压模压出的。

为了让用户使用CD-R备份文件就如同使用软盘或硬盘一样方便，国际标准化组织下的OSTA(光学存储技术协会)制定了CD-UDF通用磁盘格式，只要对每一种操作系统开发相应的设备驱动软件或扩展软件，就可使操作系统将CD-R驱动器看做一个逻辑驱动器，将文件刻录到CD-R盘上就如同将文件拷贝到硬盘上一样简单方便。

CD-R是可记录光盘市场上的后起之秀，虽然只能刻录一次，但由于它与广泛使用的CD-ROM兼容，并具有较低的记录成本和很高的数据可靠性赢得了众多计算机用户的普遍欢迎。CD-R刻录机正在逐步取代CD-ROM驱动器而成为计算机的一种标准配置。

3. CD-RW存储器

CD-RW是英文CD-ReWritable的缩写，中文简称为可重复擦写型光盘存储器，相应的驱动器称为CD-RW刻录机，而CD-RW在刻录所使用的光盘称为CD-RW光盘。CD-RW采用相变技术来存储信息。相变技术是指在盘片的记录层上，某些区域是处于低反射特性的非晶体状态；数据是通过一系列的由非晶体到晶体的变迁来表示。CD-RW驱动器在进行记录时，通过改变激光强度来对记录层进行加热，从而导致从非晶体状态到晶体状态的变迁，而这两种状态也在光盘片上呈现出平面(Land)与凹洞(Pit)的效果。同样地，在一般光驱读取这些平面(Land)与凹洞(Pit)所产生的0与1的信号，经过译码器分析后，组织成我们想要看或听的资料。

CD-RW兼容CD-ROM和CD-R，CD-RW驱动器允许用户读取CD-ROM、CD-R和CD-RW盘，刻录CD-R盘，擦除和重写CD-RW盘。由于CD-RW采用CD-UDF文件结构，因此CD-RW可作为一台海量软盘驱动器使用，也可在性能优越的光驱上读取记录的信息，具有非常广泛的应用前景。

与CD-R驱动器相比，CD-RW具有明显的优势：CD-R驱动器所记录的资料是永久性的，刻成就无法改变。若刻录中途出错，则既浪费时间又浪费CD-R光盘；而CD-RW驱动器一旦遭遇刻录失败或需重写，可立即通过软件下达清除数据的指令，令CD-RW光盘重获“新生”，又可重新写入数据。

4. DVD存储器

DVD的英文全名是Digital Video Disk，即数字视频光盘或数字影盘，它利用MPEG-2的压缩技术来储存影像。也有人称DVD是Digital Versatile Disk，即数字多用途光盘，它集计算机技术、光学记录技术和影视技术等为一体，其目的是满足人们对大存储容量、高性能的存储媒体的需求。DVD光盘不仅已在音视频领域内得到了广泛应用，而且将会带动出版、广播、通信、WWW等行业的发展。它的用途非常广泛。

从DVD在娱乐行业的应用来分，它有两种不同的规格，一种是DVD-Video，作为家用的影音光盘，用途类似Video CD；另一种是DVD-Audio，它是音乐盘片，用途类似音乐CD。从计算机存储器的角度来看，DVD分为DVD-ROM、可记录型和可改写型三类不同的产品。

(1) DVD-ROM。电脑软件只读光盘，用途类似CD-ROM，共有四种容量，分别为

4.7GB、8.5GB、9.4GB、17GB。

(2) 可记录型。包括 DVD-R 和 DVD+R,也称 DVD-Write-Once,是限写一次的 DVD,用途类似 CD-R,可与 DVD-ROM 兼容。

(3) 可改写型。包括 DVD-RAM、DVD-RW、DVD+RW 等,是能多次写入数字信息的 DVD。

5. 蓝光光盘

蓝光光盘(Blue-ray Disc,BD)是 DVD 之后的下一代光盘格式之一,用以存储高品质的影音以及高容量的数据存储。蓝光光盘的命名是由于其采用波长 405nm 的蓝色激光光束来进行读写操作(DVD 采用 650nm 波长的红光读写器,CD 则是采用 780nm 波长)。一个单层的蓝光光盘的容量为 25GB 或是 27GB,足够录制一个长达 4 小时的高解析影片。2008 年 2 月19 日,随着 HD DVD 领导者东芝宣布在 3 月底退出所有 HD DVD 相关业务,持续多年的下一代光盘格式之争正式画上句号,最终由 Sony 主导的蓝光光盘胜出。蓝光光盘分为只读光盘(BD)、一次性可写光盘(BD-R)、可擦写光盘(BD-RE)三种类型。

2.2.6 可移动外存储器

目前可移动外存储器大体分为两类。一类为可移动硬盘,它主要是利用通用的 USB 接口加上移动硬盘盒构成,其存储介质仍然是硬磁盘;另一类为闪存盘,也称为"U 盘"。

移动硬盘是采用微型硬盘加上特制的配套硬盘盒构成的一个大容量存储系统,在目前移动硬盘中应用最多的是 1.8in、2.5in 硬盘,转速为 5400～7200rpm,移动硬盘尺寸小,重量轻,安全可靠,可以随时插拔,如图 2.9 所示。

图 2.9 移动硬盘

移动硬盘的存储容量通常为 200GB～2TB,甚至更大,采用 USB、IEEE 1394 或 Firewire 接口与系统相连,USB 1.1 接口能提供 12Mbps;USB 2.0 接口能提供 480Mbps;USB 3.0 接口能提供 25Gbps;IEEE 1394a 接口能提供 400Mbps;IEEE 1394b 能提供 800Mbps 的数据传输率。因此移动硬盘与主机交换数据时,速度是很快的,保存一个 GB 数量级的大型文件只需几分钟就可完成,适合于图像文件、音视频文件的存储与交换。但这些都是接口理想状态下所能达到的最大数据传输率,在实际应用中会因为某些客观的原因(例如存储设备采用的主控芯片、电路板的制作质量是否优良等),减慢了在应用中的传输速率。

U 盘作为新一代的存储设备,采用 Flash 存储器(闪存)技术,可重复擦写 100 万次、体积小、重量轻、防潮、耐高低温,可以随时插拔。其容量主要有 2GB、4GB、8GB、16GB、32GB,有的甚至达到 64GB、128GB,具有写保护功能,数据保存安全可靠,使用寿命可长达 10 年之久,U 盘的读写速度比软盘快 15 倍。利用 USE 接口,可以与几乎所有计算机连接,有些产品还可以在 Windows 操作系统受到病毒感染时模拟软驱和硬盘启动操作系统。目前 U 盘已经非常普及,并将逐步淘汰容量小、速度慢的 1.44MB 软盘,如图 2.10 所示。

图 2.10 移动硬盘

2.2.7 其他存储设备

其他的存储设备主要有 Secure Digital 简称为 SD 卡、Compact Flash 简称为 CF 卡、Memory Stick 简称为记忆棒、XD Picture Card 简称为 XD 卡等。它们常用在数码相机、数码摄像机、MP3 和 MP4 中,如图 2.11 所示。

(a) SD卡　(b) CF卡　(c) 记忆棒　(d) TF卡

图 2.11　其他存储设备

1. SD 卡

也称为安全数码卡,由松下公司,东芝公司和美国 SanDisk(闪迪)公司共同开发研制的,是具有大容量、高性能、快速数据传输率、很好的安全性等多种特点的多功能存储卡。主要用于松下、柯达、美能达、卡西欧等数码相机中。大小犹如一张邮票,容量有望达到 16GB 或者更高。

2. CF 卡

由 SanDisk 公司于 1994 年研制成功的,有可永久保存数据、无需电源、速度快等优点,价格低于其他类型的存储卡。常见的 CF 卡容量目前可达到 8GB、16GB、32GB。CF卡主要在佳能、柯达、尼康等数码相机上使用。

3. 记忆棒

记忆棒全称 Memory Stick,它是由日本 SONY 公司最先研发出来的移动存储媒体。记忆棒用在 SONY 的 PMP,PSX 系列游戏机,数码相机,数码摄像机,索爱的手机,还有笔记本上,用于存储数据,相当于计算机的硬盘。记忆棒家族非常庞大,种类也很多,一般来说分为以下几种:蓝色的记忆棒俗称"蓝条",是使用得最多的记忆棒,多用于数码相机和数码摄像,它具备版权保护功能,多用于索尼公司的数码随身听;Memory Stick Pro 是新发布的一种记忆棒规格,速度非常快,容量更是高达 32GB;"Memory Stick DUO"是目前记忆棒家族中体积最小巧的,它可以通过适配器与记忆棒接口兼容,容量也更大。

4. TF 卡

又称 microSD,是一种极细小的快闪存储器卡,由 SanDisk 公司发明创立。这种卡主要应用于手机,但因它拥有体积极小的优点,随着不断提升的容量,它慢慢开始于 GPS 设备、便携式音乐播放器和一些快闪存储器盘中使用,是 2011 年最小的存储卡。它也能够以转接器来接驳于 SD卡插槽中使用。常见的 TF卡容量目前可达到 8GB、16GB、32GB。

还有一种存储设备叫固态硬盘(SSD),它是使用 NAND 型闪存做成的外存储器,如

图 2.12 所示。在便携式计算机中代替传统的硬盘。她的外形与常规硬盘相同，如 1.8in、2.5in 或 3.5in，与主机的接口也相互兼容。存储容量为 64～128GB 或更大。主要优点：低功耗、无噪音、抗震动、低热量，读写速度也快于传统硬盘。同时存在以下问题：一方面它的成本高于常规的硬盘。另一方面 Flash 存储器都有一定的写入寿命，寿命到期后数据会读不出来且难以修复。

图 2.12　固态硬盘

2.3　输入输出设备

计算机的输入、输出设备(简称 I/O 设备)是计算机与外界联系的桥梁，没有 I/O 设备，计算机既不知道干什么，也不知道怎么干，干的结果也无法知道。所以 I/O 设备是计算机中不可缺少的一个重要组成部分。下面将对输入输出设备进行讨论。

2.3.1　输入设备

输入设备的主要功能是将程序和数据以机器所能识别和接受的信息形式输入到计算机内。最常用也是最基本的输入设备是键盘、鼠标、扫描仪、数码相机、摄像机等。也有为非常特殊的目的而设计的，比如医院里用于监视病人生命信号(血压、心率等)的各种设备。下面我们要对许多这样的设备进行讨论。

1. 键盘

键盘是一种文字输入设备，用一条电缆线连接到主机机箱。用户使用键盘可以输入命令、文字和数据给正在运行的程序(操作系统和应用程序)，如图 2.13 所示。

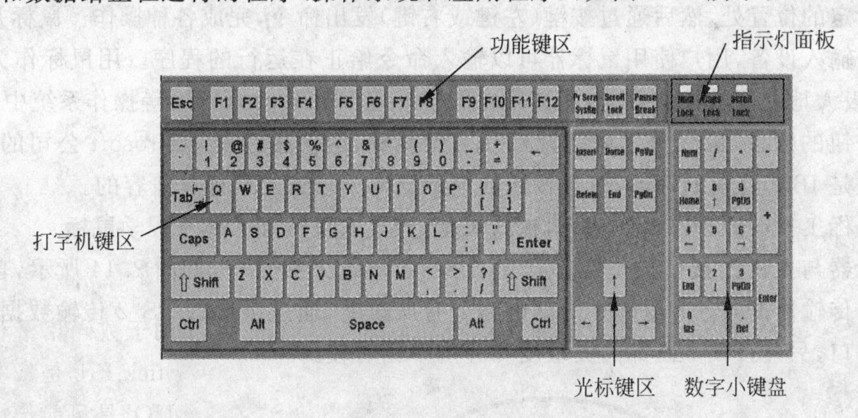

图 2.13　键盘布局

常用键盘有 101 键、104 键，有机械式、电容式等类型。

键盘上各部位的名称及功能如下。

(1) 打字机键区。键盘上这部分键的安排，与英文打字机类似。不管键盘其他键的位置如何变化，这部分键的位置总是不会变的。

(2) 光标键区。光标键和 9 个特殊键，一般软件都是用这些键来进行菜单选择和光标移动等动作的。

(3) 小键盘。用于快速输入数字等,通过 Num Lock 键,可以在光标功能和数字功能之间进行切换。

(4) 功能键区。从 F1 到 F12 是功能键,一般软件都用这些键来作为软件的功能热键,如 F1 为寻求帮助,F2 为存盘等。

(5) 指示灯面板。有 Num Lock,Caps Lock,Scroll Lock 三个指示灯,对应三个两态功能键——数字锁定键、英文大写字母锁定键和滚动锁定键。其中,常用键盘打字区有 62 个键,包括字母键、数字键、控制键等。辅助键区有 30 个键。功能键区有 12 个功能键。键盘上键的功能和作用是由软件来定义的,所以在不同的工作环境下,各键尤其是功能键和控制键的作用不尽相同。

(6) 组合控制键。在微型机键盘上有三个键常与其他键一起组合使用,它们是 Ctrl,Shift,Alt,其中以 Ctrl 使用最多。在使用组合键时,总是先按下 Ctrl,Shift,Alt 其中一个键不放,然后按下另一键,最后同时松开。如 Ctrl+Alt+Del 即对系统进行热启动。Ctrl+PrtSc 即联机打印,按奇数次接通打印机,按偶数次断开打印机。

键盘与主机的接口主要有 AT、PS/2、USB、无线接口。

2. 指点设备

键盘最主要的用途是输入文字和数字。然而,越来越多的软件产品要求用户同图标打交道(屏幕上显示的一些图形符号,代表文档或程序),并从“菜单”的一种列表中做出选择。“指点设备”便是基于这一目的而设计的。指点设备的类型包括鼠标、轨迹球、轨迹杆和触摸板。

(1) 鼠标

鼠标是当代计算机不可缺少的一种重要输入设备,通过控制屏幕上的鼠标箭头准确地定位在指定的位置处,然后通过按键(左键或右键)发出命令,完成各种操作。鼠标是一种指点式命令输入设备,用户使用鼠标器可以输入命令给正在运行的程序。用鼠标作为输入设备,可以极大地方便软件的操作,尤其是在图形环境 Windows,OS/2 等操作系统中使用。

按按钮的数目,鼠标分为两键鼠标和三键鼠标,两个按钮是 Microsoft 公司的标准,而三个按钮是 IBM 公司的标准,三个按钮的鼠标与两个按钮的鼠标是兼容的。

按鼠标工作的原理,鼠标分为机械式鼠标、光电式鼠标和人体工程学鼠标。

鼠标器与主机的接口类型有串行口、PS/2、USB、无线接口,如图 2.14 所示,普通鼠标通过串口传输数据,PS/2 鼠标在内部电路上有所改变,通过圆形的 PS/2 传输数据,这样便节省了串口,另外,PS/2 鼠标的灵敏度和分辨率相对较高。

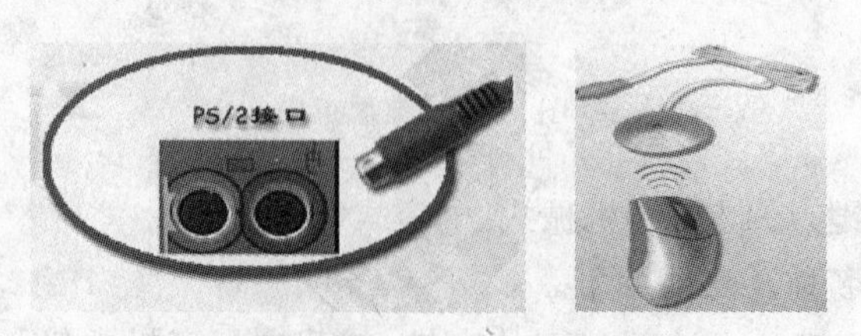

图 2.14 PS/2 鼠标接口和无线鼠标接口

鼠标器的性能指标主要是“分辨率(dpi)”,指鼠标每移动 1in 距离,光标在屏幕上通过的像素点的数量。分辨率越高,鼠标的定位精度就越好。

鼠标完成的操作包括以下几项。

① 移动鼠标。移动屏幕上的光标箭头；

② 单击左键。选择对象,或选择执行某个菜单命令；

③ 双击左键。打开文件/文件夹,或启动运行与所指对象相关联的应用程序；

④ 左键拖放。移动对象/复制对象/创建对象快捷方式等；

⑤ 单击右键。弹出所指对象的快捷菜单；

⑥ 向前/向后转动滚轮：显示窗口中前面/后面的内容(滚屏)。

(2) 其他指点设备

其他的指点设备还有轨迹球、轨迹杆、触摸板、光笔以及游戏杆等。

① 轨迹球。不需要移动鼠标本身,只需旋转位于顶部的圆球,即可实现光标的运动。

② 轨迹杆看起来就像一只铅笔擦,位于键盘中央,可用拇指或手指朝希望光标运动的方向压送这个小杆。

③ 触摸板。是一个小的矩形平面,将一根手指放在上面移动,光标就会沿手指的方向运动。与轨迹球和轨迹杆一样,触摸板也具有不需要占用额外桌面空间的优点。因此,往往在笔记本电脑中采用。

④ 光笔。常用在个人数字助理(PDA)中,主要用于从菜单里选择项目。

⑤ 游戏杆。往往用于电子游戏及模拟培训课程中。

3. 源数据自动化

就像前面讨论的那样,在传统意义上,数据输入是数据处理过程中最薄弱的一环,亟待改进。尽管真正的数据处理可以非常快地完成,但大量的时间都浪费在数据的准备、检查和录入上面。而“源数据自动化”可在一个事件发生时,在其发生的地点收集与之相关的数据,并采用计算机认可的形式。这样便消除了数据错误录入计算机的可能。源数据自动化改善了数据处理的速度、准确性及效率,往往能省下用于数据输入的大量人力和财力。

源数据自动化可以通过多种形式实现。每种形式都需要特殊的机器来读取数据,并将其转换成计算机能够识别的形式。下面,我们将讨论一些最常见的源数据自动化形式。

(1) 光学记号识别。光学识别设备能读取纸质文档上的记号和符号,并将它们转换成电子脉冲。脉冲随后可直接传给 CPU。光学识别最简单的一种形式就是“光学记号识别”(OMR)。这种形式通常用于机读试卷,为多重选择试题打分,对同一种类型的大量试卷就可以非常快地处理完毕,这比人工输入数据要快许多。

(2) 光学字符识别。和 OMR 不同,“光学字符识别”(OCR)不需要特殊的印制纸张。OCR 设备能读入由计算机打印机打出的文字,OCR 设备会扫描每个字符的形状,并尝试判断出与其对应的字母、数字或者汉字。随后,将这些字符转换成相应的计算机系统代码,并将信息保存在计算机中,OCR 设备对印刷文字的清晰度特别敏感。尽管目前有些 OCR 设备也能判读手写文字,但它们并不能判断所有类型的手写体。手写体字符往往必须有均匀的间距,并且不可以有模糊的笔迹。

(3) 条形码阅读机。另一种类型的光学阅读机叫做“条形码阅读机”或“条码阅读机”,它能判读特殊的线条,或称“条形码”。条形码是一种由光学符号组成的图案,代表与特定物品有关的信息。条码的应用范围很广,包括自动收银机(POS)系统以及产品标识,实现仓储的自动化控制,不同的条码宽度和间距代表着不同的数据。目前最流行的一种条形码标准是“通用产品代码”(UPC),用于标识生产厂家和特定的商品,但不包括商品价格。每样产品的代码都是这些垂直线独一无二的组合。UPC符号可由专门的条码解读机识别,或者用一个同自动收银终端连接的固定扫描仪识别。

(4) 磁性带。日常生活中使用的许多卡,如信用卡、电话卡等,是在背面制作了一条磁性带。这些磁卡可用来购买商品和为服务付费、使用自动提款机或者进入工作单位的保密场所等。许多大学为学生发放的ID卡上,也采用了磁性带技术,其中存储了大量信息。例如,可用这些卡在学校食堂就餐、在图书馆借书或享用学生健康服务等。使用时,需将卡在一部机器"刷"一下,机器便会读出背面的信息并执行所要求的行动。这些磁性带能包容的信息比条形码多,而且能随时改写。后来,人们又在磁卡的基础上进行了改进,推出了"智能卡"也称为IC卡,其中实际包含了一个微处理器。这个处理器包含了比简单的磁性带多得多的信息。例如,它可以包含一个人的全部病历,而且保密性更好!

4. 图像扫描仪

利用一部图像扫描仪,可将硬拷贝(印刷材料)转换成数字格式,使其能保存于计算机系统中。文字、图形和照片都可以扫描。根据情况,你可以选用黑白扫描仪或者彩色扫描仪。扫描仪扫描文字的速度通常较快,效率比打字员录入高。目前可见到两种基本类型的扫描仪,即平板扫描仪和手持式扫描仪。其中,平板扫描仪的使用类似于复印机,一次扫描一张纸。

扫描仪扫描所得到的都是"图像"。即使在文档中包括了文字,它们也都是以图形格式存储到计算机中。这就是说,不能在字处理程序中直接编辑或处理这些文字。这时候,需要用一种光学字符识别(OCR)软件将这些文字图形转变成计算机中的字母、数字和汉字代码。在OCR软件发展的早期,人们对它的印象并不好。那时的OCR软件功能很弱,经常容易认错。幸运的是,目前的OCR软件质量有了很大的提高,识别率也大大提高,中文识别率也能达到98%以上。已经有越来越多的人愿意用OCR软件将印刷文档快速转变成可以由计算机处理的文档格式。

扫描仪的主要性能指标包括光学分辨率(光学解析度)、最大分辨率(最大解析度)、色彩分辨率(色彩深度)、扫描模式、接口方式(连接界面)等。

(1) 光学分辨率。是指扫描仪的光学系统可以采集的实际信息量,也就是扫描仪的感光元件CCD的分辨率,它反映了扫描仪扫描图像的清晰程度,用每英寸生成的像素数目来表示(dpi)。常见的光学分辨率有600×1200、1000×2000、1200×2400或者更高。

(2) 色彩分辨率。色彩分辨率又叫色彩深度、色彩模式、色彩位或色阶,总之都是表示扫描仪分辨彩色或灰度细腻程度的指标,它的单位是bit(位)。色彩位数可以是24位、36位、48位等。从理论上讲,色彩位数越多,颜色就越逼真。

(3) 扫描速度。扫描仪的扫描速度也是一个不容忽视的指标,时间太长会使其他配套设备出现闲置等待状态。扫描速度不能仅看扫描仪将一页文稿扫入计算机的速度,而应考虑将一页文稿扫入计算机再完成处理总的速度。

(4) 扫描幅面。指被扫描图件容许的最大尺寸。例如,A4,A3。

(5) 接口方式。是指扫描仪与计算机之间采用的接口类型。常用的有USB接口、SCSI接口、并行打印机接口和IEEE 1394接口。SCSI接口的传输速度最快,而采用并行打印机接口则更简便。

5. 数码相机

数码相机是另一种图像输入设备,它能直接将数字形式的照片输入微型计算机进行处理,或通过打印机打印出来,或与电视机连接进行观看。

传统相机使用“胶卷”作为其记录信息的载体，而数码相机的“胶卷”就是其成像感光元件，而且与相机是一体的，是数码相机的心脏。目前广泛使用的数码相机的核心成像部件是电荷耦合器件图像传感器 CCD(电荷耦合)元件，CCD 使用一种高感光度的半导体材料制成，能把光线转变成电荷，通过模数转换器芯片转换成数字信号，数字信号经过压缩以后由相机内部的闪速存储器或内置硬盘卡保存，因而可以轻而易举地把数据传输给计算机，并借助于计算机的处理手段，根据需要来修改图像。CCD 由许多感光单位组成，通常以百万像素为单位。当 CCD 表面受到光线照射时，每个感光单位会将电荷反映在组件上，所有的感光单位所产生的信号加在一起，就构成了一幅完整的画面。

数码相机的性能指标分为两部分，一部分指标是数码相机特有的，而另一部分指标与传统相机的指标类似，如镜头形式、快门速度、光圈大小以及闪光灯工作模式等。数码相机特有的性能指标如下。

(1) CCD 像素数：数码相机的 CCD 芯片上光敏元件数量的多少称之为数码相机的像素数，是目前衡量数码相机档次的主要技术指标，决定了数码相机的成像质量。

(2) 色彩深度：色彩深度用来描述生成的图像所能包含的颜色数。数字照相机的色彩深度有 24bit、30bit、高档的可达到 36bit。

(3) 存储功能：影像的数字化存储是数码相机的特色，在选购高像素数码相机时，要尽可能选择能采用更高容量存储介质的数码相机。数码相机使用的存储介质主要有 SD 卡、CF 卡、记忆棒等。存储卡的容量越大，在相同分辨率的情况下，可存储的数字照片越多。

(4) 数码相机和 PC 的连接：为了方便下载数码相机记忆体中的文件，数码相机和 PC 的连接有多种方式，常见的就是 USB 接口和 IEEE 1394 火线接口。

在大部分数码相机内，可以选择不同的分辨率拍摄图片。图像分辨率为数码相机可选择的成像大小及尺寸，单位为 dpi。常见的有 640×480；1024×768；1600×1200；2048×1536。在成像的两组数字中，前者为图片长度，后者为图片的宽度，两者相乘得出的是图片的像素。长宽比一般为 4∶3。

一台数码相机的最高分辨率就是其能够拍摄最大图片的面积。一台数码相机的像素越高，其图片的分辨率就越大。分辨率和图像的像素有直接的关系，一张分辨率为 640×480 的图片，那它的分辨率就达到了 307 200 像素，也就是我们常说的 30 万像素，而一张分辨率为 1600×1200 的图片，它的像素就是 200 万。其中，分辨率是表示图片在长和宽上占的点数的单位。

6. 特殊输入设备

键盘和鼠标这样的硬件均属于“常规用途”输入设备，适用于多种不同的场合。下面讨论的设备则是为了满足特殊要求而设计的。

(1) 触摸屏。公共场所使用的许多输入设备都采用“触摸屏”。商场里为消费者提供的立式终端多数采用了这一技术，它允许用户访问与商场有关的信息，或直接在上面发出订单。触摸屏工作起来就像前面介绍过的“触摸板”。屏幕上会显示一系列选项，是一种“友好”的输入设备。图书馆和博物馆也多采用触摸屏。

(2) 光笔。“光笔”和普通笔在外形上几乎没有什么两样，只是光笔在笔头安装了一个光线感应装置，该装置向系统通告笔尖目前正指向屏幕的哪个位置。光笔有时用于工程和其他技术领域，用来修改图表、图画，或用于直接写入汉字。光笔亦可用来从屏幕菜单中做出选择。

(3) 语音输入。也称作"语音识别",允许通过讲话向系统发出指令,或者输入数据。有的电话目录求助服务系统依赖的便是语音输入。客户提供被查询者的城市及姓名,系统据此搜索出对方的电话号码。有些软件产品,如IBM的ViaVoice和L&H的VoiceXpress,允许用户对麦克风讲话,由软件将讲话内容转换成文本输入到计算机,早期的语音输入要求用户以非常慢的速度说话,每个字之间还要暂停。现在最新的系统已经支持连续语音输入,即人类自然的说话方式,在说话的同时,相应的文字会在屏幕上连续闪跳出来。事实上,好的语音输入系统应当具有"学习"能力。软件首先引导用户试读一些内容,以适应不同用户的发音习惯,提高系统的识别能力。

(4) 视觉输入。"视觉输入"设备必须使用一部摄像机,以再现人类的视觉。系统会识别摄取到的图像,并将其与一个内部数据库对比,尝试判断对象是什么。许多因素都会影响视觉输入的准确性。例如,一个物体从不同的角度来观看,或者物体的部分被遮挡,都会增大识别图像的难度。在解释一些物体时,人眼和大脑的配合能达到异常的准确度。但机器总归是机器,不可能有这么"聪明"。所以,视觉输入目前只能用于有限的场合。如图2.15所示为计算机常用的摄像头。

图2.15 摄像头

2.3.2 输出设备

输出设备的任务是将计算机处理的结果以人们所能接受的信息形式或其他系统所要求的信息形式输出。有两种类别的输出设备。一类负责提供"软拷贝",另一类负责提供"硬拷贝"。其中,"软拷贝"是指非永久性形式的输出,比如计算机屏幕上显示的文字;"硬拷贝"则指能永久保存下来,比如打印机的输出。这两种类别的输出设备各有自己的特点。

1. 显示器

显示器(Monitor)是微型计算机不可缺少的输出设备,如图2.16所示为显示器外形。用户可以通过显示器方便地观察输入和输出的信息。

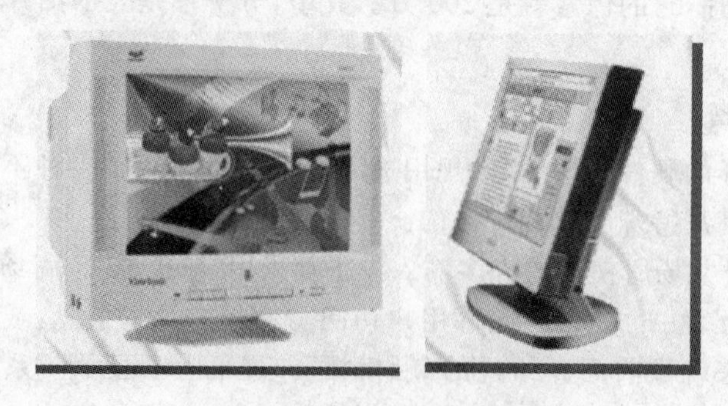

图2.16 显示器

显示器按输出色彩可分为单色显示器和彩色显示器;按其显示器件可分为阴极射线管(CRT)显示器和液晶(LCD)显示器。

(1) 显示器的主要技术指标

① 尺寸。尺寸是衡量显示器显示屏幕大小的技术指标,单位一般为英寸,目前市场上常见的显示器有14in、15in、17in和21in等几种。尺寸大小是指显像管对角尺寸,不是可视对角尺寸,15in显示器的可视对角尺寸实际为13.8in。

② 分辨率。分辨率是指屏幕上可以容纳的像素的个数,分辨率越高,屏幕上能显示的像素个数也就越多,图像也就越细腻。但分辨率受到点距和屏幕尺寸的限制,屏幕尺寸相同,点距越小,分辨率越高。常用的分辨率有:640×480、800×600、1024×768、1280×1024等。

③ 点距。点距是指显示器荫罩(位于显像管内)上孔洞间的距离,即荫罩上的两个相同颜色的磷光点间的距离,点距越小意味着单位显示区内可以显示更多的像点。显示的图像就越清晰。目前,多数彩色显示器的点距为0.28mm或0.25mm,个别的可到0.25mm,如索尼公司的"特丽珑"彩色显像管。当然,点距越小价格也就越高。

④ 刷新频率。即每秒刷新屏幕的次数。单位为Hz。一般情况下,显示器的刷新速率为50~120Hz之间,对于显示器刷新频率来讲,范围越大越好。

⑤ 水平刷新频率。电子束每秒扫描的次数指的是水平扫描频率,也称为行频,用kHz表示,如35cm (14in)彩色显示器的行频通常为30~50kHz,行扫描频率的范围越宽,可支持的分辨率就越高。目前市场上的35cm (14in)彩色显示器可支持的分辨率为1024×768个像素数,38cm (15in)彩色显示器可支持1280×1024个像素,其行频在30~70kHz范围,用户在选购时要注意行频的范围。扫描的方式分为逐行扫描和隔行扫描。

⑥ 辐射指标。这对显示器来说是个很重要的指标,它会直接影响到使用者的视力及身体健康。目前国际上关于显示器电磁辐射量的标准有两个:瑞典的MPR-Ⅱ标准和更高要求的TCO标准。达到MPR-Ⅱ标准的显示器较多,达到TCO标准的显示器在市场上较少,只有名气较大的国外产品才有TCO的认证标志,如NEC显示器、SONY显示器、三星显示器等。这些产品的价格也会相应地较贵些。

⑦ 绿色功能。显示器带有EPA即"能源之星"标志的才具有绿色功能。在计算机处于空闲状态时,自动关闭显示器内部部分电路,使显示器降低电能的消耗,以节约能源和延长示器使用寿命,这对使用者来说可以降低使用成本,选购显示器时,这是应该考虑的内在因素。

图2.17 显示卡

(2) 显示卡

显示器必须配置正确的适配器(显示卡),如图2.17所示,才能构成完整的显示系统。

常见的显示卡类型有以下几种。

① VGA(Video Graphics Array)。视频图形阵列显示卡,显示图形分辨率为640×480,文本方式下分辨率为720×400,可支持16色。

② SVGA(Super VGA)。超级VGA卡,分辨率提高到800×600、1024×768,而且支持16.7M种颜色,称为"真彩色"。

③ AGP(Accelerate Graphics Port)显示卡。它在保持SVGA的显示特性的基础上,采用了全新设计的速度更快的AGP显示接口,显示性能更加优良,是目前最常用的显示卡。

由于3D游戏大量出现和硬件价格迅速下降,现在显示卡一般都采用具有3D功能的绘图处理器(GPU)芯片,使得游戏能取得更为逼真的效果。

目前流行的GPU芯片有nVIDIA公司的GeForce FX5200、GeForce FX5700、GeForce FX5900、GeForce FX6800、GeForce 8800GT;AMD公司的ATI系列:Radeon 9600、Radeon 9700、Radeon 9800、Radeon X800系列等。它们带有专用的几何图形加速器,采用硬件来完成诸如3D造型、Z缓冲、纹理映射、明暗处理、透明色处理、反锯齿、透视校正等绘制操作和特殊效果处理。

2. 打印机

打印机(printer)是计算机产生硬拷贝输出的一种设备,提供用户保存计算机处理的结果。打印机的种类很多,按工作原理可粗分为击打式打印机和非击打式打印机。目前微机系统中常用的针式打印机(又称点阵打印机)属于击打式打印机;喷墨打印机和激光打印机属于非击打式打印机,如图2.18所示。

(a) 针式打印机

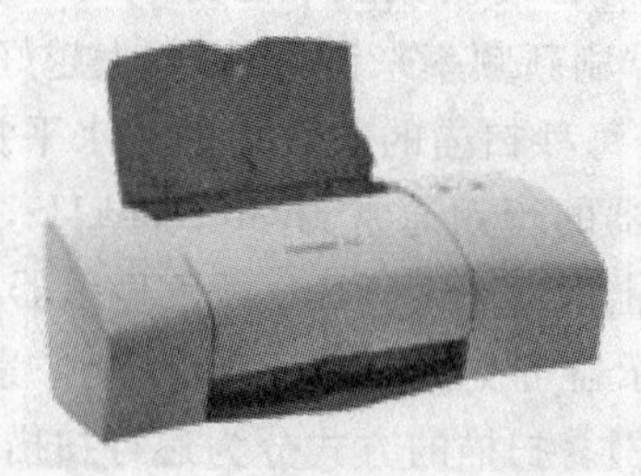
(b) 喷墨打印机

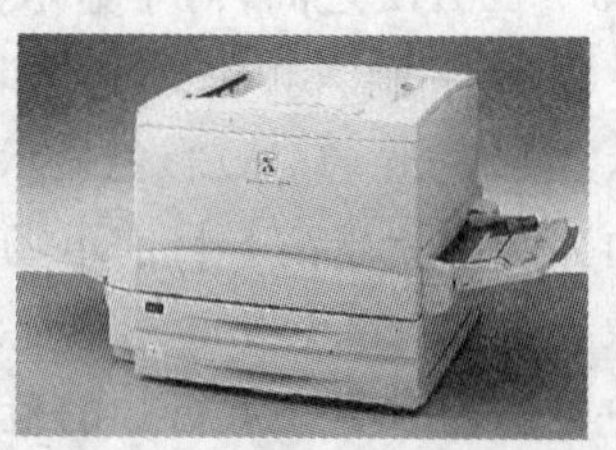
(c) 激光打印机

图2.18 打印机

(1) 常用打印机

① 针式打印机。打印的字符或图形是以点阵的形式构成的,它的打印头由若干根打印针和驱动电磁铁组成。打印时使相应的针头接触色带击打纸面来完成。目前使用较多的是24针打印机。针式打印机目前常用的品牌有EPSON、NEC系列、STAR系列等。针式打印机的主要特点是价格便宜,使用方便,但打印速度慢,噪音大。点阵式打印机目前在办公领域仍然有一定的用处,其中最重要的是用它制作多联文档。打印多联文档时(如发票联),只有击打式打印机才能产生足够的压力,穿透复写纸。

② 喷墨打印机。喷墨打印机是利用喷墨代替针打和色带,可直接将墨水喷到纸上来形成字符、图形。喷墨打印机品牌有HP系列、CANON BJC系列、EPSON系列等。喷墨打印机价格适中、打印效果较好,较受用户欢迎,但喷墨打印机使用的纸张要求较高,墨盒消耗较快。

③ 激光打印机。激光打印机是激光技术和电子照相技术的复合产物,类似复印机,光源用的是激光,激光打印机内部有一个称为“光敏旋转磁鼓”的关键部件,当激光照到这一关键部件上时,被照到的区域即“感光区域”就会被磁化,能吸起磁粉等细小的物质。激光打印机能输出分辨率很高且色彩很好的图形。激光打印机正以速度快、分辨率高、无噪音等优势逐步进入微机外设市场,但价格稍高。

(2) 打印机的主要技术指标

① 分辨率。用dpi表示,即每英寸打印点数,它是衡量打印机质量的重要标志,一般分

为低质量(草稿质量)、近似印刷质量和印刷质量(活字印刷质量)三个等级。针式打印机打印质量可达到360dpi,喷墨打印机打印质量可达720dpi以上,激光打印机可达12 000dpi以上。

② 速度。用cps表示,即每秒打印次数。打印速度在各种字体和文种中差别较大。针式打印受机械的影响,一般不超过200cps。喷墨打印西文达248cps、中文达165cps。激光打印速度是以每分钟打印的页数(ppm)来表示,西文可达10.2ppm;打印中文时,达3.8ppm。

- 噪声。用分贝表示。击打式的点阵打印机的噪声明显高于非击打式的喷墨和激光打印机,其中激光打印机可称得上是无噪声打印机。
- 字库。是否具有汉字打印、中西文字库并打印不同的字体。

此外,打印机的缓冲区的大小、节能功能等指标也是衡量打印机质量的标准。

3. 绘图仪

绘图仪与打印机的相似之处在于,它们输出的都是"硬拷贝"。尽管我们到目前为止讨论过的打印机都能输出各种大小的图形,但对于大尺寸、要求高精确度的工程和建筑制图来说,却是远远不够的。这些制图需要用专用的"绘图仪"来生成。绘图仪是一种特殊的设备,专门用于输出图表、素描、蓝图和其他图形等"硬拷贝"。绘图仪可从容绘制大尺寸纸张,比如工程制图等。目前有几种类型的绘图仪,其中,传统绘图仪使用的是彩色笔,绘图仪控制它在纸面上移动,从而描上相应的线条。现在人们通常使用的是喷墨绘图仪。这种绘图仪相当可靠,且费用低廉。另一种常见的是LED(发光二极管)绘图仪,它同激光打印机类似,但使用的是二极管阵列,而非激光束。为了生成图形,需要为特定的二极管充电,随后由它们吸引墨粉,产生图形。与喷墨绘图仪相比,LED绘图仪可非常快地输出大型绘画,但它的价格也贵得多。

绘图仪或者是平面式、或者是鼓式的。对平面绘图仪来说,纸张保持在平面上固定位置,由打印机构在纸上移动。而鼓式绘图仪需要在鼓旋转的同时,将图形打印上去。

4. 声音输出设备

通常,计算机的输出要么是一种"软拷贝",比如在显示器上出现;要么是一种"硬拷贝",比如打印文档。然而,当今计算机的输出甚至可以是看不见的。大多数系统也能输出声音。计算机可输出的声音包括简单的哔哔声以及像计算机开机或启动一个特定的软件时发出的其他音调等。许多系统也能输出音乐。为输出声音,要求在系统内安装一张声卡和相应的扬声器。声音质量同时取决于声卡的类型以及扬声器的质量。语音输出(或合成语音输出)正变得越来越普遍。合成语音试着再现人类的声音。许多汽车都利用合成语音发出一些提示消息,比如"请扣紧安全带"、"倒车,请注意"等。如果用户正忙着做其他事情,比如操作机器等,合成语音就显得非常有用。另外,同闪烁灯光或在屏幕上显示提示信息相比,合成语音也是警告危险情况更有效的方式。

2.4 微型计算机系统

我们日常大量面对的是微型计算机系统。微型计算机的硬件结构遵循计算机的一般原理和结构框架。它同样由控制器、运算器、存储器、输入设备和输出设备组成,在微机中这些部件通过总线相连接。主机就是微型计算机的核心,它是安装在一个机箱内所有部件的统一体,在主机箱内有系统主板、硬盘驱动器、CD-ROM驱动器、软盘驱动器、电源、显示器适配器等,其中主板是微型计算机的主体和控制中心,它几乎包含全部系统的功能,控制着各部分之间的指令流和数据流。下面我们将对系统主板、输入输出接口等进行讨论。

2.4.1 主板

1. 主板架构

系统主板是微型计算机中最大的一块集成电路板,是微型计算机系统的主体和控制中心,是微型计算机中各种设备的连接载体,控制着各部分之间的工作。PC99技术规格规范了主板的设计要求,提出主板的各接口必须采用有色识别标识,以方便识别,常见的系统主板如图2.19所示。

图2.19 微型计算机的主板

主板采用开放式结构,板上有CPU插座、控制芯片组、BIOS芯片、内存条插槽,系统板上也集成了软盘接口、硬盘接口、并行接口、串行接口、USB(Universal Serial Bus,通用串行总线)接口、AGP(Accelerated Graphics Port,加速图形接口)总线扩展槽、PCI(Peripheral Component Interconnect)局部总线扩展槽、键盘和鼠标接口、多媒体和通信设备接口以及一些连接其他部件的接口等。微型计算机通过主板把CPU等各种器件和外部设备有机地结合起来,形成一套完整的系统。

主板在结构上主要有AT、ATX、NLX、EATX、WATX以及BTX等类型。它们的区别主要在于板上各元器件的布局排列方式、尺寸大小、形状以及所使用的电源规格和控制方式的不同。ATX是目前最常用的主板结构,扩展插槽较多,配合ATX电源,可以实现软关机(Soft Shut Down,即通过程序完成关机)和Modem远程遥控关机(Remote Shut Down)等功能;AT结构现在已经淘汰;EATX和WATX则多用于服务器/工作站主板;NLX等是ATX的变种。

2. 主板主要部件

(1) 芯片组

芯片组是系统主板的灵魂,集中了主板上几乎所有的控制功能,它把以前复杂的控制电路和元件最大限度地集成在几个芯片内，是构成主板电路的核心。一定意义上讲，它决定了主板的级别和档次，并决定了主板的结构及 CPU 的使用。芯片组就像人体的神经中枢一样，控制着整个主板的运作。芯片组外观就是集成块，如图 2.20 所示。根据芯片的功能，有时把它们叫做南桥芯片和北桥芯片。南桥芯片主要负责 I/O 接口控制、IDE 设备（硬盘等）控制以及高级能源管理等；北桥芯片负责与 CPU 的联系并控制内存、AGP、PCI 数据在北桥内部传输，由于北桥芯片的发热量较高，所以芯片上装有散热片。

常见的芯片组有 Intel 850/875/915/925 系列（用于台式机）、Intel 855/Intel 852GM（用于笔记本电脑）以及 Intel E7502/Intel E7201（用于服务器）。当然还有其他公司的芯片组系列。

（2）CPU 插座

用来固定连接 CPU 芯片。在微机中，CPU 是一个体积不大而集成度非常高、功能强大的芯片，也称为微处理器（Micro Processor Unit，MPU），是微型机的核心。计算机的所有操作都受 CPU 控制，所以它的品质直接影响着整个计算机系统的性能。为了 CPU 安装更加方便，现在 CPU 插座基本采用零插槽式设计。

（3）内存插槽

微机上使用的主存被制作成内存条的形式，通过在主板上的存储器槽口可插入如图 2.21 的内存条，其容量可以达到数吉字节。微型计算机内存条的数量和容量取决于主板上所采用的内存插槽类型和数量。

图 2.20　芯片组

图 2.21　DDR3 内存条

目前流行的是 DDR2 和 DDR3 内存条，DDR3 内存相对于 DDR2 内存，其实只是规格上的提高，并没有真正的全面换代的新架构。

其特点有：

① 均采用双列直插式，其触点分布在内存条的两面。

② DDR2 条和 DDR3 都有 240 个引脚。

③ PC 机主板中一般都配备有 2 个或 4 个 DIMM 插槽。

（4）扩展插槽

扩展插槽是主板上用于固定扩展卡并将其连接到系统总线上的插槽，也叫扩展槽、扩充插槽。扩展槽是一种添加或增强微型计算机特性及功能的方法。例如，不满意主板上集成显卡的性能，可以添加独立显卡以增强显示性能；不满意声卡的音质，可以添加独立声卡以增强音效；不支持 USB 2.0 或 IEEE 1394 的主板可以通过添加相应的 USB 2.0 扩展卡或

IEEE 1394 扩展卡以获得该功能等。

(5) 基本输入输出系统 BIOS(Basic Input/Output System)

BIOS 是操作系统的最底层部分的可执行程序代码,其主要作用是负责对基本 I/O 系统进行控制和管理。BIOS 存放在只读存储器芯片(ROM)中,一般称为 BIOS 芯片。

BIOS 主要包含 4 部分的程序,一般情况下是不能被修改的。

① POST(Power On Self Test)。加电自检程序,用于检测计算机;

② 系统自举程序(Boot)。启动计算机工作,加载并进入操作系统运行状态;

③ CMOS 设置程序。设置系统参数如日期、时间、口令、配置参数等;

④ 基本外围设备的驱动程序。实现常用外部设备输入输出操作的控制程序。

因此,BIOS 的功能是诊断计算机故障、启动计算机工作、控制基本的输入输出操作(键盘、鼠标、磁盘读写、屏幕显示等)。

(6) CMOS

CMOS 是微机主板上的一块可读写的芯片,用来存放当前系统的硬件配置信息和用户对某些参数的设定,包括当前的日期和时间等。CMOS 是一种半导体存储器芯片,使用电池供电,成为非易失性存储器,只要电池供电正常,即使计算机关机后也不会丢失所存储的信息和造成时钟停走。

在系统的启动过程中,若按下 Del 键(或其他键),将进入 CMOS 设置程序,允许用户对微机的系统参数进行设定,如图 2.22 所示。

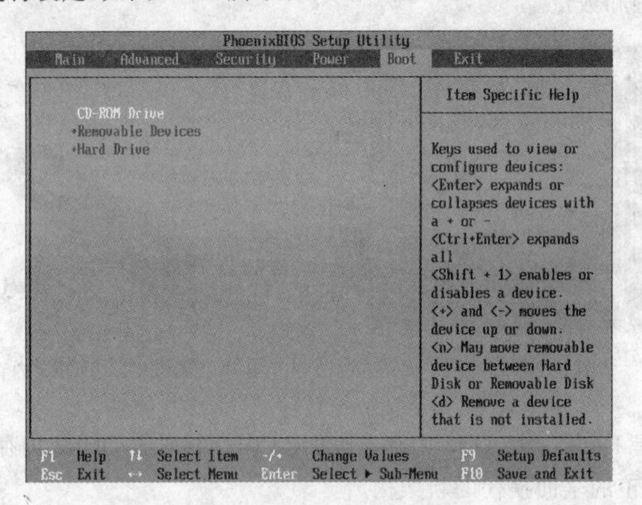

图 2.22　CMOS 设置程序界面

2.4.2　总线

1. 概述

任何一个微处理器都要与一定数量的部件和外围设备连接,如果将各部件和每一种外围设备都分别用一组线路与 CPU 直接连接,那么连线将会错综复杂,甚至难以实现。为了简化硬件电路设计、简化系统结构,常用一组线路,配置以适当的接口电路,与各部件和外围设备连接,这组共用的连接线路被称为总线,是用来传送信息的一组通信线。英语名称 BUS 很形象地表示了总线的特征。总线就像高速公路,总线上传输的信号则被视为高速公路上的车辆。显而易见，在单位时间内公路上通过的车辆数直接依赖于公路的宽度、质量。因此，总线技术成为微型计算机系统结构的一个重要方面。采用总线结构便于部件和设备的扩充，而统一的总线标准则容易使不同设备间实现互连。

如果按总线内所传输的信息种类，可将总线分类为以下几种。

(1) 数据总线。数据总线用来在各功能部件之间传输数据信息，它是双向的传输总线，即数据既可以由 CPU 送到存储器和外设，也可以由存储器和外设送到 CPU。数据总线的位数与机器字长、存储字长有关，一般为 8 位、16 位或 32 位。数据总线的条数称为数据总线的宽度，是微型计算机的一个重要指标。它与 CPU 的位数相对应。但数据的含义是广义的，数据线上传送的信号不一定是真正的数据，可以是指令码、状态量，也可以是一个控制量。

(2) 地址总线。用于传送存储单元或 I/O 接口的地址信息，地址总线必定是由 CPU 发出的，为单向传输，它的条数决定了计算机内存空间的范围大小，即 CPU 能管辖的内存数量，其宽度一般为 16 位、24 位或 32 位。例如，8 位微型机中，地址总线 16 条，最大存储器编码有 64K 个，而 16 位微型机的地址总线是 20 条，最大内存编码为 1M 个。

(3) 控制总线。控制总线是用来传输各种控制信号的传输线，其中包括 CPU 送往存储器和输入输出接口电路的控制信号如读信号、写信号、中断响应信号、中断请求信号、准备就绪信号等。控制总线还可以起到监视各部件状态的作用，例如查询某个设备是否处于“忙”或“闲”的状态。

系统中的各个局部电路均需通过这三大总线互相连接，实现了全系统电路的互连。

2. 总线的层次结构

微型计算机中的总线分为内部总线、系统总线和外部总线三个层次。内部总线位于 CPU 芯片内部，用于连接 CPU 的各个组成部件；而系统总线是指主板上连接微型计算机中各大部件的总线；外部总线则是微型计算机和外部设备之间的总线，微型计算机作为一种设备，通过该总线和其他设备进行信息与数据交换。

(1) 内部总线

内部总线也称为 CPU 总线。它位于 CPU 处理器内部，是 CPU 内部各功能单元之间的连线，内部总线通过 CPU 的引脚延伸到外部与系统相连。

(2) 系统总线

系统总线是指 CPU、主存、I/O(通过 I/O 接口)设备各大部件的信息传输线。这些部件通常安放在插件板上，故又称为板级总线和板间总线。系统总线同样包括地址总线、数据总线和控制总线。这些总线提供了微处理器(CPU)与存储器、输入输出接口部件的连接线。可以认为，一台微型计算机就是以 CPU 为核心，其他部件全“挂接”在与 CPU 相连接的系统总线上。这种总线结构形式，为组成微型计算机提供了方便。人们可以根据自己的需要，将规模不一的内存和接口接到系统总线上，很容易形成各种规模的微型计算机。系统总线在微型计算机中的地位，如同人的神经中枢系统，CPU 通过系统总线对存储器的内容进行读写，同样通过总线，实现将 CPU 内数据写入外设，或由外设读入 CPU。

为了使各种接口卡能够在各种系统中实现“即插即用”，系统总线的设计要求与具体的 CPU 型号无关，而有自己统一的标准，以便按照这种标准设计各类适配卡。目前的微型计算机上常用到的系统总线标准有：

① ISA 总线

ISA 总线是工业标准结构总线，数据传送宽度是 16 位，工作频率为 8Hz，数据传输率最高可达 8Mb/s，寻址空间为 1MB。它在 80286 至 80486 时代应用非常广泛，以至于现在奔腾机中还保留有 ISA 总线插槽。

② PCI 总线

外部设备互连总线 PCI 在 1991 年由 Intel 公司推出，PCI 在 CPU 与外部设备之间提供了一条独立的数据通道，让每种设备都能直接与 CPU 取得联系，使图形、通信、视频、音频同时工作。PCI 总线的数据传送宽度为 32 位，可以扩展到 64 位，工作频率为 33MHz，数据传输率可达 133Mb/s。PCI 是基于 Pentium 等新一代微处理器而发展的总线，图 2.23 中计算机主板上的白色扩展槽就是 PCI 插槽。

图 2.23　网卡插入主板上的 PCI 插槽

③ AGP 总线

AGP 是 Intel 公司配合 Pentium 处理器开发的总线标准，它是一种可自由扩展的图形总线结构，能增大图形控制器的可用带宽，并为图形控制器提供必要的性能，有效地解决了 3D 图形处理的瓶颈问题。总线宽为 32 位，时钟频率有 66MHz 和 133MHz 两种。

④ PCI-E 总线

由 Intel 提出，原名为“3GIO”，改名为“PCI-Express”(PCI-E 或 PCIe)。目标是全面取代现行的 PCI 和 AGP，实现总线接口的统一。PCI-E 采用高速串行传输，以点对点的方式与主机进行通信，其传输速率高(x1 速率可达 250MB/s，x16 速率可达 5GB/s)，适应性好(包括 x1、x4、x8 及 x16 多个类型)。

(3) 外设总线

是指计算机主机与外部设备接口的总线，实际上是一种外设的接口标准，当前在微机上常用的接口标准有：IDE、EIDE、SCSI、USB 和 IEEE 1394，IDE、EIDE、SCSI 主要是与硬盘、光驱的接口，后面两种新型外部总线可以用来连接多种外部设备。具体参见接口部分。

3. 微型计算机的总线结构

微型计算机采用开放体系结构，由多个模块构成一个系统。一个模块往往就是一块电路板。为了方便总线与电路板的连接，总线在主板上提供了多个扩展槽与插座，任何插入扩展槽的电路板（如显示卡、声卡）都可通过总线与CPU连接，这为用户自己组合可选设备提供了方便。图2.24是现代微型计算机的总线结构示意图。

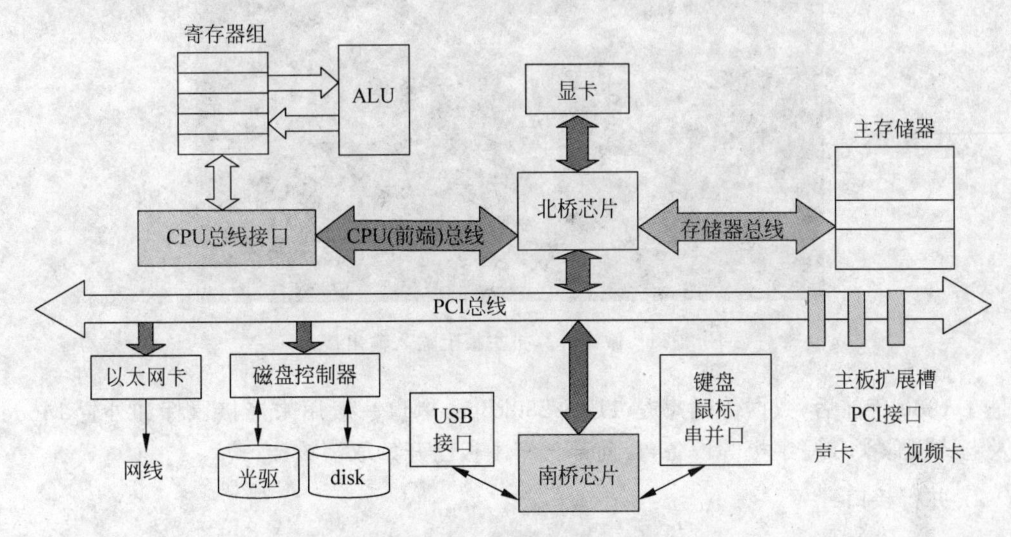

图2.24 微型机的总线结构

总线最重要的性能是总线的带宽，指的是一定时间内总线上可传送的数据量，即我们常说的每秒钟传送多少兆字节的最大稳态数据传输率。与总线带宽密切相关的两个概念是总线的位宽和总线的工作时钟频率。总线的位宽指的是总线能同时传送的数据位数，即我们常说的32位、64位等总线宽度的概念。总线的位宽越宽则总线每秒数据传输率越大，也即总线带宽越宽。总线的工作时钟频率以MHz为单位，工作频率越高则总线工作速度越快，它们之间的关系如下：

总线带宽(MB/s)＝数据线位数÷8×总线工作频率(MHz)×每个总线周期的传输次数

采用总线结构为微机的设计、生产和维护带来了许多好处，同时总线的标准化也使得市场上有大量兼容的I/O产品可供选择。

2.4.3 输入输出接口

接口是指不同设备为实现与其他系统或设备连接和通信而具有的对接部分。为使不同设备能连接在一起，需对设备的连接建立约束或规定，这些约束规定就是接口协议，实现接口协议的硬件设备称接口电路。微型计算机输入输出端口如图2.25所示。

输入输出设备是微型计算机系统的重要组成部分，微型机通过它与外部交换信息，完成实际工作任务。通过这些扩展接口，可以把打印机、外置调制解调器(Modem)、扫描仪、闪存盘、MP3播放机、DC、DV、移动硬盘、手机、写字板等外部设备连接到微型计算机上。同理通过扩展接口还能实现微型计算机间的互连。目前微型计算机常见的接口有串行接口(Serial Port)、并行接口(Parallel Port)、通用串行总线接口(USB Port)、IEEE 1394接口等，下面我们对此分别进行讨论。

1. 串行接口

串行接口，简称串口，也就是COM接口，是采用串行通信协议的扩展接口。串口的出

图 2.25　微型计算机主板上输入输出接口

现是在1980年前后,数据传输率是115～230kbps,串口一般用来连接鼠标和外置Modem以及老式摄像头和写字板等设备,目前部分新主板已开始取消该接口。

2. 并行接口

并行接口,简称并口,通常称LPT接口,是采用并行通信协议的扩展接口。并口的数据传输率比串口快8倍,标准并口的数据传输率为1Mbps,一般用来连接打印机、扫描仪等。所以并口又被称为打印口。

需要说明的是,串口和并口都能通过直接电缆连接的方式实现双机互连,在此方式下数据只能低速传输。多年来PC的串口与并口的功能和结构并没有什么变化。在使用串并口时,原则上每一个外设必须插在一个接口上,如果所有的接口均被用上了就只能通过添加插卡来追加接口。串、并口不仅速度有限,而且在使用上很不方便,例如不支持热插拔等。随着USB接口的普及,目前串并口都已经很少使用了,而且随着BTX规范的推广,串并口是必然会被淘汰的。

3. 通用串行总线(USB)接口

USB是英文Universal Serial Bus的缩写,含义是“通用串行总线”。它不是一种新的总线标准,而是应用在PC领域的接口技术。USB是在1994年底由Intel、Compaq、IBM、Microsoft等多家公司联合提出的。不过直到最近几年,它才得到广泛的应用。从1994年11月11日发表了USB V0.7版本以后,USB版本经历了多年的发展,到现在已经发展为3.0版本,成为目前微型计算机中的标准扩展接口。目前主板中主要是采用USB 3.0和USB 2.0,各USB版本间能很好地兼容。USB用一个4针插头作为标准插头,能为外设提供电源,最多可以连接127个外部设备,可同时支持高速和低速设备的访问,并且不会损失带宽。USB需要主机硬件、操作系统和外设三个方面的支持才能工作。目前的主板一般都采用支持USB功能的控制芯片组,主板上也安装有USB接口插座,而且除了背板的插座之外,主板上还预留有USB插针,可以通过连线接到机箱前面作为前置USB接口以方便使用(注意,在接线时要仔细阅读主板说明书并按图连接,千万不可接错而使设备损坏)。而且USB接口还可以通过专门的USB连机线实现双机互连,并可以通过Hub扩展出更多的接口。USB具有传输速度快(USB 1.1是12Mbps,USB 2.0是480Mbps,USB 3.0是3.2Gbps),

使用方便，支持热插拔，连接灵活，独立供电等优点，可以连接鼠标、键盘、打印机、扫描仪、摄像头、闪存盘、MP3 机、手机、数码相机、移动硬盘、外置光驱软驱、USB 网卡、ADSL Modem、Cable Modem 等几乎所有的外部设备。

4. IEEE 1394 接口

IEEE 1394 接口简称 394，又称 i. Link 或 FireWire，主要用于连接需要高速传输大量数据的音频和视频设备。数据传输速度特别快（高达 400MB/s），连接器共有 6 线，采用级联方式连接外部设备，在一个接口上最多可以连接 63 个设备，设备间以菊花链方式进行转接。

IEEE 1394 接口允许把计算机、计算机外部设备（如硬盘、打印机、扫描仪）、各种家电（如数码相机、DVD 播放机、视频电话等）非常简单地连接在一起。

2.4.4　微型计算机的主要性能指标

1. 关于微型计算机的几个概念

(1) 微处理器。是微型机控制和处理的核心。微处理器的全部电路集成在一块大规模集成电路中。它包括算术逻辑部件（ALU）、寄存器、控制部件，这三个基本部分经内部总线连接在一起。微处理器把一些信号通过寄存器或缓冲器送到集成电路的引线上。以便与外部的微型机总线相连接。

(2) 微型机。它是以微处理器为核心，配上外围控制电路、存储模块电路、输入输出接口电路并通过微型机的系统总线的连接组成的。

(3) 微型机系统。微型机系统是在微型机的基础上，配置所需的外部设备、电源和辅助电路，以及系统软件和应用软件而构成的。

2. 微型计算机的性能技术指标

评价一台微型计算机的性能主要有以下技术指标。

(1) 字长

字长是计算机内部一次可以同时处理的二进制数据的位数，即内部数据总线的宽度。一台计算机的字长通常取决于它的通用寄存器、运算器的位数和数据总线的宽度。字长越长，运算精度越高，支持的指令越多，主存容量可以越大。目前微型计算机的字长以 32 位、64 位为主。

(2) 速度

① 主频。指 CPU 的时钟频率，是时钟周期的倒数，等于 CPU 在 1 秒钟内能够完成的工作周期数，用兆赫兹（MHz）为单位。主频的大小在很大程度上决定了微机运算的速度。主频越高表示 CPU 的运算速度越快。

② 运算速度。运算速度是衡量计算机性能的一项主要指标，用每秒钟所能执行的指令条数来表示，它取决于指令的执行时间。直接描述运行次数的指标为 MIPS（Million Instructions Per Second，百万条指令/秒）。某一 Intel Pentium 的速度可达 400 MIPS，即表示每秒执行 4 亿条指令以上。除 MIPS 外，还描述为 MFLOPS（Million Floating-point Operations Per Second，百万条浮点指令/秒）、TFLOPS（Trillion Floating-point Operations Per Second，万亿条浮点指令/秒）等运算速度的单位。

(3) 主存储器容量

主存储器容量也称内存储器容量,简称内存容量,反映的是计算机内存所能存储信息(字节数)多少的能力,是CPU可直接访问的存储空间,是衡量计算机性能的一个重要指标。内存容量以字节为单位,目前的常用单位是MB或GB。

显然,计算机的内存容量越大,则计算机所能处理的任务就越复杂,功能就越强,可运行的应用软件就越丰富。内存容量往往根据用户应用的需要来配置。

(4) 外存储器容量

外存储器容量,又称辅存容量,反映的是计算机外存所能容纳信息的能力,这是标志计算机处理信息能力强弱的又一项技术指标。微机的外存容量一般指其软驱、硬驱或光驱中的磁盘或光盘所能容纳的信息量,主要指硬盘的大小。

(5) 外设配备能力与配置情况

主要指计算机系统配接各种外部设备的可能性、灵活性和适应性。在微型计算机系统中,硬盘的数量、容量与类型,显示模式与显示器的类型,打印机的型号等,都是配置外部设备需要考虑的问题。

(6) 软件配置情况

软件是计算机系统必不可少的重要组成部分,其配置好坏直接关系到计算机性能的好坏和效率的高低,例如,是否有功能强大的操作系统、合适的语言处理系统、丰富的应用软件等,这些都是在购买计算机时应考虑的问题。

除了上述指标外,还应考虑到机器的兼容性、系统的可靠性、可维护性及性能价格比等。对于Core i3/i5/i7等微机,还应考虑上网及多媒体诸方面的能力。

2.5 计算机网络

计算机网络涉及通信与计算机两个领域,是计算机技术与通信技术相结合的产物。一方面,通信技术为计算机之间的数据传递和交换提供必要手段。另一方面,数字计算技术的发展渗透到通信技术中,又提高了通信网络的各种性能。

它的诞生使计算机体系结构发生了巨大变化,在当今社会经济中起着非常重要的作用,并对人类社会的进步做出了巨大贡献。现在,计算机网络已经成为人们社会生活中不可缺少的一个重要基本组成部分,计算机网络应用已经遍布于各个领域。从某种意义上讲,计算机网络的发展水平不仅反映了一个国家的计算机科学和通信技术的水平,而且已经成为衡量其国力及现代化程度的重要标志之一。

2.5.1 计算机网络的产生与发展

计算机网络的发展过程是从简单到复杂、从单机到多机、由终端与计算机之间的通信演变到计算机与计算机之间的直接通信的过程。

计算机网络的发展经历了以下几个发展阶段。

1. 第一代计算机网络——面向终端的计算机网络

1954年,收发器终端制作了出来,人们利用它将穿孔卡片上的数据从电话线发送到远程计算机进行处理。此后,电传打字机作为远程终端和计算机相连,用户可以在远程的电传打字机上键入自己的程序，而计算机算出的结果又可以从计算机传送到电传打字机打印出来。计算机与通信的结合就这样开始了。这种面向终端的网络的基本模型如图2.26所示。

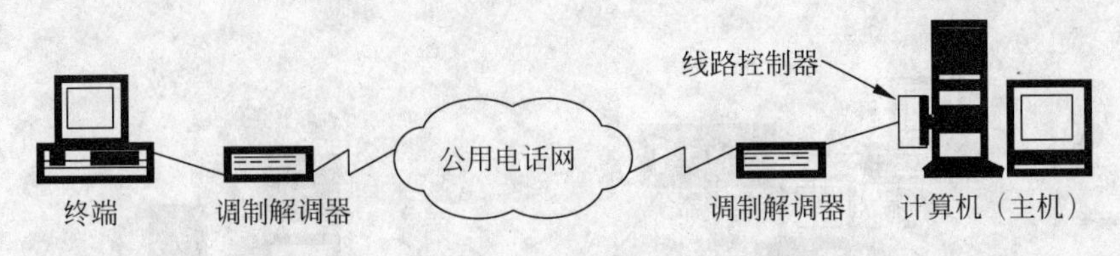

图2.26　面向终端的计算机网络基本模型

图2.26中的调制解调器(Modem)是实现两种信号转换的设备。其作用就是，在通信前，先把从计算机或远程终端发出的数字信号转换成可以在电话线上传送的模拟信号；通信后再将被转换的信号进行复原。线路控制器(Line Controller，LC)是计算机和远程终端相连时的接口设备。其作用是进行串行和并行传输的转换，以及进行简单的传输差错控制。这是由于计算机内的数据传输是并行传输，而通信线路上的数据传输是串行传输。早期的线路控制器只能和一条通信线路相连，同时也只能适用于某一种传输速率。计算机主要用于批处理作业。

随着远程终端数量的增多，为了避免一台计算机使用多个线路控制器，为提高通信线路利用率、提高主机效率、减轻上机负担，在20世纪60年代初，出现了多重线路控制器。它可以和多个远程终端相连接。

这时的计算机既要管理数据通信，又要对数据进行加工处理，因而负担很重。为了解决单机系统既承担通信工作又承担处理数据工作造成负担过重的问题，后来在计算机和终端之间，引入了前端处理机FEP(Front End Processor)，专门负责通信控制工作。从而实现了数据处理与通信控制的分工。集中器和前端处理机常采用价格低廉的小型机，如图2.27所示。

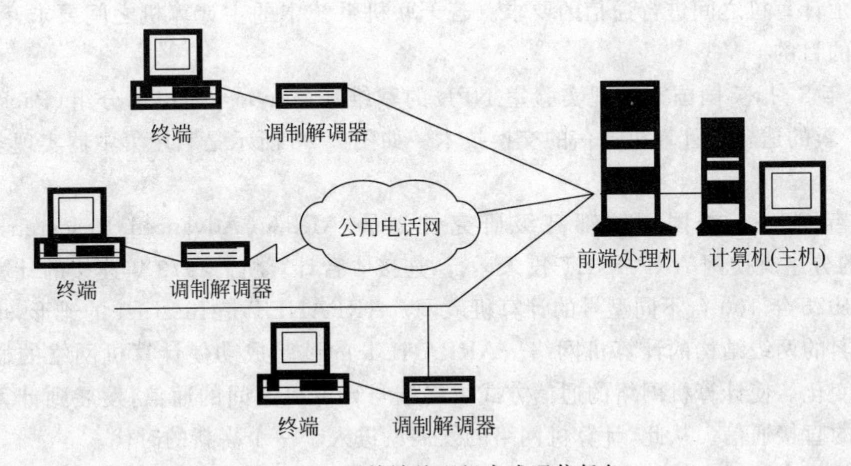

图2.27　用前端处理机完成通信任务

随着用户的增多，通信线路的加长，通信线路成本随之上升并有超出其他设备总价的趋势。为了进一步节省通信费用，提高通信效率，在终端比较集中的地方设置集中器或多路复用器把终端发来的信息收集起来,并把用户的作业信息存入集中器或多路复用器中,然后再用高速线路将数据信息传给前端处理机,最后提交给主机。当主机把信息发给用户时,信息经前端处理机、集中器最后分发给用户,从而进一步提高了通信效率,如图2.28所示。

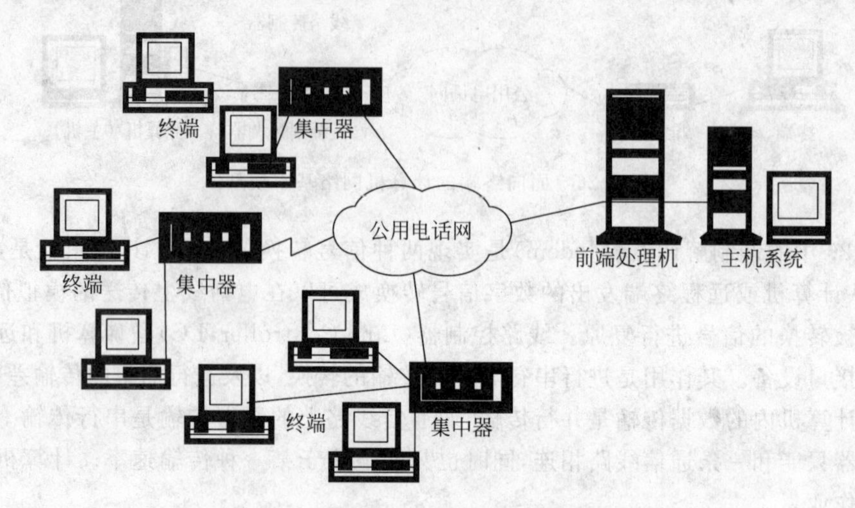

图2.28 利用集中器实现多路复用

上面几种情况,通信的一方是计算机,另一方是终端,所以又都称为面向终端的计算机网络。

在20世纪60年代,这种面向终端的计算机通信网获得了很大的发展,其中许多网络至今仍在使用。

2. 第二阶段——计算机与计算机通信网

20世纪60年代中期,各个独立的计算中心除了完成自己的任务外,还需要互相联系,因此提出了计算机之间进行通信的要求。若干联机系统中的主计算机之间要求互联,达到资源共享的目的。

1964年8月,英国国家物理实验室NPL的戴维斯(Davies)提出了分组(Packer)的概念,找到了新的适合于计算机通信的交换技术。如图2.28所示是利用集中器实现多路复用的例子。

1969年12月,美国国防部高级研究计划署ARPA(Advanced Research Projects Agency)的分组交换网ARPANET投入运行,连接4台计算机。1973年连接的计算机发展到40台,1975年100台不同型号的计算机入网。ARPANET是Internet的雏形,也是最早的享有盛名的两级结构的计算机网络。ARPANET的试验成功使计算机网络的概念发生了根本的变化。使计算机网络的通信方式由终端与计算机之间的通信,发展到计算机与计算机之间的直接通信。从此,计算机网络的发展就进入了一个崭新的时代。

早期的面向终端的计算机网络是以单个主机为中心的星型网,各终端通过通信线路共享主机的硬件和软件资源。但分组交换网则是以通信子网为中心,主机和终端都处在网络的外围,这些主机和终端构成了用户资源子网。用户不仅能共享通信子网的资源,而且还可共享用户资源子网的硬件和软件资源,其结构如图2.29所示。

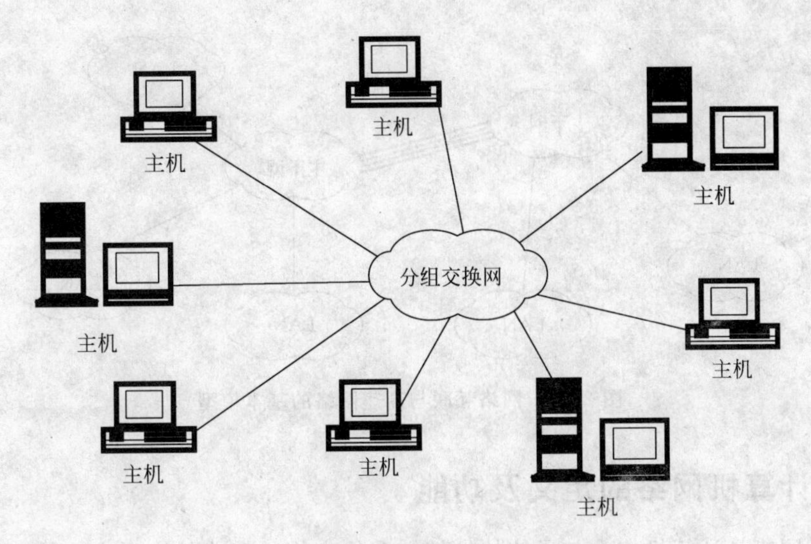

图 2.29　以通信子网为中心的网络结构

这种以通信子网为中心的计算机网络常称为第二代计算机网络，这种计算机网络比第一代面向终端的计算机网络的功能扩大了许多。

3. 第三阶段——标准化网络阶段

计算机网络系统是非常复杂的系统，计算机之间相互通信涉及许多复杂的技术问题，为实现计算机网络通信，实现网络资源共享，计算机网络采用的是对解决复杂问题的十分有效的分层解决问题的方法。1974 年，美国 IBM 公司公布了它研制的系统网络体系结构 SNA(System Network Architecture)。不久，各种不同的分层网络系统体系结构相继出现。

对各种体系结构来说，同一体系结构的网络产品互联是非常容易实现的，而不同系统体系结构的产品却很难实现互联。但社会的发展迫切要求不同体系结构的产品都能够很容易地得到互联，人们迫切希望建立一系列的国际标准，渴望得到一个"开放"系统。为此，国际标准化组织 ISO(International Standards Organization)于 1977 年成立了专门的机构来研究该问题，在 1984 年正式颁布了"开放系统互联基本参考模型"(Open System Interconnection Basic Reference Model)的国际标准 OSI，这就产生了第三代计算机网络。

4. 第四阶段——网络互联与高速网络阶段

进入 20 世纪 90 年代，计算机技术、通信技术以及建立在互联计算机网络技术基础上的计算机网络技术得到了迅猛的发展。特别是 1993 年美国宣布建立国家信息基础设施 NII (National Information Infrastructure)后，全世界许多国家纷纷制定和建立本国的 NII，从而极大地推动了计算机网络技术的发展。计算机网络进入了一个崭新的阶段，这就是计算机网络互联与高速网络阶段。目前，全球以 Internet 为核心的高速计算机互联网络已经形成，Internet 已经成为人类最重要的、最大的知识宝库。网络互联和高速计算机网络就成为第四代计算机网络，如图 2.30 所示。

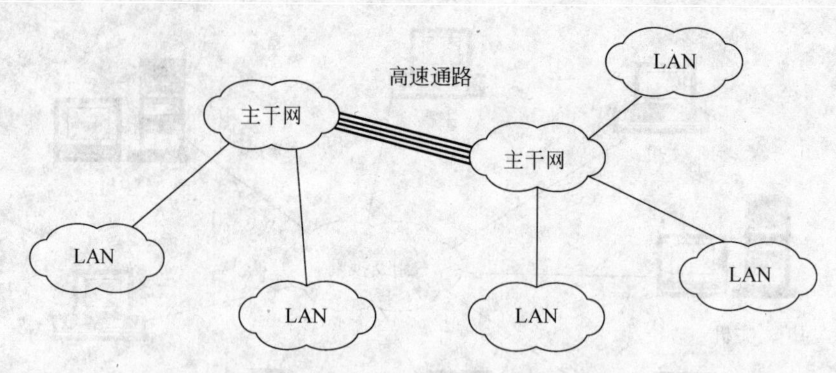

图 2.30 网络互联与高速网络的基本模型

2.5.2 计算机网络的定义及功能

计算机网络是计算机技术与通信技术相结合的产物。精确的定义尚未统一,有多种不同的理解和定义。这里,我们从网络组成和联网的角度给出如下定义:计算机网络是用通信设备和线路将分散在不同地点的有独立功能的若干计算机系统互相连接起来,按照网络协议进行数据通信,实现资源共享的计算机集合。

计算机网络主要包括三个部分:

(1) 各种类型的计算机(主机),如大型机、微型机、笔记本电脑、手机、电子书、监控器等"终端设备",用于数据处理,向用户提供服务。

(2) 若干通信设备和线路,用于将多个计算机连接在一起,进行数据传输。传输数据的介质包括双绞线、光缆、无线电波等;通信控制设备包括网卡、集线器、交换器、调制解调器、路由器等。

(3) 网络协议,为保证网络中的数据通信而制定的一系列规则和约定。

(4) 网络操作系统和网络应用软件,实现通信协议、管理网络资源,并实现各种网络应用。

自20世纪60年代开始计算机网络逐步发展起来,技术性能不断完善,应用范围越来越广,一般具备以下几方面功能。

1. 信息传输

信息传输是计算机网络最基本的功能,可以使分散在不同地理位置的计算机之间相互通信,传输数据、文字、声音、图形、图像等各种信息。

2. 资源共享

网络中的用户可以共享各种软件、硬件和信息等资源。例如,共享高速的大型计算机、大容量的存储设备、价格昂贵的外部设备、分布在各地的信息资源、网上数据库和某些应用软件等。特别地,Internet 上的 WWW(World Wide Web,环球信息网)服务,是目前最典型、最成功的全球共享信息资源的例子。

3. 分布式处理

对许多大型的信息处理任务,可以借助于网络中的多台计算机共同协作完成,解决单机无法完成的任务。另一方面,当某台计算机负担过重或该计算机正在处理某项工作时,可通过网络将任务转交给空闲的计算机来完成,以便均衡各计算机的负载,提高处理问题的效率。

4. 提高可靠性

在网络中,一方面可以把系统中重要的数据存放在多台计算机中,作为后备使用,另一方面,当网络中的某台计算机出现故障时,其任务可交给其他计算机完成,从而提高系统的可靠性。

2.5.3 计算机网络的分类

计算机网络有多种分类标准。

按网络的使用性质来分,可分为专用网络、公用网络和虚拟网络。公用网络是指由国家电信部门组建、控制和管理的网络,任何单位都可使用。公用数据通信网络的特点是借用电话、电报、微波通信甚至卫星通信等通信业务部门的公用通信手段,实现计算机网络的通信联系。公用数据网的数据线路可以为多个网络公用。美国的 TELENET、加拿大的 DATAPAC、欧洲的 EURONET 及日本的 DDX 都是公用数据网络。专用网则是某部门或公司自己组建、控制和管理,不允许其他部门或单位使用的网络。虚拟网络是指依靠 ISP 和其他 NSP(网络服务提供者)在公用网络(如 Internet、Frame Relay、ATM)上建立专用的数据通信网络的技术。

按使用的传输介质可分为有线网和无线网。

按网络的使用对象可以分为企业网、政府网、金融网以及校园网等。

但最常用的分类标准是根据网络范围和计算机之间互连的距离来分类。另外,也可以根据网络的拓扑结构来进行划分,下面分别加以讨论。

1. 按照网络覆盖范围划分

按照网络覆盖范围划分,计算机网络可分为:广域网 WAN(Wide Area Network)、局域网 LAN(Local Area Network)、城域网 MAN(Metropolitan Area Network)。

① 广域网:涉及的区域大,如国家间、城市间的网络都是广域网。广域网一般由多个部门或多个国家联合组建,它的作用范围通常可以从几十公里到几千公里,能实现大范围内的资源共享,所以广域网有时也称为远程网。

② 局域网:范围一般在 10 公里以内,以一个单位或一个部门的小范围为限,由这些单位或部门单独组建,如一个学校、一个建筑物内。这种网络组网便利,传输效率高。

③ 城域网:介于广域网与局域网之间的一种高速网络。城域网设计的目标是要满足几十公里范围内的企业、机关、公司的多个局域网互联的需求,以实现大量用户之间的数据、语音、图形与视频等多种信息的传输功能。

2. 按照拓扑结构分

拓扑学是几何学的一个分支。计算机网络拓扑是指用网中结点与通信线路之间的几何关系表示的网络结构,它反映了网络中各实体间的结构关系,其中结点包含通信处理机、主机、终端。计算机网络设计的第一步是拓扑设计,网络的拓扑设计是指在给定计算机和终端位置(即给定网中结点位置)及保证一定的可靠性时延、吞吐量的情况下,通过选择合适的通路、线路的定量及流量的分配使整个网络的成本最低,网络拓扑设计的好坏对整个网络的性能和经济性有重大影响。

计算机网络的拓扑结构，说到底是信道分布的拓扑结构，不同的拓扑结构其信道访问技术、性能（包括各种负载下的延迟、吞吐率、可靠性以及信道利用率等）、设备开销等各不相同，分别适用于不同的场合，一般分为以下几种。

① 星型网络

如图 2.31 所示。星型结构网络中，各结点通过通信线路直接与中心结点连接，中心结点控制全网的通信，任何两个结点间的通信都要通过中心结点。星型结构主要优点是结构简单、建网容易、便于控制和管理，其缺点是中心结点负担重、可靠性差。

星型结构目前广泛应用于局域网中，如可以将多台计算机分别通过双绞线连接到由集线器或交换机作为中心结点的设备上。

② 总线型网络

如图 2.32 所示。总线型结构网络中，所有结点都连接到一条公共传输线（称为总线）上，并通过该总线传输信息。总线型结构主要优点是结构简单、联网方便、易于扩充、成本低，缺点是实时性较差。

③ 树状网络

由总线型结构扩展而成，如图 2.33 所示。在树状结构网络中，结点按照层次进行连接，形成一个树状结构。

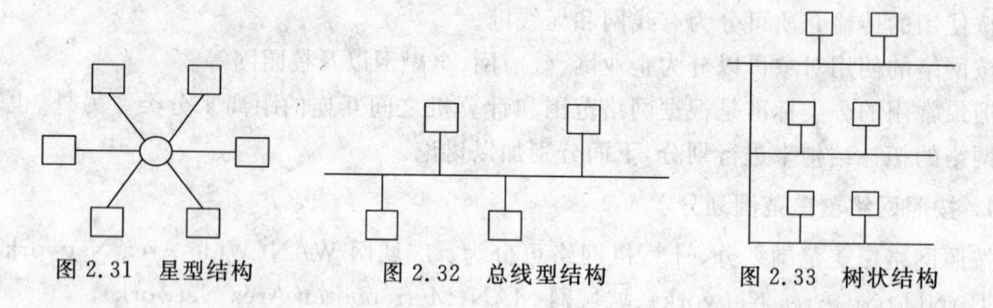

图 2.31　星型结构　　图 2.32　总线型结构　　图 2.33　树状结构

④ 环型网络

如图 2.34 所示。环型结构网络中，各结点通过通信线路连接成一个闭合的环，信息传输是单向的，即按一定方向一个结点接一个结点沿环路传输。环型结构网络主要优点是结构简单、路径选择方便，缺点是可靠性差、网络管理复杂。

⑤ 网状型网络

如图 2.35 所示，网状结构网络中，每个结点都至少有两条线路和其他结点相连。网络可靠性高，即使一条线路出故障，网络仍能正常工作。但网络控制和软件比较复杂，一般用于广域网。

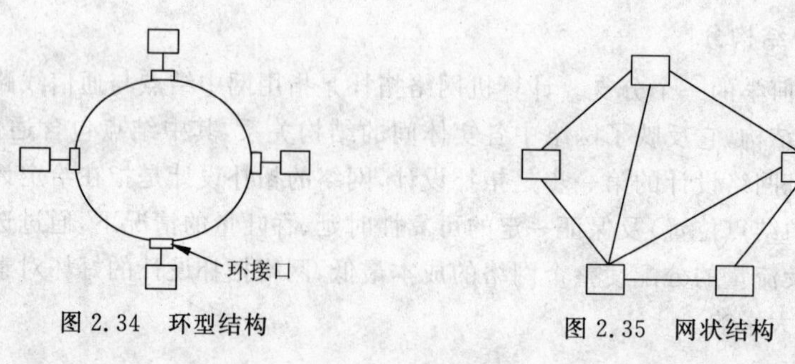

图 2.34　环型结构　　图 2.35　网状结构

2.5.4 计算机网络的组成

计算机网络由网络硬件和网络软件两大部分组成。

1. 网络硬件

网络硬件是计算机网络的物质基础。它主要包括主机、网络接口设备、传输介质及网络互连设备。

(1) 主机

即各种计算机,是构成网络的主体,根据其功能和作用又可分为服务器和工作站(客户机)两类。

① 服务器

服务器是可以为网络提供各种共享资源和多种网络服务的计算机,是网络的核心设备。通常由具有高速处理能力和较大的存储容量的高性能计算机担任。服务器按照提供的服务可以分为文件服务器、打印服务器、数据库服务器、Web 服务器和电子邮件服务器等多种类型。

- 文件服务器:是最为重要的服务器,以集中方式管理共享文件,提供最基本的网络文件共享服务,网络用户可以使用存储在该服务器中的共享程序或数据。
- 打印服务器:该服务器上配备了高性能的网络共享打印机,为用户提供共享打印服务。网络上一般用户的计算机不需再配备打印机,需要打印时,统一交给共享打印机,按先后顺序依次排队打印出来。
- 数据库服务器:可以在网络上提供共享的数据库管理系统及数据库文件等服务。

② 工作站

工作站连接在网络上,是用户使用的一般计算机。用户可以通过工作站访问服务器的共享资源,也可以不进入网络,单独工作。在访问网络服务器时,必须先进行登录,并按照被授予的权限访问服务器。工作站不为其他计算机提供服务,但相互之间可以进行通信,共享网络的资源。

(2) 传输介质

传输介质是将多种设备连接起来的通信线路。其种类很多,如双绞线、同轴电缆、光纤、微波通信以及卫星通信等。

(3) 网络接口设备

① 网络适配器

网络适配器也称为网络接口卡(Network Interface Card,NIC),简称网卡,是计算机与传输介质连接的接口设备,通常插入到计算机的总线插槽内或某个外部接口的扩展卡上。网卡是计算机入网的关键设备,网络上的每一台服务器或工作站都必须安装网卡,才能进行网络通信,通过网卡发送和接收信息。

网卡种类很多,性能各异,不同的网络使用不同类型的网卡,用户应根据网络环境和具体需求选择。

② 调制解调器

调制解调器(Modem)是调制器和解调器的简称,俗称“猫”,是计算机之间通过电话线通信所必需的一种外部设备。

通常,计算机中处理的是数字信号,即用离散的一系列电脉冲表示二进制的“0”和“1”,如图2.36所示,而电话线上传输的是模拟信号,即用一种连续变化的电磁波表示信息,如图2.37所示。

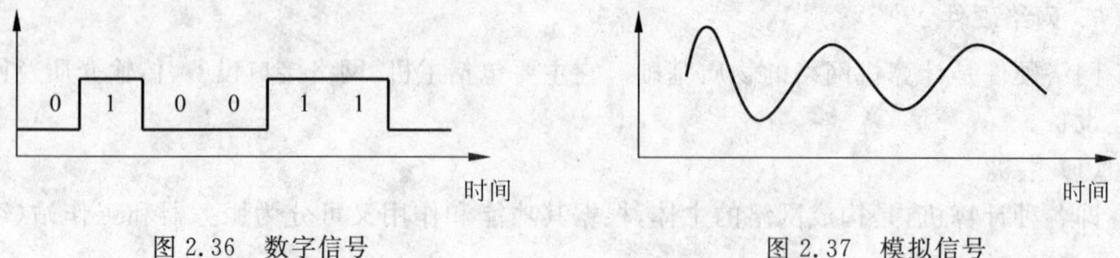

图2.36 数字信号　　图2.37 模拟信号

如果计算机要通过电话线传输信息,就必须进行信号的转换,将数字信号转换成模拟信号后在电话线上传输。调制解调器就是这样一个计算机和电话线之间的连接设备,可以进行数字信号与模拟信号之间的转换。调制解调器的功能主要包括两方面。一个是调制功能,将计算机输出的数字信号转换为适合电话线传输的模拟信号;另一个是解调功能,将电话线上传输的模拟信号变换为数字信号后给计算机处理。

调制解调器一般是成对使用的,通信的双方都应配备,如图2.38所示。

图2.38 两台计算机通过电话线通信

目前典型的应用是计算机利用调制解调器通过普通电话线拨号上网。调制解调器的种类很多,如按外观可分为内置式、外置式和PCMCIA插卡式(用于笔记本电脑)等。

(4) 网络互连设备

主要包括集线器、交换机、路由器等。

① 集线器。网络中的每个结点通过以太网卡和双绞线连接到集线器的一个端口,通过集线器与其他结点相互通信,把一个端口接收到的帧向所有端口分发出去,并对信号进行放大,以扩大网络的传输距离,起着中继器的作用。集线器可以使网络上的计算机进行通信,但无法识别所接收信息的来源或预期目标,因此它会将信息发送到与其连接的所有计算机(包括发送该信息的计算机)。集线器可以发送或接收信息,但不能同时发送并接收信息。这使集线器的速度慢于交换机。集线器是这些设备中复杂性最低并且价格也最低的设备。

② 交换机。交换机与集线器的工作方式相同,但交换机可以识别所接收信息的预期目标,因此只会将相应信息发送到应该接收该信息的计算机。交换机可以同时发送和接收信息,因此发送信息的速度要快于集线器。如果个人的家庭网络具有四台或更多计算机,或者要将网络用于需要在计算机之间传送大量信息的活动(例如玩网络游戏或共享音乐),则最好使用交换机而非集线器。交换机的价格比集线器略高。

③ 路由器。路由器可以在两个网络之间(例如家庭网络和Internet之间)传送信息,还可以使计算机进行通信。这种引导网络通信的功能即路由器名称的由来。路由器可以是有线的(使用以太网电缆),也可以是无线的。如果只需将计算机连接起来,则使用集线器和交

换机即可；但是，如果希望通过一台调制解调器使所有计算机都可以访问 Internet，请使用路由器或具有内置路由器的调制解调器。路由器通常还会提供内置安全功能，例如防火墙。路由器的价格比集线器和交换机都要高。

2. 网络软件

网络软件是实现网络功能不可缺少的部分，主要包括网络操作系统、各种网络协议、网络管理软件和网络应用软件等。

网络操作系统是最重要的网络软件，是网络用户与计算机网络之间的接口。主要用于对网络上的计算机进行管理、协调和控制，以便有效地共享网络软硬件资源，并为用户提供各种网络服务。目前常用的网络操作系统有 UNIX、Linux、Netware 和微软公司的 Windows 系统的服务器版等。

网络协议是计算机网络中各部分之间传输信息所必须遵守的一组规则和约定。有许多类型，如 TCP/IP、IEEE 802 系列协议等。

网络管理软件主要用于监视和控制网络的运行情况，如设备和线路工作是否正常、网络流量及拥塞程度等，以保证网络资源的有效利用，网络性能更加优化，为用户提供安全、可靠的网络服务。

网络应用软件是为各种网络应用而开发的软件，可以提供一些专门的服务。例如，Internet 上用于浏览的 IE 浏览器、收发电子邮件的 Outlook Express 软件等。

2.5.5 计算机网络的体系结构

通常把网络协议以及网络各层功能和相邻接口协议规范的集合称为网络体系结构。

网络体系结构是一层次化的系统结构，它可以看做是对计算机网和它的部件所执行功能的精确定义。它把网络系统的通路，分成一些功能分明的层，各层执行自己所承担的任务，依靠各层之间的功能组合，为用户或应用程序提供访问另一端的通路。

常见的计算机网络体系结构有 DEC 公司的 DNA（数字网络体系结构）、IBM 公司的 SNA（系统网络体系结构）等。为解决异种计算机系统、异种操作系统、异种网络之间的通信，国际标准化组织（ISO）以国际上其他的一些标准化团体，在各厂家提出的计算机网络体系结构的基础上，提出了开放系统互联参考模型（OSI/RM）。

1. 通信协议

协议是一组规则的集合，是进行交互的双方必须遵守的约定。在网络系统中，为了保证数据通信双方能正确而自动地进行通信，针对通信过程的各种问题，制定了一整套约定，这就是网络系统的通信协议。通信协议是一套语义和语法规则，用来规定有关功能部件在通信过程中的操作。

（1）通信协议的特点

① 通信协议具有层次性。这是由于网络系统体系结构是有层次的。通信协议被分为多个层次，在每个层次内又可以被分成若干子层次，协议各层次有高低之分。

② 通信协议具有可靠性和有效性。如果通信协议不可靠就会造成通信混乱和中断，只有通信协议有效，才能实现系统内的各种资源的共享。

(2) 网络协议的组成

网络协议主要由以下三个要素组成。

① 语法。语法是数据与控制信息的结构或格式。如数据格式、编码、信号电平等。

② 语义。语义是用于协调和进行差错处理的控制信息。如需要发生何种控制信息,完成何种动作,做出何种应答等。

③ 同步(定时)。同步即是对事件实现顺序的详细说明。如速度匹配、排序等。

协议只确定计算机各种规定的外部特点,不对内部的具体实现做任何规定,这同人们日常生活中的一些规定是一样的,规定只说明做什么,对怎样做一般不做描述。计算机网络软、硬件厂商在生产网络产品时,是按照协议规定的规则生产产品,使生产出的产品符合协议规定的标准,但生产厂商选择什么电子元件、使用何种语言是不受约束的。

2. 网络体系结构的分层原则

计算机网络系统是一个十分复杂的系统。将一个复杂系统分解为若干个容易处理的子系统,然后"分而治之",这种结构化设计方法是工程设计中常见的手段。分层就是系统分解最好的方法之一。

网络体系结构是分层结构,它是网络各层及其协议的集合。其实质是将大量的、各类型的协议合理地组织起来,并按功能的先后顺序进行逻辑分割。网络功能分层结构模型如图2.39所示。

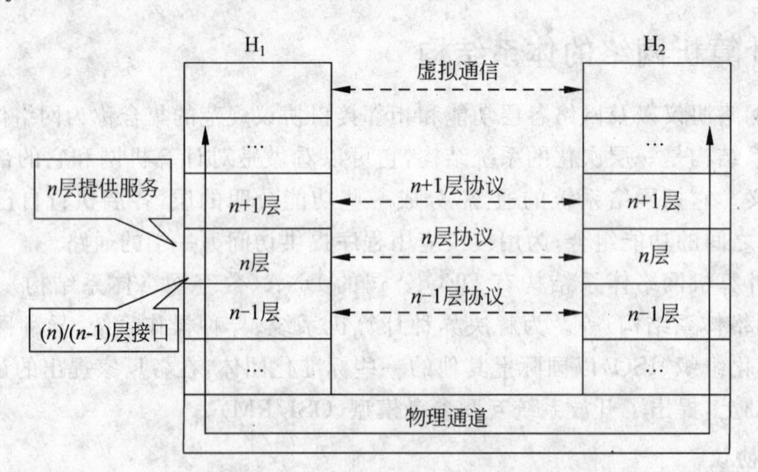

图2.39 计算机网络功能的分层结构模型

在网络分层结构中,n层是$n-1$层的用户,同时是$n+1$层的服务提供者。对$n+1$层来说,$n+1$层直接使用的是n层提供的服务,而事实上$n+1$层是通过n层提供的服务享用到了n层以下所有层的服务。分层结构的好处在于:

(1) 以功能作为划分层次的基础。在分层处理后,相似的功能出现在同一层。

(2) 第n层的实体在实现自身定义的功能时,只能使用第$n-1$层提供的服务。

(3) 第n层在向第$n+1$层提供的服务时,此服务不仅包含第n层本身的功能,还包含由下层服务提供的功能。

(4) 仅在相邻层间有接口,且所提供服务的具体实现细节对上一层完全屏蔽。

(5) 相邻层之间的通信约束称为接口,每一层与其相邻上下层通过接口进行通信。

3. OSI 基本参考模型

任何计算机网络系统都是由一系列用户终端、计算机、具有通信处理和数据交换功能的结点、数据传输链路等组成的。完成计算机与计算机或用户终端的通信都要具备一些基本的功能,这是任何一个计算机网络系统都具有的共性。如保证存在一条有效的传输路径进行数据链路控制、误码检测、数据重发,以保证实现数据无误码地传输；实现有效的寻址和路径选择,保证数据准确无误的到达目的地；进行同步控制,保证通信双方传输速率的匹配；对报文进行有效的分组和组合,适应缓冲容量,保证数据传输质量；进行网络用户对话管理和实现不同编码、不同控制方式的协议转换,保证各终端用户进行数据识别等。

根据这一特点,ISO 推出了开放系统互联模型,简称 OSI 七层结构的参考模型(所谓开放是指按 OSI 标准建立的系统,能与其他也按 OSI 标准建立的系统相互连接)。OSI 开放系统模型包括物理层、数据链路层、网络层、传输层、会话层、表示层、应用层,如图 2.40 所示。

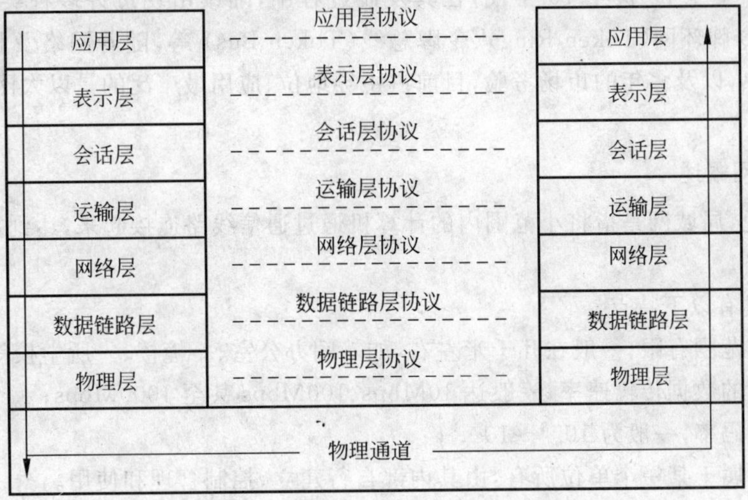

应用层	应用层协议	应用层
表示层	表示层协议	表示层
会话层	会话层协议	会话层
运输层	运输层协议	运输层
网络层	网络层协议	网络层
数据链路层	数据链路层协议	数据链路层
物理层	物理层协议	物理层
	物理通道	

图 2.40　OSI 开放系统模型

OSI 参考模型定义了不同计算机互联标准的框架结构,得到了国际上的承认,它被认为是新一代网络的结构。各层的功能如下：

(1) 应用层。其主要功能是用户界面的表现形式,许多应用程序也在该层同用户和网络打交道,比如电子函件,文件传送操作等。它是与用户应用进程的接口,相当于做什么?

(2) 表示层。该层处理各应用之间所交换的数据和语法,解决格式和数据表示的差异,它是为应用层服务的,向应用层解释来自对话层的数据。即相当于对方看起来像什么。

(3) 会话层。该层从逻辑上是负责数据交换的建立、保持及终止。实际工作是接受来自传输层并将被送到表示层的数据,并负责纠正错误。出错控制、会话控制、远程过程调用均是这一层的功能。总之,会话层的目的是组织和同步相互合作的会话用户之间的对话。

(4) 传输层。该层在逻辑上是提供网络各端口之间的连接,其实际任务是负责可靠的传递数据。比如数据包无法按时传递时传输层将发出传递将延迟的信息。

(5) 网络层。该层的工作主要有网络路径选择和中继、分段组合、顺序及流量控制等。其目的是如何将信息安排在网络上以及如何将信息推向目的地。

(6) 数据链路层。该层用来启动、断开链路、提供信息流控制、错误控制和同步等功能。即用于提供相邻接点间透明、可靠的信息传输服务。

(7) 物理层。物理层是将数据安放到实际线路并通过线路实际移动的层。它为建立、维持及终止呼叫提供所需的电气和机械要求,也即该层定义了与传输线以及接口的各种特性。

OSI通过分层把复杂的通信过程分成了多个独立的、比较容易解决的子问题。在OSI模型中,下一层为上一层提供服务,而各层内部的工作与相邻层是无关的。

需要强调的是,OSI参考模型并非具体实现的描述,它只是一个概念性框架。在OSI中,只有各种协议是可以实现的,网络中的设备只有与OSI和有关协议相一致时才能互连。

2.5.6 局域网

局域网产生于20世纪70年代,在其发展过程中,陆续出现过许多种类型,如以太网(Ethernet)、令牌环网(Token Ring)、令牌总线(Token Bus)等,随着网络及相关技术的不断完善和成熟,以及多年的市场考验,目前占主导地位、应用最广泛的是以太网,本节将予以重点介绍。

1. 局域网概述

简单地说,局域网是指将小范围内的计算机通过通信线路连接起来,达到数据通信和资源共享的网络。

它主要具有以下特点。

(1) 地理范围有限,一般在几千米左右,如一间办公室、一幢楼、一所学校等;

(2) 较高的数据传输速率,一般达10Mbps、100Mbps甚至1000Mbps;

(3) 低误码率,一般为10^{-8}~10^{-11};

(4) 通常属于某一个单位所有,由其内部自行建立、控制管理和使用。

局域网的拓扑结构一般采用总线型、星型和环型,传输介质可以采用双绞线、同轴电缆、光纤以及无线介质等。

作为计算机网络的一个重要分支,局域网由于其组网方便、传输速率高等特点得到了迅速的发展和广泛的应用,而推动局域网技术快速发展的一个主要因素就是由IEEE 802委员会制定的IEEE 802局域网标准。

IEEE 802委员会是美国电气和电子工程师学会IEEE在1980年2月成立的一个分委员会,专门从事局域网标准化方面的工作,以便推动局域网技术的应用,规范相关产品的研制和开发。目前已陆续制定了一系列的标准,从IEEE 802.1到IEEE 802.16,并不断增加新的标准。

2. MAC地址

为保证信息传输的正常进行,网络中的每一个主机都有一个物理地址,也称为硬件地址或MAC地址(Media Access Address,即介质访问地址),这是一个全局地址,而且要保证世界范围内唯一。IEEE 802标准规定MAC地址采用6字节(48位)的地址。

主机的MAC地址实际上是其联网所用的网卡上的地址,通常每一块网卡都带有一个全球唯一的48位二进制数的地址。为保证唯一性,网卡的生产厂商要向IEEE的注册管理委员会RAC购买地址的前3个字节，作为生产厂商的唯一标识符，而后3个字节由生产厂商自行分配，并在生产网卡时固化在其只读存储器(ROM)中。

3. 以太网

以太网(Ethernet)由美国Xerox公司在20世纪70年代初期建立。具有数据传输可靠、组网方便、灵活、价格低、标准化程度高等特点，是目前应用最广泛的一种局域网。

早期以太网的设计采用总线结构，用同轴电缆作为传输介质，传输速率为10Mbps。经过多年的发展，其性能不断提高，传输速率越来越快，其拓扑结构、传输介质、工作方式都发生了改变。

(1) 以太网介质访问控制协议：CSMA/CD

以太网的基本拓扑结构为总线型，所有站点都连接到一条总线上，如图2.41所示。

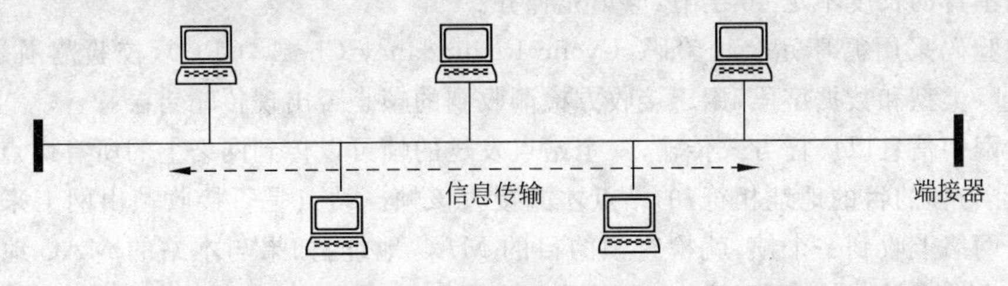

图2.41 以太网总线结构

由于网络中所有站点共享同一总线传输信息，而且任何一个站点所发送的信息都以广播方式向总线两端传播，因此当网络中有两个以上的站点同时发送信息时，就会出现冲突，所发送的信息受到破坏。所谓介质访问控制协议是指多个站点共享同一传输介质时，如何协调各个站点对介质的访问，确保同一时刻只有一个站点发送信息。

目前以太网中使用的一种介质访问控制协议是CSMA/CD (Carrier Sense Multiple Access/Collision Detect)——带冲突检测的载波侦听多路访问，通过该协议来解决介质争用的冲突问题。某站点要发送信息时，首先对介质进行侦听，判断介质是否忙(有载波)，即是否有其他站点正在传送信息，只有当介质空闲(无载波)时才能发送。另一方面，由于信号在线路上的传输时延，可能会出现多个站点同时侦听到介质空闲而开始发送，并出现冲突，因此站点在发送的同时仍然需要进行侦听，一旦检测到冲突，就立即停止发送。

CSMA/CD的工作过程如下。

① 站点发送前先侦听介质；

② 若传输介质空闲(无载波)，就发送信息；

③ 若介质忙(有载波)，就继续侦听直到介质空闲才发送；

④ 发送期间继续侦听介质，如果检测到发生冲突，立即停止当前的信息发送，并在等待一个随机时间之后返回第①步，重新侦听发送该信息；

⑤ 如果未检测到冲突，则信息发送成功。

上述过程也可以简单地归纳为：发前先听，边发边听，冲突停止，延迟重发。

CSMA/CD是局域网的一个重要协议，其对应标准为IEEE 802.3。

(2) 以太网帧格式

以太网中信息以“帧”为单位进行传输，其格式如图2.42所示。

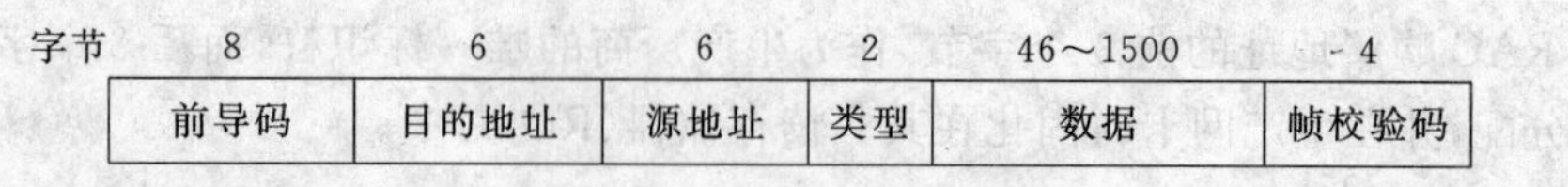

图 2.42 以太网帧格式

前导码是帧的同步信号，由 8 个字节的特殊序列组成，其中前 7 个字节分别为“10101010”，第 8 个字节为“10101011”，用于标识一个帧的开始。

目的地址是指本帧要发往的站点的 MAC 地址。

源地址是发出本帧的站点的 MAC 地址。

类型字段指出应该将帧交给哪个协议软件模块进行处理。

数据字段存放真正要传输的数据，长度不固定，在 46 字节到 1500 字节之间，如果要传输的数据本身的长度不足 46 字节，应填充补齐。

帧校验码采用循环冗余校验码(Cyclic Redundancy Check，CRC)，校验范围是目的地址、源地址、类型和数据字段，用于接收方检测收到的帧是否出现传输错误。

以太网中信息以广播方式传输，一个站点发送的帧可以传到网络上的所有站点，但只有一个“地址与帧的目的地址相符”的站点才能接收该帧。站点是否接收帧由网卡来判断，每当网卡从网络上收到一个帧，就检查帧的目的 MAC 地址，如果与本站的 MAC 地址相符，即该帧是发给本站点的，因而接收，否则丢弃此帧。

(3) 典型以太网

① 10Base-T 以太网

早期以太网采用总线结构，传输速率为 10Mbps，如 10Base5 粗缆以太网、10Base2 细缆以太网。粗缆以太网可靠性高、安装复杂；细缆以太网安装简单灵活、可靠性较差。

1990 年出现了 10Base-T 双绞线以太网，传输速率为 10Mbps，“T”表示用双绞线作为传输介质。采用这种技术的以太网是星型结构，利用集线器组网，所有站点分别通过双绞线连接到一个中心集线器(Hub)上，具有组网方便、便于系统升级、易于维护等特点，如图 2.43 所示。

这里，集线器类似于一个多端口的转发器，每一个端口通过一对双绞线直接连接一个站点，站点到集线器的距离不超过 100m。集线器连接的网络在物理上是一个星型网，但从介质访问控制方式来看，仍然是一个总线型网，各站点共享逻辑上的总线。当集线器从某个端口收到一个站点发来的数据帧时，就将该帧转送到所有其他端口，以便站点识别接收。因此，这种集线器实际上是共享式集线器，连接到集线器上的站点共享逻辑总线，同一时刻只能有一个站点发送数据。

② 交换式以太网

使用交换机(也称为交换式集线器)连接各个站点组成交换式以太网，可以明显地提高网络性能。

交换机同样带有多个端口，组网方法与共享式集线器类似，如图 2.44 所示。交换机与集线器的主要区别在于内部结构和工作方式不同，当交换机从某个端口收到一个站点发来的数据帧时，不再向所有其他端口传送，而是将该帧直接送到目的站点所对应的端口并转发出去。因此交换机可以同时支持多对站点之间的通信，如图中的 A_1 和 A_2、B_1 和 B_2，而不产生冲突。

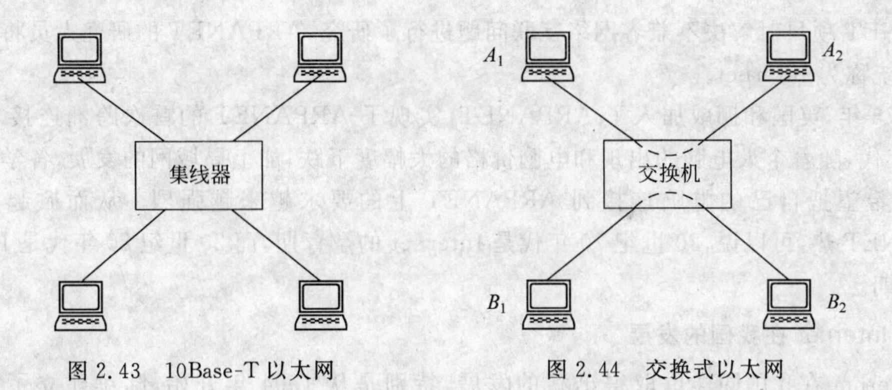

图 2.43　10Base-T 以太网　　　　图 2.44　交换式以太网

目前,交换机由于其良好的性能,在局域网中得到广泛使用。

③ 高速以太网

高速以太网通常指传输速率为 100Mbps 以上的网络,相关技术很多,典型的有如下几种。

- 100Base-T 快速以太网。传输速率为 100Mbps。与 10Base-T 技术兼容,它可以采用集线器或交换机组网,星型拓扑结构,用户可以方便地从 10Base-T 升级到 100Base-T。
- 千兆位以太网和万兆位以太网。传输速率更快,分别可达 1000 Mbps(即 1Gbps)和 10Gbps。

这些技术的出现,极大地提高了网络的性能,扩大了局域网的规模和应用范围,距离可以扩大到几十公里甚至上百公里,特别是千兆位以太网和万兆位以太网已成为当今局域网和城域网建设中主干网络的首选技术。

2.6　因特网

Internet,原来叫做"互联网",后来由国家名词委员会正式定名为"因特网"。从"互联网"这个名字就可以看出,因特网是指通过网络互联设备把不同的多个网络或网络群体互联起来形成的大网络,也称网际网,联入的计算机几乎覆盖了全球 180 余个国家和地区,联入的计算机存储了最丰富的信息资源,是世界最大的计算机网络。通俗地说,Internet 就是把全球上亿台计算机连接而成的一个超大网络。Internet 是一个全球性的、特定的、开放的、被国际社会认可和广泛使用的计算机互联网络,是世界最大的计算机网络,为用户提供了极其丰富的信息资源、网络功能和服务。

2.6.1　因特网的形成与发展

1. Internet 的形成

Internet 分布于全球 100 多个国家和地区,它将数百万个电脑网络连接在一起,全球拥有近 20 亿用户。

中国是第 71 个国家级 Internet 成员。Internet 使上亿用户遵守共同的协议,共享资源,由此形成了"Internet 网络文化",Internet 是全人类最大的知识宝库之一。

20 世纪 60 年代,美国国防部已拥有大量各种各样的网络系统。在 ARPANET 研究中,其主要指导思想是寻找一种方法将各种不同的网络系统互联起来,成为网际网。

ARPANET项目对解决不兼容网络互联问题进行了研究,ARPANET的研究人员将建立的原型系统称为Internet。

1973年,英国和挪威加入了ARPANET,实现了ARPANET的首次跨洲连接。20世纪80年代,随着个人电脑的出现和电脑价格的大幅度下跌,加上局域网的发展,各学术和研究机构希望把自己的电脑连接到ARPANET上的要求越来越强烈。从而掀起了一场ARPANET热,可以说,20世纪70年代是Internet的孕育期,而20世纪80年代是Internet的发展期。

2. Internet在我国的发展

Internet在我国同样也取得迅猛的发展,特别是从1994年开始,陆续建立了多个与Internet相连、提供Internet服务的全国性网络,上网计算机数和用户数不断增加,据统计,截止2011年底,中国网民数量突破5亿,互联网普及率达到38.3%。典型的有:

(1) 中国教育与科研计算机网络(CERNET)

CERNET是1994年由国家投资建设的第一个全国范围的学术性计算机网络。主要面向教育和科研单位,由教育部负责管理,清华大学等高校承担建设和管理运行。

CERNET目前已覆盖了全国所有的大学,现在中、小学也正在逐步地开始接入。全国按地域划分为几个大的区域,如东北、西北、华北、华中等,采用分级管理,由高到低分别为全国网络中心、地区网络中心(地区主结点)和校园网。其中全国网络中心设在清华大学,负责全国主干网的运行管理;地区网络中心(地区主结点)分别设在清华大学、东南大学等几所高校,负责地区网的运行管理和规划建设;最下层是各个学校建立的校园网。

CERNET也是目前我国开展下一代互联网研究的试验网络,并取得一定成果。2004年12月,第二代中国教育和科研计算机网CERNET2在北京正式开通,这是一个采用纯IPv6技术的下一代因特网主干网,为基于IPv6的下一代因特网技术提供了良好的试验环境。

(2) 中国科学技术网(CSTNET)

CSTNET是中国科学院负责建立和管理的覆盖全国范围的网络。其前身是中关村地区教育与科研示范网和中国科学院计算机网络。CSTNET于1994年4月接入Internet,是我国最早完成与Internet相连接的网络,同时开始在国内管理和运行中国顶级域名cn。目前,CSTNET主要为科研院所、科技部门、政府部门和高新技术企业服务。

(3) 中国公用计算机互联网(CHINANET)

CHINANET简称中国互联网,是中国原邮电部投资建立的国家级网络,于1995年开始建设,经过多年的发展,已经在全国所有省会城市建立了主干网和接入网。

CHINANET是目前国内规模最大、面向公众、速率最高、用户最多的互联网。为全国各地的普通用户或单位提供多种途径、多种速率的网络接入,如电话拨号上网等,方便用户使用网络资源,获取多种服务。

除此之外,还有许多其他网络,如中国原联通互联网(UNINET)、中国原网通公用互联网(CNCNET)、中国移动互联网(CMNET)、中国国际经济贸易互联网(CIETNET)等。

3. 因特网管理机构

因特网中没有有绝对权威的管理机构。接入因特网是各国独立的管理内部事物。全球具有权威性和影响力的因特网管理机构主要是因特网协会ISOC。

因特网协会ISOC(Internet Society)是由各国自愿者组成的组织。该协会通过对标准的制定、全球的协调和知识的教育与培训等工作,实现推动因特网的发展,促进全球化的信息交流。ISOC本身不经营因特网,只是通过支持相关的机构完成相应的技术管理。

因特网体系结构委员会IAB(Internet Architecture Board)是ISOC中的专门负责协调因特网技术管理与技术发展的。IAB的主要任务是根据因特网发展的需要制定技术标准,发布工作文件,进行因特网技术方面的国际协调和规划因特网发展战略。

因特网工程任务组IETF和因特网研究任务组IRTF是IAB中的两个具体部门,他们分别负责技术管理和技术发展方面的具体工作。

因特网的运行管理由因特网各个层次上的管理机构负责,包括世界各地的网络运行中心(NOC)和网络信息中心(NIC)。其中,NOC负责检测管辖范围内网络的运行状态,收集运行统计数据,实施对运行状态的控制等;NIC负责因特网的注册服务、名录服务、数据库服务,以及信息提供服务等。

因特网域名注册机构(ICANN)成立于1998年10月。此前,网络解决方案公司NSI在1993年与美国政府签订独家域名注册服务接管"因特网号码分配机构LANA",并垄断了.com、.net、.org域名。

2.6.2 因特网的结构及协议

1. 因特网的结构

因特网之所以能够在短时间内风靡全球,并得到不断的发展,就是因为因特网有其独特的基本结构。

因特网是一种分层网络互联群体的结构。从直接用户的角度,可以把Internet作为一个单一的大网络来对待,这个大网可以被认为是允许任意数目的计算机进行通信的网络,如图2.45所示。

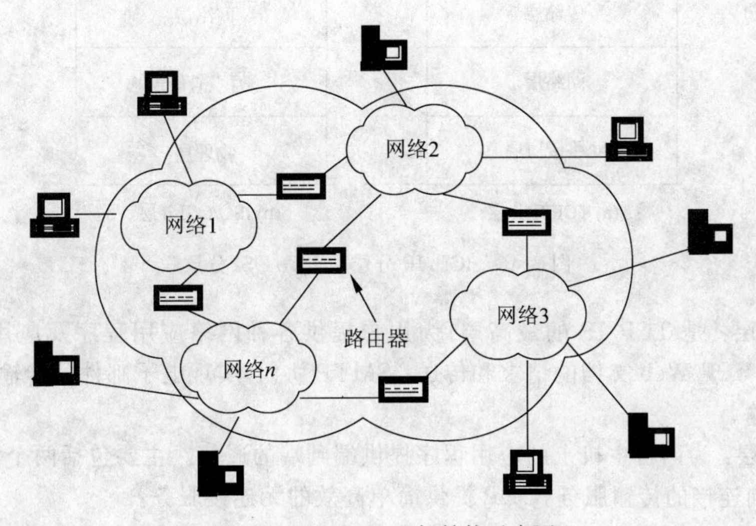

图2.45 Internet逻辑结构示意图

在美国,Internet主要是由如下三层网络构成的。

(1) 主干网。是Internet的最高层,它是由NSFNET(国家科学基金会)、Milner(国防部)、NSI(国家宇航局)及 ESNET(能源部)等政府提供的多个网络互联构成的。主干网是 Internet 基础和支柱网。

(2) 中间层网。是由地区网络和商用网络构成的。

(3) 底层网。处于 Internet 的最下层,主要是由大学和企业的网络构成。

2. 因特网的协议

Internet 是一个将各种各样不同类型的网络连接在一起的互联网。为了实现不同网络之间的互联及通信,就必须提供一套大家都共同遵守的规则或约定(即网络通信协议)。Internet 使用的是称为 TCP/IP 的通信协议,只要遵守这个协议就能连入 Internet,共享、互通信息。

IP 协议使计算机之间能够发送和接收分组,但 IP 协议不能解决传输中出现的问题。TCP 协议与 IP 配合,使因特网工作得更可靠。TCP 协议能够解决分组交换中分组丢失、按分组顺序组合、检测分组有无重复等问题。

TCP/IP 是一个协议簇,包括了以传输控制协议(Transmission Control Protocol,TCP)和网际协议(Internet Protocol,IP)为主的一百多个协议。采用分层结构,将网络的通信功能划分为 4 层,每层包括不同的协议和功能,如图 2.46(a)所示。

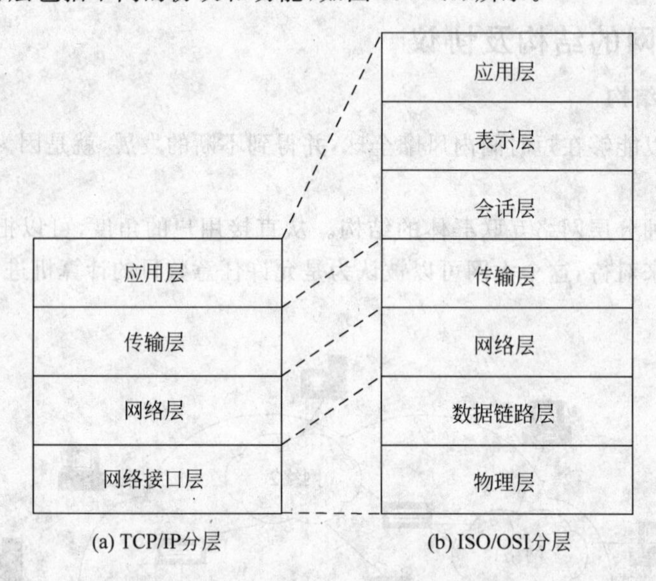

图 2.46　ICP/IP 分层与 ISO/OSI 分层

① 应用层: 是 TCP/IP 的最高层,为用户提供各种网络应用程序及应用层协议。如 HTTP 协议,实现 Web 文档的请求和传送; SMTP 协议,实现电子邮件的传输; FTP 协议,实现文件传输。

② 传输层: 为两台主机上的应用程序提供端到端的通信。主要包括两个协议,TCP 提供可靠的面向连接的传输服务,UDP 提供简单高效的无连接服务。

③ 网络层: 也叫互联网层或 IP 层,负责将称为 IP 数据报的数据从一台主机传输到另一台主机。该层的功能主要包括 IP 协议和若干选路协议,定义 IP 数据报的格式,确定 IP 数据报传输的路由并传输。

④ 网络接口层: 提供与物理网络的接口方法和规范,可以支持各种采用不同拓扑结

构、不同传输介质的底层物理网络，如以太网、ATM广域网等。

网络的另一个著名的分层结构是国际标准化组织ISO提出的“开放系统互联参考模型（简称OSI参考模型）”，它与TCP/IP分层结构有一定的对应关系，如图2.46(b)所示。

2.6.3 Internet接入

用户要想使用Internet上提供的各种资源和服务，就必须使自己的计算机接入到Internet，接入方法有很多，具体选择哪一种由用户根据实际情况决定。

1. 使用电话拨号接入

这是家庭个人用户过去上网最常用的接入方式，现在这种方式使用得已经很少了。个人计算机利用调制解调器(Modem)通过普通电话拨号与Internet相连接，如图2.47所示。这种方式简单、易于实现，用户只需要一台计算机、一个Modem、一条电话线路、相关通信软件，同时向ISP申请一个账号，安装设置成功后，就可以拨号上网了。ISP(Internet Service Provider)，即Internet服务提供商，为广大用户提供Internet接入服务，是Internet与用户沟通的桥梁，用户通过ISP接入Internet。如CHINANET是目前我国最大的ISP。

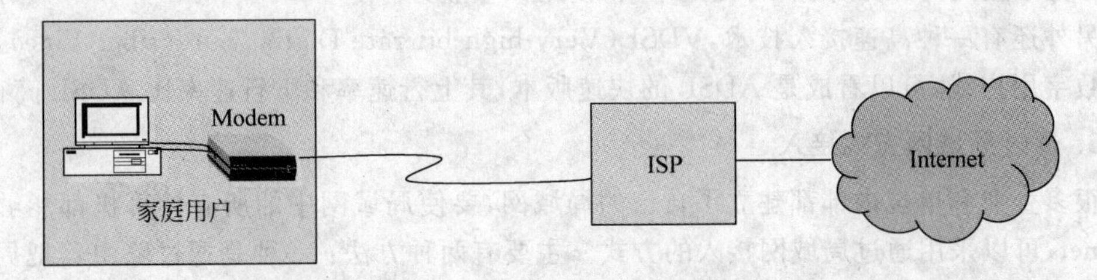

图2.47 计算机使用电话拨号入网

电话拨号上网的主要缺陷是传输速率比较慢，虽然目前Modem的最大传输速率可以达到56kbps，但实际使用中由于受线路(如双绞线)质量的影响往往达不到最大传输速率，一般在40kbps左右或更低，如下载一首3分钟的MP3歌曲大约需要8分钟。另一方面，由于占用了普通电话线，用户在拨号上网时，就不能使用该电话线拨打或接听电话。

2. 通过ADSL宽带接入

随着Internet的快速发展，提供的信息和服务日益增多，用户对接入Internet速率的要求越来越高，而采用普通电话拨号上网的方式往往无法满足。ADSL技术的出现较好地满足了用户的需求，不仅可以提供更高的速率，还可以同时上网和使用电话，已逐渐成为接入Internet的主要方式之一。

ADSL(Asymmetrical Digital Subscriber Line)，即不对称数字用户线，是一种新型宽带接入技术。ADSL在形式上类似于电话拨号接入，也是运行在现有的普通电话线上，但是通过采用一种新型的调制解调技术，传输速率大大提高，使用户能够享受超高速的网络服务。ADSL通过频分复用技术，将普通电话线划分为三个不重叠的通道，同时分别传输语音、上行数据和下行数据三路信号，如图2.48所示是ADSL接入原理及ADSL通道图。实现用户一边上网，一边打电话。其中上行和下行两个方向的传输速率是不对称的，上行(从用户到网络)为低速传输，速率一般为几百千比特率；下行(从网络到用户)为高速传输，理想的速率可高达8Mbps(一般为1～2Mbps)。

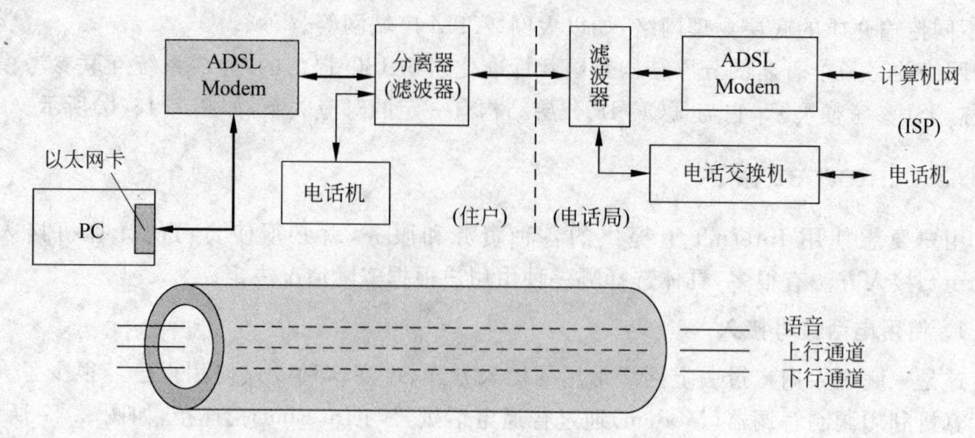

图 2.48 ADSL 接入原理及 ADSL 通道

ADSL 安装简单,只需要在普通电话线上加装 ADSL Modem,在计算机中装上网卡,用双绞线连接 ADSL Modem 和网卡,并进行相关软件设置即可。目前,中国电信已推出了 ADSL 宽带上网的服务,用户可提出申请,使用该项业务。

另外还有一种高速接入技术,VDSL(Very-high-bit-rate Digital Subscriber Line),即甚高速数字用户线,可以看成是 ADSL 的快速版本,其上行速率和下行速率比 ADSL 高很多。

3. 通过局域网方式接入

很多企业和单位内部都建立了自己的局域网,要使局域网中的所有计算机都能够访问 Internet,可以采用通过局域网接入的方式。主要有两种方法:一种是通过路由器把局域网与 Internet 连接起来,如图 2.49 所示。局域网上的所有计算机都可以有自己的正式 IP 地址,直接访问 Internet。另一种是通过局域网的服务器、一个高速调制解调器和电话线路把局域网与 Internet 连接起来,只有服务器有正式的 IP 地址,局域网上的所有计算机通过服务器的代理共享该正式 IP 地址访问 Internet。

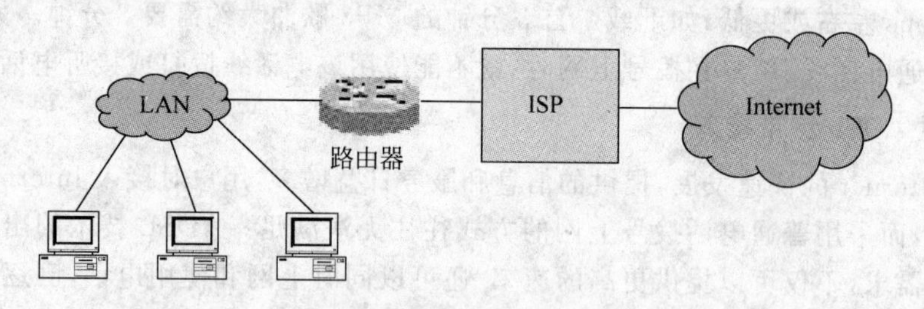

图 2.49 局域网通过路由器入网

这里,路由器是一个网络互连设备,工作在网络层,可以将两个或多个不同类型、不同结构的网络互相连接起来,如局域网与局域网、局域网与广域网、广域网与广域网等互连,实现不同网络之间的通信。

4. 通过 Cable Modem 接入

电缆调制解调器又名线缆调制解调器,英文名称 Cable Modem,它是近几年随着网络应用的扩大而发展起来的,主要用于有线电视网进行数据传输。目前,Cable Modem 接入技术在全球尤其是北美的发展势头很猛,每年用户数以超过 100%的速度增长,在中国已有省市开通了 Cable Modem 接入。它是电信公司 xDSL 技术最大的竞争对手。电缆调制解调器连接如图 2.50 所示。在未来,电信公司阵营鼎力发展的基于传统电话网络的 xDSL 接入技术与广电系统有线电视厂商极力推广的 Cable Modem 技术将在接入网市场(特别是高速 Internet 接入市场)展开激烈的竞争。在中国,广电部门在有线电视(CATV)网上开发的宽带接入技术已经成熟并进入市场。CATV 网的覆盖范围广,入网户数多(据统计,1999 年 1 月全国范围的有线电视用户已超过一亿);网络频谱范围宽,起点高,大多数新建的 CATV 网都采用光纤同轴混合网络(HFC 网),使用 550MHz 以上频宽的邻频传输系统,极适合提供宽带功能业务。

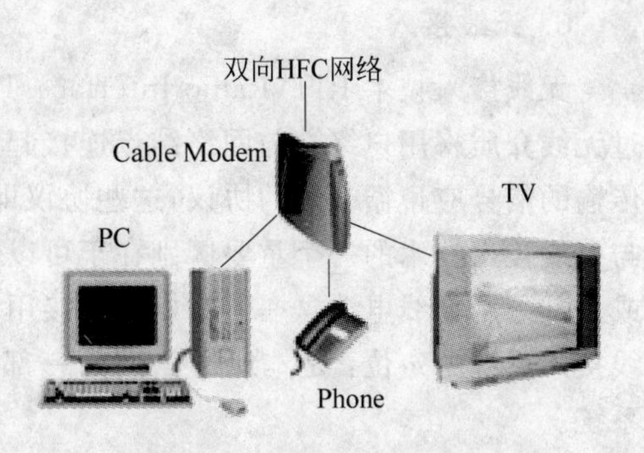

图 2.50 电缆调制解调器连接

Cable Modem 的优点有:由于原来铺设的有线电视网光缆天然就是一个高速宽带网,所以仅对入户线路进行改造,就可以提供理论上上行 8Mbps、下行 30Mbps 的接入速率。

缺点有:采用共享结构,随着用户的增多,个人的接入速率会有所下降,安全保密性也欠佳,各地的有线网自成一体,没有联网形成整体。

5. 光纤接入

光纤接入网是指以光纤为传输介质的网络环境。由于光纤接入网使用的传输媒介是光纤,因此根据光纤深入用户群的程度,可将光纤接入网分为 FTTC(光纤到路边)、FTTZ(光纤到小区)、FTTB(光纤到大楼)、FTTO(光纤到办公室)和 FTTH(光纤到户),它们统称为 FTTx。FTTx 不是具体的接入技术,而是光纤在接入网中的推进程度或使用策略。

光纤到小区(Fiber To The Zone,FTTZ)。将光网络单元放置在小区,为整个小区服务。

光纤到大楼(Fiber To The Building,FTTB)。将光网络单元放置在大楼内,以每栋楼为单位,提供高速数据通信、远程教育等宽带业务,主要为单位服务。FTTB 用光纤到楼,网线入户的方式实现用户的宽带接入,这是一种最合理、最实用、最经济有效的宽带接入方法。FTTB 的特点是速度快(用户上下行速率均可达到 10Mbps)、容量大、价格低。

光纤到家庭(Fiber To The Home,FTTH)。将光网络单元(ONU)放置在楼层或用户家中,由几户或一户家庭专用,为家庭提供宽带业务。FTTH 是光接入系列中除 FTTD(光纤到桌面)外最靠近用户的光接入网应用类型。FTTH 的显著技术特点是不但提供更大的带宽,而且增强了网络对数据格式、速率、波长和协议的透明性,放宽了对环境条件和供电等要求,简化了维护和安装。

"光纤到楼、以太网入户"(FTTx+ETTH)的原理如图 2.51 所示。

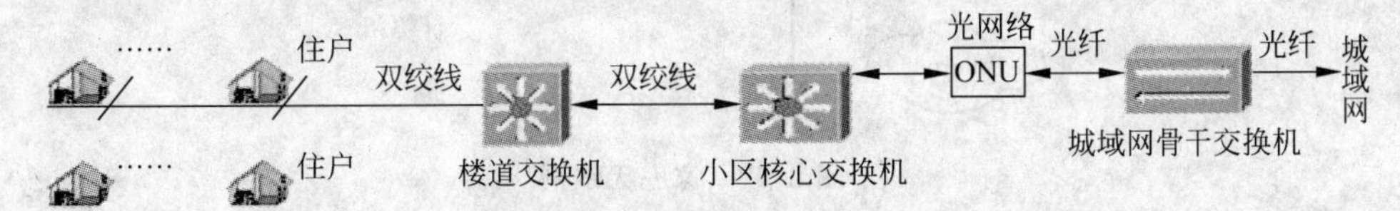

图 2.51 光纤到楼原理

6. 无线接入

无线接入技术RIT(Radio Interface Technologies)是无线通信的关键问题。它是指通过无线介质将用户终端与网络结点连接起来,以实现用户与网络间的信息传递。无线信道传输的信号应遵循一定的协议,这些协议即构成无线接入技术的主要内容。无线接入技术与有线接入技术的一个重要区别在于可以向用户提供移动接入业务。无线接入网是指部分或全部采用无线电波这一传输媒介连接用户与交换中心的一种接入技术。在通信网中,无线接入系统的定位:是本地通信网的一部分,是本地有线通信网的延伸、补充和临时应急系统。

无线接入主要有三种,表2.2简要地对三种无线接入技术进行了比较。

表2.2　三种无线接入技术比较

接入技术	使用的接入设备	数据传输速率	说　明
无线局域网(WLAN)接入	Wi-Fi无线网卡,无线接入点	11～100Mbps	必须在安装有接入点(AP)的热点区域中才能接入
GPRS移动电话网接入	GPRS无线网卡	56～114kb/s	方便,有手机信号的地方就能上网,但速率不快、费用较高
3G移动电话网接入	3G无线网卡	几百kbps～几Mbps	方便,有3G手机信号的地方就能上网,但费用较高

我国3G移动通信有三种技术标准(中国移动的TD-SCDMA、中国电信的CDMA2000和中国联通的WCDMA),他们各自使用专门的上网卡,相互并不兼容。

除了上面介绍的几种方式外,还有一些其他接入方式,如DDN(Digital Data Network,数字数据网)专线、ISDN(Integrated Services Digital Network,综合业务数字网)、FR(Frame Relay,帧中继)等。

图2.52为家庭无线网示意图。

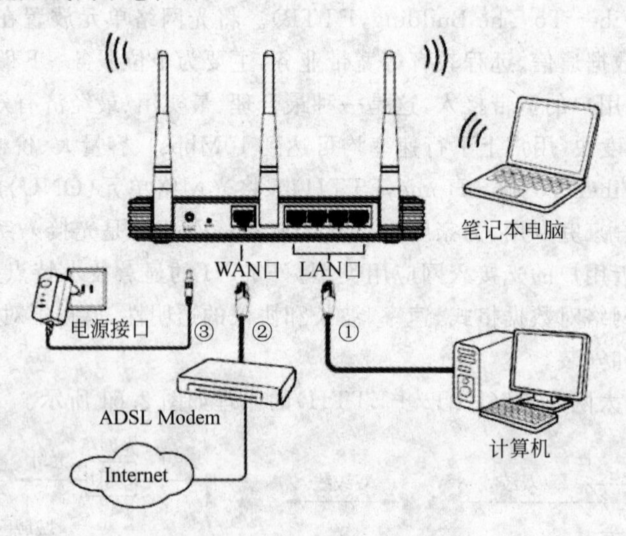

图2.52　家庭无线网

2.6.4 因特网的主机地址和域名系统

1. 主机地址

(1) IP 地址

在介绍 IP 地址之前，让我们首先看一看大家都非常熟悉的电话网。每部连入电话网的电话机都有一个电话局分配的电话号码，我们只要知道某台电话机的电话号码，便可以拨通该电话，如果被呼叫的话机与发起呼叫的话机位于同一个国家(或地区)的不同城市，要在电话号码前加上被叫话机所在城市的区号，如果被呼叫的话机与发起呼叫的话机位于不同的国家(或地区)，要在电话号码前加被叫话机所在国家(或地区)的代码和城市的区号。

接入 Internet 中的计算机与接入电话网的电话机非常相似，每台计算机也有一个由授权单位分配的号码，我们称之为 IP 地址。IP 地址也采取层次结构，但它与电话号码的层次有所不同。电话号码采用国家(或地区)代码、城市区号和电话号码三个层次，是按地理方式进行划分的。而 IP 地址的层次是按逻辑网络结构进行划分的，一个 IP 地址由两部分组成，即网络号和主机号，网络号用于识别一个逻辑网络，而主机号用于识别网络中的一台主机。只要两台主机具有相同的网络号，不论它们位于何处，都属于同一个逻辑网络；相反，如果两台主机网络号不同，即使比邻放置，也属于不同的逻辑网络。

Internet 中的每台主机至少有一个 IP 地址，而且这个 IP 地址必须是全网唯一的。在 Internet 中允许一台主机有两个或多个 IP 地址。如果一台主机有两个或多个 IP 地址，则该主机属于两个或多个逻辑网络。

IP 地址由 32 位二进制数值组成(4 个字节)，但为了方便用户的理解和记忆，它采用了十进制标记法，即将 4 个字节的二进制数值转换成四个十进制数值，每个数值小于等于 255，数值中间用“.”隔开。

例如二进制 IP 地址：

字节1 字节2 字节3 字节4
11001010 01011101 01111000 00101100

用十进制表示法表示成：

202.93.120.44

(2) IP 地址分类与子网屏蔽码

IP 地址由网络号与主机号两部分构成，那么四个字节的 IP 地址中哪一部分是网络号，哪一部分是主机号呢？网络号的长度将决定 Internet 中能包含多少个网络，而主机号将决定每个网络中能连接多少台主机。

由于 Internet 中网络众多，网络规模相差也很悬殊，有些网络上的主机多一些，有些网络上的主机少一些，为了适应不同的网络规模将 IP 地址分成了三类：A 类、B 类和 C 类。表 2.3 简要地总结了 IP 地址的类别与规模。

表 2.3 IP 地址的类别与规模

类别	第一字节范围	网络地址长度	最大的主机数目	适用的网络范围
A	1～126	1 个字节	16 387 064	大型网络
B	128～191	2 个字节	64 526	中型网络
C	192～223	3 个字节	254	小型网络

例如,202.93.120.44为一个C类IP地址,前三个字节为网络号,通常记为202.93.120.0,而后一个字节为主机号44。

但是对于一些小规模网络可能只包含几台主机,即使用一个C类网络号仍然是一种浪费(可以容纳254台主机),因而我们需要对IP地址中的主机号部分进行再次划分,将其划分成子网号和主机号两部分。例如,我们可以对B类网络号168.113.0.0进行再次划分,使其第三个字节代表子网号,其余部分为主机号,对于IP地址为168.113.81.1的主机来说,它的网络号为168.113.81.0,主机号为1。

再次划分后的IP地址的网络号部分和主机号部分用子网屏蔽码来区分,子网屏蔽码也为32位二进制数值,分别对应IP地址的32位二进制数值。对于IP地址中的网络号部分在子网屏蔽码中用"1"表示,对于IP地址中的主机号部分在子网屏蔽码中用"0"表示。

例如,对于网络号168.113.81.0的IP地址,其子网屏蔽码为:

字节1　字节2　字节3　字节4

11111111111111111111111100000000

用十进制表示法表示成:

255.255.255.0

(3) 特殊的IP地址

有些IP地址不能用来标识主机,具有特殊意义,典型的有:

主机号部分为全"0"表示某个网络的IP地址,因特网上的每个网络都有一个IP地址。

主机号部分为全"1"表示某个网络上的所有主机(广播地址)。

例如,192.168.10.0是一个C类网络的地址,192.168.10.255表示该网络中的所有主机。

(4) 路由器的IP地址

需要注意的是,作为网络互连的一个设备,连接各个网络的路由器也应该分配有IP地址,而且至少应分配两个或两个以上。每个端口IP地址的类型号和网络号分别与所连网络的相同,如图2.53所示。

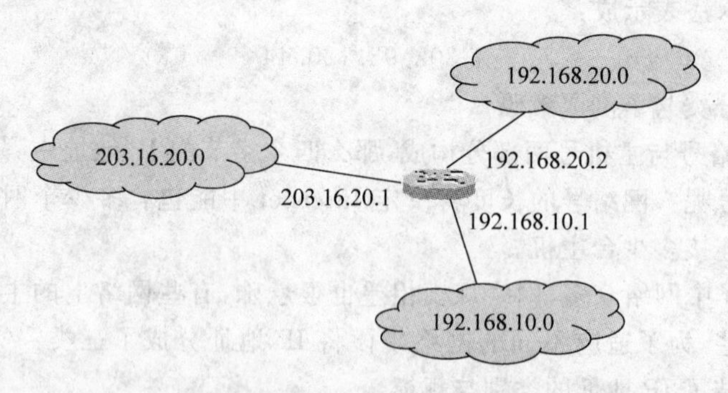

图2.53　路由器的IP地址

(5) 新一代IP地址

目前Internet上广泛使用的IP地址是以IPv4(Internet协议第4版)协议为基础的,理论上约有43亿个地址。近年来,随着Internet的迅速发展,IPv4在网络传输速度、服务质量、灵活性、安全性等方面,已越来越不能满足发展的需要。

下一代 IP 协议——IPv6 协议的研究已取得很大进展，相关技术标准已经基本成型，最重要的是采用了 128 位 IP 编址方案，扩大了寻址空间。IPv4 将分阶段逐步向 IPv6 过渡。

(6) IP 数据包的传输

在 Internet 中，我们称发送数据的主机为源主机，接收数据的主机为目的主机，并分别把源主机和目的主机的 IP 地址称之为源 IP 地址和目的 IP 地址。如果源主机要发送数据给目的主机，则源主机必须知道目的主机的 IP 地址，并将目的 IP 地址放在要发送数据的前面一同发出。Internet 中的路由器会根据该目的 IP 地址确定路径，经过路由器的多次转发最终将数据交给目的主机。如图 2.54 所示，一台主机要发送数据给 IP 地址为 202.93.120.34 主机，则源主机把目的 IP 地址 202.93.120.34 放在数据的前面发出，Internet 根据 202.93.120.34 找到对应的主机，并把数据交给目的主机。

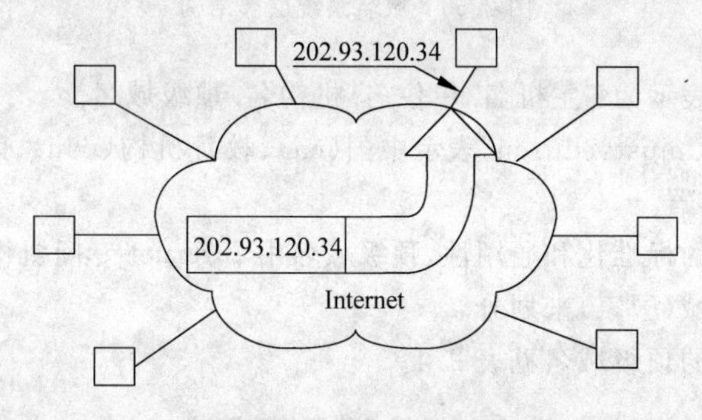

图 2.54　IP 数据包传输

通常源主机在发出数据包时只需指明第一个路由器，而后数据包在 Internet 中如何传输以及沿着哪一条路径传输，源主机则不必关心。源主机两次发往同一目的主机的数据可能会沿着不同的路径到达目的主机。

2. 域名地址

数字表示的 IP 地址难以理解和记忆，为方便用户的使用，Internet 提供了一种字符型的主机命名机制——域名系统(Domain Name System，DNS)，即用名字(即域名)来标识接入 Internet 中的计算机，并且必须保证域名的唯一性。

计算机的域名与其 IP 地址一一对应，用户可以使用域名或其 IP 地址，但在网络中通信时，主机之间仍然使用 IP 地址。将域名转换为对应的 IP 地址的过程称为域名解析，是由专门的计算机(域名服务器 Domain Name Server，DNS)来完成的。

为保证域名的唯一，Internet 采用层次结构的命名机制，将整个网络的名字空间分成若干个子空间(子域)，每个子空间授予一个专门的机构负责管理，子名称空间还可以进一步划分，并将下一级子空间的管理再授予下一级结构管理，以此类推，形成一个树状结构，如图 2.55 所示。树上的每个结点上都有一个相应的名字(子域名)。

因此，网络上任意一台主机的域名可以用从树叶到树根路径上各个结点的名字(子域名)组成的一个序列表示：

……．三级域名．二级域名．一级域名(顶级域名)

从右到左层次逐渐降低。

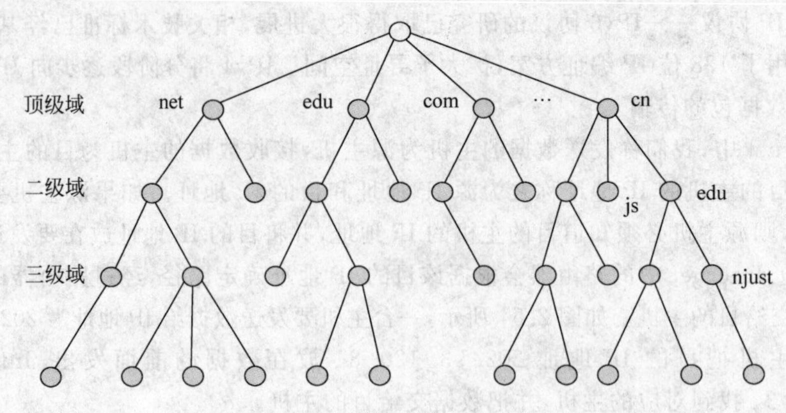

图 2.55　域名系统层次结构

目前常用的域名表示为：主机名.单位名.机构名.顶级域名。

例如，域名“www.njust.edu.cn”表示中国(cn)、教育机构(edu)、南京理工大学(njust)校园网上的 Web 服务器。

为保证域名系统的标准化和通用性，顶级域名由 Internet 专门机构负责命名和管理，通常按照组织机构和地域(国家)来划分。

按组织机构划分的顶级域名见表 2.4。

表 2.4　常用组织机构顶级域名

域　名	含　义	域　名	含　义
com	商业公司	info	信息服务机构
gov	美国政府部门	biz	商业公司
org	非盈利组织	name	个人
int	国际化机构	coop	商业合作机构
edu	教育机构	aero	航空运输业
mil	军事机构	pro	个体专业机构
net	网络服务机构	museum	博物馆及相关非盈利机构

其中第二列 7 个是后来新增加的域名。

按地域划分的顶级域名一般用两个字母的国家或地区名缩写代码表示。例如“cn”代表中国、“hk”代表香港、“us”代表美国、“uk”代表英国等，目前共有两百四十多个国家顶级域名。特殊的是，美国的国家顶级域名代码“us”可省略。

国家顶级域名下的二级域名由各个国家自行确定，如我国将二级域名分为“组织机构域名”和“行政区域名”两大类。其中，组织机构域名共 6 个，分别为“ac”表示科研机构；“edu”表示教育机构；“net”表示网络机构；“com”表示商业机构；“gov”表示政府部门；org 表示非盈利机构。行政区域名共 34 个，分别表示我国的各省、自治区和直辖市，采用两个字符的汉语拼音表示。例如，“js”(江苏省)、“bj”(北京市)、“sh”(上海市)、“hk”(香港特别行政区)、“gd”(广东省)等。

目前，我国境内的域名注册和 IP 地址分配由中国互联网络信息中心(China Network Information Center，CNNIC)负责。

3. 域名服务

Internet 域名系统的提出为用户提供了极大的方便。通常构成主机名的各个部分(各级域名)都具有一定的含义,相对于主机的 IP 地址来说更容易记忆。但主机名只是为用户提供了一种方便记忆的手段,计算机之间不能直接使用主机名进行通信,仍然要使用 IP 地址来完成数据的传输。所以当 Internet 应用程序接收到用户输入的主机名时,必须负责找到与该主机名对应的 IP 地址,然后利用找到的 IP 地址将数据送往目的主机。

那么到哪里去寻找一个主机名所对应的 IP 地址呢?这就要借助于域名服务器来完成。Internet 中存在着大量的域名服务器,每台域名服务器保存着它所管辖区域内的主机的名字与 IP 地址的对照表。当 Internet 应用程序接收到一个主机名时,它向本地的域名服务器查询该主机名所对应的 IP 地址,如果本地域名服务器中没有该主机名所对应的 IP 地址,则本地域名服务器向其他域名服务器发出援助信号,由其他域名服务器配合查找,并把查找到的 IP 地址返回给 Internet 应用程序。这个过程与我们向"114 台"查询某个单位的电话号码的过程非常相似,只是各个城市的"114 台"之间没有很好的协作。如果我们要从天津查询北京某个单位的电话,则需直接向北京的"114 台"查询。而 Internet 中的域名服务器之间具有很好的协作关系,我们只通过本地的域名服务器便可以实现全网主机的 IP 地址的查询。

在 Internet 中,允许一台主机有多个名字,同时也允许多个主机名对应一个 IP 地址,这为主机的命名提供了极大的灵活性。

4. 中文域名

中文域名是含有中文的新一代域名。由中国互联网络信息中心推出,目前主要有".cn"、".中国"、".公司"、".网络"等四种类型可供注册。

中文域名的长度在 20 个字符以内,可以选择中文、英文字母(大小写等价)、数字(0~9)或符号(-)等,但至少需要含有一个中文文字。

其中,注册".中国"的用户,可自动获得".cn"的中文域名,如注册"清华大学.中国",将自动获得"清华大学.cn"。目前,个人还不能注册中文域名。

2.6.5 因特网服务及对人类的影响

1. 因特网服务

通过因特网可获得多种服务。用户可通过信息服务(WWW)共享世界上的信息,通过网络发送电子邮件(E-mail),通过文件传输(FTP)上传下载文件,通过远程登录(Telnet)从远程站点访问信息。除此之外,因特网提供的服务还包括电子公告牌(BBS)、即时通信、专题讨论、网络游戏、电子商务、P2P 内容共享、Blog(博客)、IP 电话、IPTV、RSS 订阅 Web 信息以及网格计算等,下面将讨论部分因特网服务。

(1) E-mail

所有网络都有一个最基本的目标,即便于通信,因特网也不例外。许多公司都有自己的网络,可利用其在公司内部发送消息。而因特网可用于组织之外的在全国全世界范围的通信。通过公司网络、因特网或其他类型的网络发送消息的方式称作电子邮件或 E-mail。E-mail 是因特网上最广泛使用的一种服务。企业使用 E-mail 通信比用其他方式更有效率,它避免了在用电话通信时经常出现的中断,同时消息阅读起来也更方便。E-mail在国际通信上更显示它的优势,使用它不必担心国际电话那么高额的话费和不同地区的时差。E-mail还能方便地将一条消息向多个接收者发送。

发送消息时,发送者必须知道接收者的因特网地址。典型的因特网地址由用户标识和域名组成,两部分间用@(at)符号分开。用户标识是特定用户在特定系统的账号。@符号后面的域名是某个区域或某种类型组织的名称。

下面所列举的几个地址是假设的。

speters@cba.bgsu.edu表明这个账号是隶属于Bowling Green State大学(bgsu)的企业管理学院(cda)的学生SallyPeters的(用户标识是speters),edu表示这是一个教育机构。

mwalters@noaa.gov表明它是属于国家海洋和大气管理局Mike Walters的账号,该局是一个美国的政府部门。

mls@cup.hp.com表明这是Hewlett-Packard公司Cupertino办公室的Melissa.L.Shieh的账号,com表示该公司是一个商业组织。图2.56是电子邮件系统的构成。

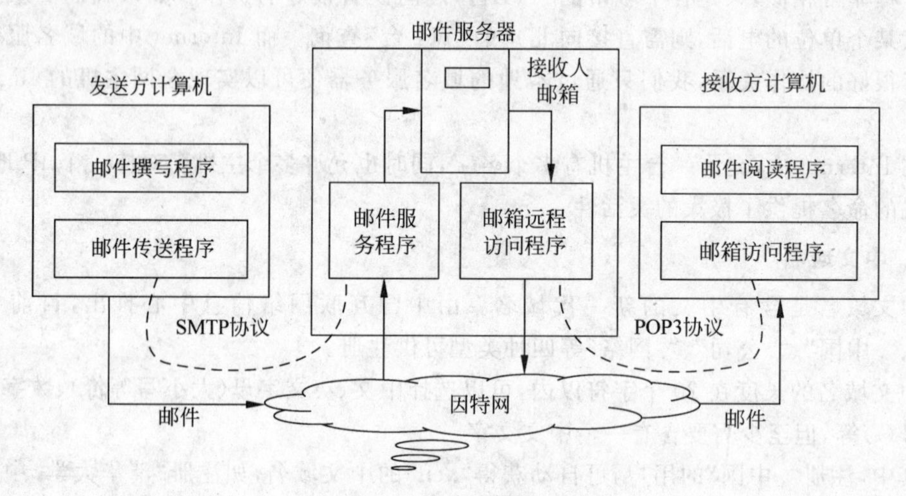

图2.56 电子邮件系统的构成

(2) 即时通信

除了电子邮件之外,因特网还可以提供即时通信(Instant Messaging,IM)、IP电话、博客(Weblog)、新闻组(Newsgroup)等不同形式的通信服务,其中尤以即时通信(Instant Messaging,IM)最为流行,它允许用户与他所认识的“伙伴”快速地交换信息,是同步(实时)通信,而前面介绍的电子邮件是异步通信。

即时通信的工作过程如下。

① 登录到即时通信服务器;

② 服务器判断有您的哪些朋友、家人、同事(称为伙伴)已经在线,并通知您知道;

③ 给在线的伙伴发消息;

④ 消息由服务器立即转发给您的伙伴;

⑤ 您的伙伴立即就能看到您发的消息。

即时通信的主要功能包括文本/视频/语音聊天、向手机用户发送短消息、文件传输、兴趣组、网络电台和在线音乐播放、精彩新闻、共享网络资源等,主要的即时系统有:ICQ,腾讯 QQ,MSN,雅虎通,网易 POPO,Google 的 G-talk、EBAY 的 Skype,新浪 UC,盛大圈圈等。

即时通信使人们的沟通突破了时空界限、阶层界限、环境界限、心理界限等,是现代交流方式的象征。全球使用 IM 的人数已过 1 亿，QQ 同时在线的用户数已破 1800 万。

(3) WWW

WWW(World Wide Web),又称为 W3、3W 或 Web,中文含义为全球信息网或万维网。WWW 最初起源于欧洲粒子物理实验室,最初的功能以信息服务为主,如查找资料、交换文档、获取信息资源等,后来扩展到电子商务、电子政务以及各种网上应用,目前已成为 Internet 上最为广泛使用的服务之一。因此,WWW 是遍布全球的网站互相连接而成的一个信息网络(空间),用户可以方便地浏览、查找和下载其中的网页(信息资源)。

WWW 以超文本标记语言(HyperText Markup Language,HTML)和超文本传输协议(HyperText Transfer Protocol,HTTP)为基础,采用客户机/服务器(Client/Server)的工作模式,主要包括浏览器(Browser)、Web 服务器(Web Server)和超文本传输协议(HTTP) 三部分,如图 2.57 所示。

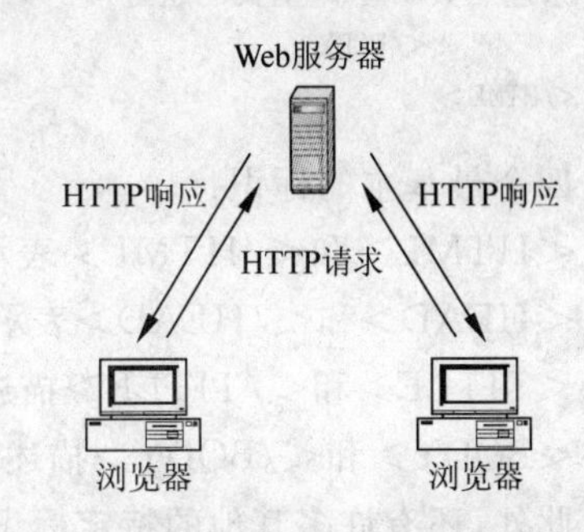

图 2.57　浏览器和 Web 服务器的通信

Internet 上的用户计算机运行 WWW 客户机程序(如微软的 IE 浏览器等),可以帮助用户完成信息的查询和浏览；而 Web 服务器是 Internet 中运行 WWW 服务器程序、并可以提供各种信息资源的计算机；HTTP 协议用于浏览器与 Web 服务器之间的通信。用户通过浏览器向 Web 服务器发出请求,Web 服务器完成信息查询并将结果返回给浏览器,浏览器再将得到的结果信息按照一定的格式显示在屏幕上。

超文本内容的格式有公开的规范,目前最常用的是 HTML 和 XML 语言。Microsoft FrontPage 和 Macromedia Dreamweaver 是常用的超文本编辑器。

① 网页

用户通过浏览器所看到的屏幕画面称为网页或 Web 页(Web page),它是通过 Web 服务器发布的信息资源,是一种用超文本标记语言 HTML 编写的超文本文件,可以包含文字、图形、图像、声音、动画等多媒体信息,以及指向其他网页的链接。

通常一个网站由许多网页组成,用户进入网站所看到的第一个页面称为主页(Home page)或起始页,是一个站点的入口,通过主页可以进入系统其他页面,也可以引导用户访问其他网站的页面。

网页可以是各种类型的文档,如 HTML 文档、DOC 文档、PPT 文档、PDF 文档等,但主要是 HTML 文档,既可以使用专门的软件如 FrontPage、Dreamweaver 进行制作,也可以使用 Word、Excel、PowerPoint 等软件制作或从. doc 或. ppt 文档转换而成。

② HTML 和 HTTP

超文本标记语言 HTML 是用来制作 Web 页面的语言,可以用来组织信息并建立信息页面之间的连接,生成扩展名为. html 或. htm 的超文本文件。它是一种描述型语言,用一组专门的标记代码说明网页中的文字、图形、图像、动画、声音、表格和链接等信息。

HTML 文件的结构主要包括头部和主体两大部分,头部包含该网页的标题以及其他说明信息,主体包含网页的具体内容。例如,图 2.58 是一个简单的网页。

其对应的 HTML 文件内容如下：

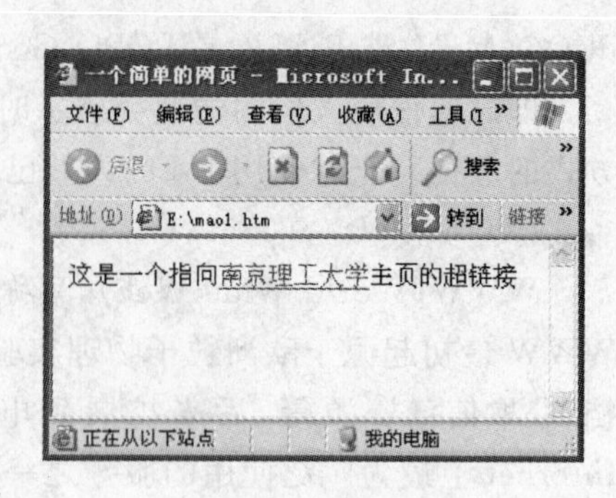

图 2.58 网页示例

```
<HTML>
    <HEAD>
        <TITLE>
            一个简单的网页
        </TITLE>
    </HEAD>
        <BODY>
            这是一个指向
            <A HREF = "http://www.njust.edu.cn/">南
京理工大学</A>主页的超链接
        </BODY>
</HTML>
```

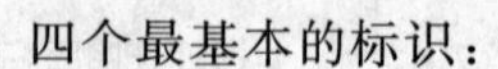
四个最基本的标识：

<HTML>和</HTML>表示 HTML 文件的开始和结束。

<HEAD>和</HEAD>表示网页头部的开始和结束。

<TITLE>和</TITLE>描述网页标题栏的名称。

<BODY>和</BODY>描述网页主体内容。

此外，还有许多其他的特定标识，如<A>和</A>表示超链接等。

超文本传输协议 HTTP 是在 Web 服务器与浏览器之间传送超文本文件使用的协议，它详细定义了浏览器向服务器发送请求的格式，以及服务器返回给浏览器的应答格式。

③ 超文本和超链接

超文本是一种非线性的、采用网状结构的文档，除了顺序阅读外，还可以通过超链接从当前位置跳转到本文档的其他位置或其他文档进行阅读，如图 2.59 所示。

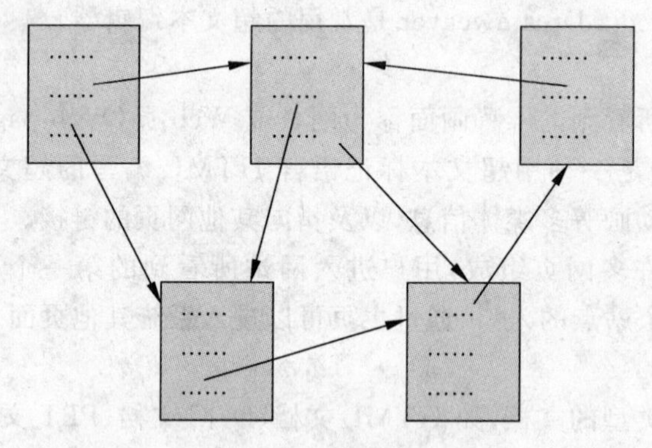

图 2.59 超文本结构

超链接是超文本中指向另一个目的地的链接信息，由链源和链宿组成。链源是超链接的起始位置，即超文本中的链接点，可以是文本中的字、词、句子或图像。链宿是超链接的目的地，可以是网页内的某段文字或某个图片(用书签指出)，也可以是同一个或另一个网站中的网页。

通常，在浏览一个网页时，当鼠标放在某个超链接的链源上时，会由“箭头”状变成“手形”状，点击鼠标就会跳转到其他页面，实现相关网页之间的互相连接。

④ 统一资源定位器 URL(Uniform Resource Locator)

URL 用来标识 WWW 网中每个信息资源(网页)的地址,也称为 Web 地址,俗称"网址",是对网上资源的位置和访问方法的一种表示,用户可以通过在浏览器中输入 URL 地址来访问 Web 服务器上的网页。

URL 的一般表示为:

访问协议: //主机域名[: 端口号]/文件路径/文件名

URL 由双斜线"://"分成前、后两部分。

前部分指出采用哪种协议进行通信,如 WWW 浏览服务采用 HTTP 协议。

后部分指明被访问资源所在服务器的地址及具体存放位置。其中主机域名(或 IP 地址)是要访问的服务器的域名;端口号是服务器提供服务的端口,通常采用默认端口,可以省略,如 Web 服务器默认端口为 80;/文件路径/文件名是信息在 Web 服务器中的位置和文件名,缺省时,默认为主页的文件名(通常为 index. html 或 default. html)。

例如: http://www. njust. edu. cn/是南京理工大学 Web 服务器主页。

目前,全球 Web 网站已近 8000 万个,WWW 已经成为因特网上最广泛使用的一种信息服务。

(4) FTP

文件传输是指通过网络将文件从一台计算机传送到另外一台计算机。文件传输是 Internet 提供的基本服务之一,由文件传输协议(File Transfer Protocol,FTP)完成。

FTP 的基本功能是实现文件的上传和下载。上传(Upload)是指用户将本机上的文件复制上传到远程服务器上,达到资源共享的目的;而下载(Download)则是将远程服务器中的文件复制下载到用户自己的计算机。另外,FTP 还提供对本地和远程系统的目录操作(如改变目录、建立目录),以及文件操作(如文件改名、显示内容、改变属性、删除)等功能。

FTP 以客户机/服务器方式工作,如图 2.60 所示。

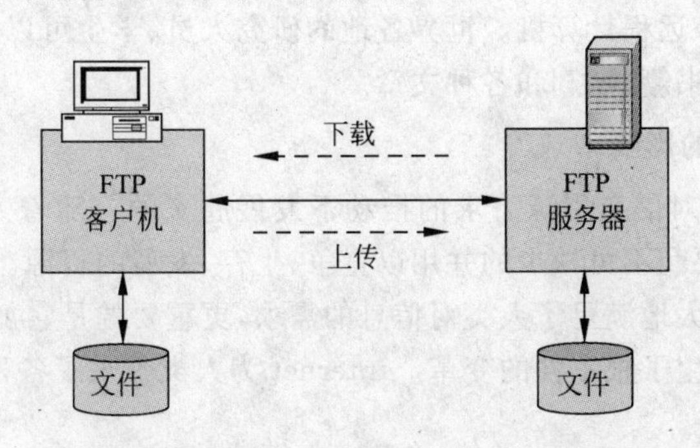

图 2.60　FTP 文件传送

用户计算机运行 FTP 客户程序,称为 FTP 客户机,可申请 FTP 服务。远程运行 FTP 服务程序并提供 FTP 服务的计算机称为 FTP 服务器,它通常是信息服务提供者的计算机。Internet 上的 FTP 服务器分为匿名 FTP 服务器和非匿名 FTP 服务器两类。匿名 FTP 服务器是任何用户都可以自由访问的 FTP 服务器,用户使用"anonymous"(匿名)作为用户名,用 E-mail 地址作为口令或输入任意的口令就可以登录。匿名 FTP 服务有一定的限制,通常匿名用户一般只能获取文件,而不能在远程计算机上建立文件或修改已存在的文件,对可以复制的文件也有严格的限制。例如匿名FTP服务器经常提供一些免费的软件,用户可以下载,但用户不能上传文件到服务器。

对于非匿名FTP服务器,用户必须首先获得该服务器系统管理员分配的用户名和口令才能登录和访问,用户可以获得从匿名服务器无法得到的文件,还可以上传文件到服务器。访问FTP服务器的方法有多种,典型的有如下四种方式。

① 使用Windows自带的ftp.exe程序。从开始菜单通过附件→命令提示符进行。

② 使用IE浏览器。在IE地址栏中输入如下格式的URL地址:

ftp://[用户名:口令@] FTP服务器域名

③ 安装并运行专门的FTP客户程序。

例如LeapFTP、CuteFTP、WS_FTP等,它们都是专门用来连接FTP服务器的应用程序,提供了图形化的用户界面。

④ 利用FTP搜索引擎在网上进行搜索,在Web浏览器地址栏输入FTP搜索引擎的URL,由搜索引擎导航查找相关信息。北大天网是有名的FTP搜索引擎之一。

(5) Usenet

包括新闻和讨论组的计算机网络称为Usenet。每个新闻组交换某个主题下的消息(称作文章articles)。有许多新闻组,每个新闻组讨论自己喜欢的主题,上至天文,下至某个小狮子的画像。要管理好自己特定的Usenet可通过查阅该新闻组所带的详细说明。在新闻组中还有一种称为新闻阅读器的软件也很有用。新闻阅读器可以帮我们检查哪些人已经发表了哪些文章,以及我们自己发表过哪些文章等。可按等级组织,在一个新闻组有许多分类,这些分类将来还可能重新组织。

(6) Telnet

允许用户与分布于世界各地的数据库、图书馆书目和其他信息源相连接的软件称做Telnet。通过该软件用户可登录到一台远程的主计算机上,访问该计算机的数据,用户操作起来就像在直接操作该远程计算机。世界各地的研究人员、学生可以利用Telnet访问图书馆数据库,查找珍贵的书籍、期刊和各种文章。

2. 因特网对人类的影响

Internet是在人类对信息资源需求的推动下发展起来的。随着人类社会的发展,信息已成为人类社会最重要和不可缺少的并用以竞争、生存、发展的资源。计算机网络技术的不断发展和完善,不仅极大地满足了人类对信息的需求,更重要的是它加速和推动了人类社会的发展,使人类社会发生了根本性的变革。Internet为人类带来了各种利益,主要包括:

(1) 经济利益。

(2) 改善为公众利益服务的网络。

(3) 促进科学研究。

(4) 推动教育事业发展。

(5) Internet是全人类的资源,它已成为世界各国的信息基础结构设施。

3. 上网基本原则

(1) 如果不需要上网,请不要上网。连接网络是在浪费网络资源和减慢别人的速度。做完作业之后再上网。登录以前,预先制定出计划,将发送的信息编辑和修改完成。

(2) 避免高峰期上网。网络拥堵常常是呈波浪形式的。如果上网避开了高峰期,那么就可以节省大量的时间。

(3) 反复核对网上信息来源。不要认为网上看到的信息都是真实、准确和及时的。

(4) 小心,再小心。在网上很容易迷失自己和浪费时间。

(5) 避免信息量超载。提到信息,越多不一定越好,要有选择地查询。不要浪费时间和力气来拥有网上成山的信息。信息不是知识,知识不是智慧。不良信息比没有信息更糟糕。

习题

1. 微型计算机的内存按其功能特征可分为几类? 各有什么区别?
2. 计算机的字与字节、位之间的关系如何? “K”,“M”,“G”分别表示什么意义?
3. 请说出当今最新的 CPU 型号和它的主要性能指标。
4. 请说出三种计算机输入设备的名称,以及它们各自的特点或功能。
5. 请说出三种计算机输出设备的名称,以及它们各自的特点或功能。
6. 计算机外设备也在不断发展,请说出三种本书中未提到的新设备的名称,以及它们各自的特点或功能。
7. 常用的外存储器有哪些? 各有什么特点?
8. 主板主要包含哪些部件? 它们分别具有哪些功能?
9. 什么是接口? 计算机上常见的接口有哪些?
10. 什么是计算机网络? 它有哪些基本功能?
11. 计算机网络分别按照覆盖范围和拓扑结构可以划分成哪几种? 有何特点?
12. 计算机网络的硬件和软件组成主要包括哪些部分?
13. Modem 是计算机联网的一个主要设备,简述其功能及适用场合。
14. 传输介质可以分为哪些类型?
15. 什么是协议? TCP/IP 协议划分几层,并简述各层功能。
16. Internet 的接入方式目前主要有几种? 有哪些特点?
17. 什么是 ADSL? 与传统的拨号上网方式相比,它有哪些优点?
18. 什么是 IP 地址? 它由几部分组成? 通常分为哪几类,如何识别?

CHAPTER 3

第3章 计算机软件

3.1 计算机软件概述

软件是计算机在日常工作时不可缺少的，它可以扩大计算机功能和提高计算机的效率，是计算机系统的重要组成部分。

3.1.1 软件的概念及分类

1. 软件的定义

软件是相对于硬件而言的，它是指在计算机上运行的程序及其数据和维护文档的总和，其中程序是软件的主体，数据指的是程序运行过程中处理的对象和必须使用的一些参数（如三角函数表、英汉词典等），而文档则指的是与程序开发、维护及操作有关的一些资料（如设计报告、维护手册和使用指南等）。汇编程序、编译程序、操作系统、诊断程序、控制程序、专用程序包、程序库、数据管理系统、各种维护使用手册、程序说明书和框图等都是软件。

2. 软件的分类

根据所起的作用不同，计算机软件可分为系统软件和应用软件两大类。系统软件处于硬件和应用软件之间，具有计算机各种应用所需的通用功能，是支持应用软件的平台。而应用软件则是用户为解决实际问题开发的专门程序，如财务管理软件包、统计软件包等。

(1) 系统软件

系统软件负责对整个计算机系统资源的管理、调度、监视和服务，与具体的应用领域无关，而与计算机硬件系统有很强的交互性，要对硬件共享资源进行调度管理。

系统软件中的数据结构复杂，外部接口多样化，用户能够对它进行反复使用。它包括有操作系统、程序语言处理系统、数据库系统、诊断和控制系统、网络系统、系统实用程序等。

① 操作系统。系统软件的核心，它负责对计算机系统内各种软、硬资源的管理、控制和监视。

② 程序语言处理系统。把用程序语言编写的程序变换成可在计算机上执行的程序，进而直接执行得到计算结果，完成这些功能的软件包括编译程序、解释程序和汇编程序。

③ 数据库管理系统。负责对计算机系统内全部文件、资料和数据的管理和共享。

④ 网络系统。负责对计算机系统的网络资源进行组织和管理，使得在多台独立的计算机间能进行相互的资源共享和通信。

⑤ 系统实用程序。为增强计算机系统的服务功能而提供的各种程序，如磁盘清理程序、备份程序、杀毒软件、防火墙等。

(2) 应用软件

利用计算机的软、硬件资源为某一应用领域解决某个实际问题而专门开发的软件，称为应用软件。用户使用各种应用软件可产生相应的文档，这些文档可被修改。应用软件一般可以分为两大类：通用应用软件和专用应用软件。

通用应用软件支持最基本的应用，广泛应用于几乎所有的专业领域，如办公软件包、计算机辅助设计软件、各种图形图像处理软件、信息检索软件、个人信息管理软件、财务处理软件、工资管理软件、游戏软件等。

专用应用软件是专门是为某一个专业领域、行业、单位特定需求而专门开发的软件，如人口普查的统计软件、海关报关申报软件、企业的信息管理系统等。

在使用应用软件时一定要注意系统环境，包括所需硬件和系统软件的支持。随着计算机技术的迅速发展，特别是Internet及WWW的出现，应用软件的规模不断扩大，应用范围更为广阔，应用软件开发时需要考虑多种硬件系统平台、多种系统软件以及多种用户界面等问题，这些都影响应用软件开发的技术难度和通用性，为此，近年来产生了中间件的基础软件，关于中间件，本书不作讨论。

需要指出的是，软件是一种特殊的商品，它具有自身的一些特性，如不可见性；易复制性；依附于特定的硬件、网络和其他软件；可以适应一类应用问题的需要；同时，软件的规模越来越大，开发人员越来越多，开发成本也越来越高，具有较高的复杂性(例如：Vista及新版Office 2010两个团队的开发设计成员总共9000余人，投入资金在240亿～270亿美元之间，Vista的开发历时6年，发布时间一拖再拖)；软件也是不断演变的，即软件有一定的生命周期，例如：1989年的Word 1.0，1997年推出Word 97，2000年推出Office 2000，2003年推出Office 2003，最新版本是Office 2010；软件是智力活动的成果，受到知识产权(版权)法的保护。

当然，也可以从软件知识产权角度对软件进行分类，可分为商品软件、共享软件(shareware)(也称为试用软件demoware)和自由软件。共享软件具有版权，可免费试用一段时间，允许拷贝和散发(但不可修改)，试用期满后需交费才能继续使用。自由软件(Free Software)(也可称为开放源代码软件)，用户可共享，并允许随意拷贝、修改其源代码，允许销售和自由传播。但是，对软件源代码的任何修改都必须向所有用户公开，还必须允许此后的用户享有进一步拷贝和修改的自由。

3.1.2 计算机软件的发展

软件的发展受到计算机应用与硬件发展的推动和制约,其发展过程大致可分为三个阶段。

从第一台计算机上的第一个程序的出现到实用的高级程序设计语言的出现以前为第一阶段(1946—1956年)。当时计算机应用领域较窄,主要是科学与工程领域的数值计算。编程所用的工具主要是机器语言或汇编语言。设计和编制程序采用个体方式,对和程序有关的文档的重要性认识不足,重视编程技巧。

从实用的高级程序设计语言出现以后到软件工程出现以前为第二阶段(1956—1968年)。随着计算机应用领域的逐步扩大,除了科学计算继续发展以外,出现了大量的数据处理问题,其性质和科学计算有明显的区别,涉及非数值数据。为了提高程序设计人员的工作效率,出现了实用的高级程序设计语言,为了充分利用计算机系统资源,又出现了操作系统。为了适应大量数据处理问题的需要,也开始出现数据库及其管理系统。到了20世纪50年代后期,人们逐渐认识到了和程序有关的文档的重要性,因而到了20世纪60年代初期,出现了软件一词,它融程序及其文档为一体。这个阶段,软件的复杂度迅速提高,研制周期变长,但正确性难以保证,可靠性问题也相当突出,到了20世纪60年代中期,出现了人们难以控制的局面,即所谓的软件危机。为了克服这一危机,进行了以下三个方面的工作:

(1) 提出了结构化程序设计方法。

(2) 提出了用工程方法开发软件。

(3) 从理论上探讨了程序正确性和软件可靠性问题。

这一阶段的研究对象增加了并发程序,并着重研究高级程序设计语言、编译程序、操作系统以及各种支撑软件和应用软件。计算机系统的处理能力得到加强,设计和编制程序的工作方式逐步走向合作方式。

软件工程出现以后迄今为第三阶段(1968年以来),由于大型软件的开发是一项工程性任务,采用个体或合作方式不仅效率低,产品可靠性差,而且很难完成,只有采用工程方法才能适应。1968年的大西洋公约学术会议上提出了软件工程概念,开始了以工程的方法来管理软件的生产。

随着计算机技术的飞速发展,各种各样的应用软件需要在各种平台之间进行移植,或者一个平台需要支持多种应用软件和管理多种应用系统,软、硬件平台和应用系统之间需要可靠和高效的数据传递或转换,使系统的协同性得以保证。这些,都需要一种构筑于软、硬件平台之上,同时对更上层的应用软件提供支持的软件系统,而中间件正是在这个环境下应运而生。一般把Tuxedo作为第一个严格意义上的中间件产品。Tuxedo是1984年在当时属于AT&T的贝尔实验室开发完成的。自20世纪90年代,中间件技术才开始迅速发展。

进入21世纪后,或许是意识到软件通用性和用户需求个性化的矛盾过于突出,软件平台的研究迅速发展起来。其中,业务基础平台作为一个新的软件层级尤为引人注目。业务基础平台是以业务导向和驱动的、可快速构建应用系统的软件平台。2003年前后,许多公司相继宣布推出自己的平台,掀起了第一轮业务基础平台热潮。2005年,ERP厂商再度引发"平台热",金碟、SAP都在此时高调推出平台战略。

现在软件领域工作的主要特点有:

(1) 应用领域的不断扩大,出现了嵌入式应用、网络软件及分布式应用和分布式软件。

(2) 开发方式由个体合作方式转向工程方式,软件工程发展迅速,形成了"计算机辅助软件工程"。

(3) 致力研究软件过程本身规律,研究各种软件开发规范与模型。

(4) 除了软件传统技术继续发展外,人们着重研究以智能化、自动化、集成化、并行化、开放化以及自然化为标志的软件开发新技术。

(5) 注意研究软件理论,特别是探讨软件开发过程的本质。

3.2 计算机语言

为了让计算机解决一个实际问题,必须事先用计算机语言编制好程序。计算机语言使人们得以和计算机进行交流,其种类非常多,根据程序设计语言与计算机硬件的联系程度,一般可以把它分为三类:机器语言、汇编语言和高级语言。

3.2.1 计算机语言的发展

计算机语言(Computer Language)指用于人与计算机之间通信的语言,是人与计算机之间传递信息的媒介。计算机程序设计语言的发展,经历了从机器语言、汇编语言到高级语言的历程。

电子计算机所使用的是由"0"和"1"组成的二进制数,二进制是计算机语言的基础。计算机发明之初,人们只能用计算机的语言去命令计算机干这干那,一句话,就是写出一串串由"0"和"1"组成的指令序列交由计算机执行,这种语言,就是机器语言。使用机器语言是十分痛苦的,特别是在程序有错需要修改时,更是如此。而且,由于每台计算机的指令系统往往各不相同,所以,在一台计算机上执行的程序,要想在另一台计算机上执行,必须另编程序,造成了重复工作。但由于使用的是针对特定型号计算机的语言,故而运算效率是所有语言中最高的。机器语言,是第一代计算机语言。

为了减轻使用机器语言编程的痛苦,人们进行了一种有益的改进:用一些简洁的英文字母、符号串来替代一个特定指令的二进制串,比如,用"ADD"代表加法,"MOV"代表数据传递等,这样一来,人们很容易读懂并理解程序在干什么,纠错及维护都变得方便了,这种程序设计语言就称为汇编语言,即第二代计算机语言。然而计算机是不认识这些符号的,这就需要一个专门的程序,专门负责将这些符号翻译成二进制数的机器语言,这种翻译程序被称为汇编程序。

从最初与计算机交流的痛苦经历中,人们意识到,应该设计一种这样的语言,这种语言接近于数学语言或人的自然语言,同时又不依赖于计算机硬件,编出的程序能在所有机器上通用。经过努力,1954年,第一个完全脱离机器硬件的高级语言——FORTRAN问世了,四十多年来,共有几百种高级语言出现,有重要意义的有几十种。

20世纪60年代中后期,软件越来越多,规模越来越大,而软件的生产基本上是各自为战,缺乏科学规范的系统规划与测试、评估标准,其恶果是大批耗费巨资建立起来的软件系统,由于含有错误而无法使用,甚至带来巨大损失,软件给人的感觉是越来越不可靠,以致几乎没有不出错的软件。这一切,极大地震动了计算机界,史称"软件危机"。人们认识到:大型程序的编制不同于写小程序,它应该是一项新的技术,应该像处理工程一样处理软件研制的全过程。程序的设计应易于保证正确性,也便于验证正确性。1969年,提出了结构化程序设计方法,1970年,第一个结构化程序设计语言——PASCAL语言的出现,标志着结构化程序设计时期的开始。

20世纪80年代初开始,在软件设计思想上,又产生了一次革命,其成果就是面向对象的程序设计,出现了C++、Java、VB等面向对象的程序设计语言。

高级语言的下一个发展目标是面向应用,也就是说:只需要告诉程序你要干什么,程序就能自动生成算法,自动进行处理,这就是非过程化的程序语言。

3.2.2 机器语言

在计算机发展的早期,人们使用机器语言进行编程。计算机提供给用户的最原始的工具就是指令系统,我们用二进制编码的指令编写程序,然后输入计算机运行并得到预期的结果。以计算机所能理解和执行的"0"、"1"组成的二进制编码表示的指令,称为机器指令,或称为机器码。用机器指令编写的程序称为机器语言程序,或称为目标程序,这是计算机能够直接执行的程序。机器指令的格式一般分为两个部分,如下所示。

指令格式:

操作码	操作数地址

其中,操作码是指出CPU应执行何种操作的一个命令词,例如加、减、乘、除等,而操作数地址指出该指令所操作(处理)的数据或者数据所在的位置。

CPU可执行的全部指令称为该CPU的指令系统,即它的机器语言。应当注意,不同的机器,其指令系统是不同的,大多数现代计算机都设计了比较庞大的指令系统,以满足用户的需求。使用机器语言编制程序的前提是程序员必须熟悉机器的指令系统,并记住各个寄存器的功能,还要了解机器的许多细节。虽然机器语言对计算机来说是最直观的,又比较简单,不需要任何翻译就能立即执行,但由于它是用二进制形式表示的,很难阅读和理解,还容易出错,给编写程序带来了很大的困难,而且对编程中出现的错误也很难迅速发现,修改就更困难了,这是机器语言的缺点。

例如,下面是一段计算10+9+8+…+2+1的程序(该程序用Z-80的指令系统编写),表3.1中的第一列是存储器的地址;第二列是机器语言程序,如果不加说明,我们是很难读懂的;第三列是我们下面要说明的汇编指令。

表3.1 机器语言程序

存储器地址(十六进制)	机器指令(十六进制)	汇编指令	注 释
2000	AF	XOR A	;清累加器
2001	060A	LD B,10	;设B寄存器为计数器
2003	80	ADD A,B	;A与B相加其结果送A
2004	05	DEC B	;计数器减1
2005	C20320	JP NZ,2003H	;判断计数器是否为0,如不为0,则继续进行加法运算
2008	76	HALT	;暂停

指令系统中的指令分成许多类，例如 Intel 公司的奔腾和酷睿处理器中共有七大类指令：数据传送类、算术运算类、逻辑运算类、移位操作类、位（位串）操作类、控制转移类、输入输出类。

每一类指令（如数据传送类、算术运算类）又按照操作数的性质（如整数还是实数）、长度（16 位、32 位、64 位、128 位等）而区分为许多不同的指令，因此 CPU 往往有数以百计的不同的指令。

为解决软件兼容性问题，采用“向下兼容方式”开发新的处理器指令，即所有新处理器均保留老处理器的全部指令，同时还扩充功能更强的新指令。如 Intel 公司产品的发展过程为：8088（8086）→80286→80386→80486→Pentium→Pentium PRO→Pentium Ⅱ→Pentium Ⅲ→Pentium 4→奔腾 D→奔腾至尊→酷睿→酷睿 2。

3.2.3　汇编语言

为了克服机器语言的缺点，在科研人员的研究工作中很快就发明和产生了比较易于阅读和理解的汇编语言。所谓汇编语言，就是采用英文字母、符号来表示指令操作码、寄存器、数据和存储地址等，并在程序中用它们代替二进制编码数，这样编写出来的程序就称为符号语言程序或汇编语言程序。大多数情况下，一条汇编指令对应一条机器指令，少数对应几条机器指令。下面是几条汇编指令的操作符及它们代表的含义。

ADD	加法	SUB	减法
MOV	传送	MUL	无符号乘法
JMP	无条件转移	CMP	比较指令

尽管汇编语言比机器语言容易阅读理解和便于检查，但是，计算机不懂得任何文字符号，它只能接受由 0、1 组成的二进制代码程序，即目标程序。因此，有了汇编语言，就得编写和设计汇编语言翻译程序（简称汇编程序），专门负责把汇编语言书写的程序翻译成可直接执行的机器指令程序，然后再由计算机去识别和执行。一般说来，汇编程序被看做是系统软件的一部分，任何一种计算机都配有只适合自己的汇编程序。汇编语言程序的执行过程如图 3.1 所示。

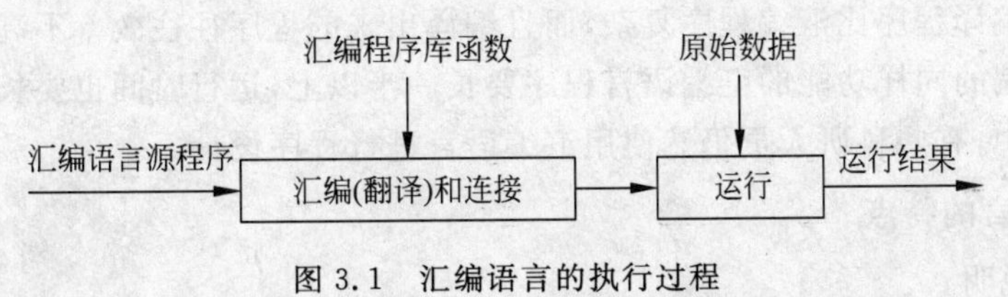

图 3.1　汇编语言的执行过程

汇编语言的抽象层次很低，与机器语言一样，是与具体的机器密切相关的，仍然是面向机器的语言。只有熟悉了机器的指令系统，才能灵活地编写出所需的程序。而且针对某一种机器编写出来的程序，在别的型号的机器上不一定可用，即可移植性较差。一些复杂的运算通常要用一个子程序来实现，而不能用一个语句来解决，因此用汇编语言编写程序仍然相当麻烦。尽管如此，从机器语言到汇编语言，仍然是前进了一大步。这意味着人与计算机的硬件系统不必非得使用同一种语言。程序员可以使用较适合人类思维习惯的语言。随着计算机程序设计技术的发展而出现的高级语言可以避免汇编语言的这些缺点。

3.2.4 高级语言

1. 高级语言概述

高级语言的出现是计算机编程语言的一大进步。它屏蔽了机器的细节，提高了语言的抽象层次，程序中可以采用具有一定含义的数据命名和容易理解的执行语句。这使得在书写程序时可以联系到程序所描述的具体事物，比较接近人们习惯的自然语言，是为一般人使用而设计的，处理问题采用与普通的数学语言及英语很接近的方式进行，并且不依赖于机器的结构和指令系统。如目前比较流行的语言有 C/C++、Visual Basic、Visual FoxPro、Delphi、FORTRAN、PASCAL 等。使用高级语言编写的程序通常能在不同型号的机器上使用，可移植性较好。

20 世纪 60 年代末开始出现的结构化编程语言进一步提高了语言的抽象层次。结构化数据、结构化语句、数据抽象、过程抽象等概念，使程序更便于体现客观事物的结构和逻辑含义。这使得编程语言与人类的自然语言更接近。但是二者之间仍有不少差距。主要问题是程序中的数据和操作分离，不能够有效地组成与自然界中的具体事物紧密对应的程序成分。

用高级语言编写的源程序，也必须翻译成目标程序(即机器码)，机器才能执行。将高级语言所写的程序翻译为机器语言程序有两种程序：编译程序和解释程序。

编译程序是把高级语言程序(源程序)作为一个整体来处理，编译后与子程序库连接，形成一个完整的可执行的机器语言程序(目标程序代码)。源程序从编译到执行的过程如图 3.2 所示。

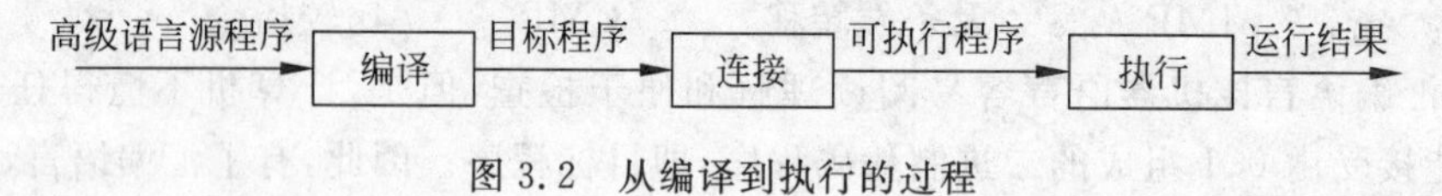

图 3.2 从编译到执行的过程

解释程序按照高级语言程序的语句书写顺序，解释一句、执行一句，最后产生运行结果，但不生成目标程序代码，解释程序结构简单、易于实现，但效率低。

高级语言语句的功能强，程序比较短，容易学习，使用方便，通用性较强，便于推广和交流。其缺点是编译程序比汇编程序复杂，而且编译出来的程序往往效率不高，其长度比有经验的程序员所编的同样功能的汇编语言程序要长一半以上，运行时间也要长一些。因此，在实时控制系统中，有些科研人员仍然使用汇编语言进行程序设计。

2. 高级语言的特点

(1) 名字说明

预先说明程序中使用的对象的名字，使编译程序能检查程序中出现的名字的合法性，从而能帮助程序员发现和改正程序中的错误。

(2) 类型说明

通过类型说明用户定义了对象的类型，从而确定了该对象的使用方式。编译程序能够发现程序中对某个特定类型的对象使用不当的错误，因此有助于减少程序错误。

(3) 初始化

为减少发生错误的可能性，应该强迫程序员对程序中说明的所有变量初始化。

(4) 程序对象的局限性

程序设计的一般原理是,程序对象的名字应该在靠近使用它们的地方引入,并且应该只有程序中真正需要它们的那些部分才能访问它们,即局部化和信息隐蔽原理。

(5) 程序模块

模块有一系列优点。第一,可以构造抽象数据类型,用户可以对这种数据进行操作,而并不需要知道它们的具体表示方法;第二,可以把有关的操作归并为一组,并且以一种受控制的方式共享变量;第三,这样的模块是独立编译的方便单元。

(6) 循环控制结构

常见的循环控制结构有 for 语句、while-do 语句、repeat-until 语句等,在许多场合下,还需要在循环体内任意一点测试循环结束条件。

(7) 分支控制结构

常见的有单分支的 if 语句、双分支的 if-else 语句、多分支的 case 语句等。

(8) 异常处理

提供了相应的机制,从而不必为异常处理过分增加程序长度,并且可以把出现异常的信息从一个程序单元方便地传送到另一个单元。

(9) 独立编译

独立编译意味着能分别编译各个程序单元,然后再把它们集成为一个完整的程序。如果没有独立编译的机制,就不是适合软件工程需要的好语言。

用户在进行程序设计时,可根据实际情况选择高级语言。

3.2.5　面向对象的语言

面向对象的编程语言与以往各种编程语言的根本不同点在于,它设计的出发点就是为了能更直接地描述客观世界中存在的事物(即对象)以及它们之间的关系。

开发一个软件是为了解决某些问题,这些问题所涉及的业务范围称为该软件的问题域。面向对象的编程语言将客观事物看做具有属性和行为(或称服务)的对象,通过抽象找出同一类对象的共同属性(静态特征)和行为(动态特征),形成类。通过类的继承与多态可以很方便地实现代码重用,大大缩短了软件开发周期,并使得软件风格统一。因此,面向对象的编程语言使程序能够比较直接地反映问题域的本来面目,软件开发人员能够利用人类认识事物所采用的一般思维方法来进行软件开发。

面向对象的程序设计语言经历了一个很长的发展阶段。例如,LISP 家族的面向对象语言,Simula 67 语言,Smalltalk 语言,以及 CLU、Ada、Modula-2 等语言,或多或少地都引入了面向对象的概念,其中 Smalltalk 是第一个真正的面向对象的程序语言。然而,应用最广的面向对象程序语言是在 C 语言基础上扩充出来的 C++语言。由于 C++对 C 兼容,而 C 语言又早已被广大程序员所熟知,所以,C++语言也就理所当然地成为应用最广的面向对象程序语言。

3.2.6　常用编程语言简介

通常情况下,一项任务可以使用多种编程语言来完成。当为一项任务选择语言的时候,通常有很多因素要考虑,如人的因素(编程小组的人是否对这门语言熟悉)、语言的能力(该语言是否支持你所需要的一切功能,如跨平台、方便的数据库接口等),甚至还要考虑一些其他的因素,如开发这类任务的开发周期等。

有的时候,你可能没有多少选择,比如通过串行口控制一个外部设备,C加上汇编语言是最明智的选择,而另一些时候选择则会比较多。因此,了解一些常用的编程语言是非常有必要的。

(1) BASIC语言

BASIC是一种易学易用的高级语言,它是Beginner's All-Purpose Symbolic Instruction Code的缩写,其含义是"初学者通用符号指令编码"。它是从FORTRAN语言简化而来的,最初是美国Daltmouth学院为便于教学而开发的会话语言。它自1965年诞生以来,其应用已远远超出教学范围,并于1977年开始了标准化工作。

BASIC语言的特点是简单易学,基本BASIC只有17种语句,语法结构简单,结构分明,容易掌握;具有人机会话功能,便于程序的修改与调试,非常适合初学者学习运用。

BASIC的主要版本有:标准BASIC、高级BASIC、结构化BASIC(如QBASIC、True BASIC、Turbo BASIC)、CAREALIZER、GFA BASIC、POWER BASIC,以及在Windows环境下运行的Visual Basic。

(2) FORTRAN语言

FORTRAN是1954年问世,于1957年由IBM公司正式推出,是目前仍在使用的最早的高级程序语言,在早期,FORTRAN不便于进行结构化程序的设计和编写。

FORTRAN是一种主要用于科学计算方面的高级语言。它是第一种被广泛使用的计算机高级语言,并且至今仍富有强大的生命力。FORTRAN是英文Formula Translator的缩写,其含义是"公式翻译",允许使用数学表达式形式的语句来编写程序。

程序分块结构是FORTRAN的基本特点,该语言书写紧凑,灵活方便,结构清晰,自诞生以来至今不衰,先后经历了FORTRAN Ⅱ、FORTRAN Ⅳ、FORTRAN 77、FORTRAN 90的发展过程,现又发展了FORTRAN结构程序设计语言。

(3) COBOL语言

COBOL是英文Common Business Oriented Language的缩写,其意为"面向商业的通用语言"。第一个COBOL文本于1960年推出,其后又修改和扩充了十几次,并逐步标准化。

COBOL语言的特点是按层次结构来描述数据,具有完全适合现实事务处理的数据结构、具有更接近英语自然语言的程序设计风格、有较强的易读性,是世界上标准化最早的语言,通用性强。由于COBOL的这些特点,使其成为数据处理方面应用最为广泛的语言。

然而,用COBOL编写的程序不够精练,程序文本的格式规定、内容等都比较庞大,不便记忆。

(4) PASCAL语言

PASCAL语言是系统地体现结构程序设计思想的第一种语言,既适用于数值计算,又适用于数据处理。PASCAL语言的特点是结构清晰,便于验证程序的正确性,简洁、精致;控制结构和数据类型都十分丰富,表达力强、实现效率高、容易移植。

PASCAL的成功在于它的以下特色:

① PASCAL具有丰富的数据类型,有着像枚举、子界、数组、记录、集合、文件、指针等众多的用户自定义数据类型,能够用来描述复杂的数据对象,十分便于书写系统程序和应用

程序。

② PASCAL提供的语言设施体现了结构程序设计的原则，有着简明通用的语句，基本结构少，但框架优美，功能很强；算法和数据结构采用分层构造，可自然地应用自顶向下的程序设计技术；程序可读性好，编译简单，目标代码效率较高。

(5) C语言

C语言是1972年由美国的Dennis Ritchie设计发明的，并首次在UNIX操作系统的DEC PDP-11计算机上使用。它由早期的编程语言BCPL(Basic Combined Programming Language)发展演变而来。在1970年，AT&T贝尔实验室的Ken Thompson根据BCPL语言设计出较先进的并取名为B的语言，最后导致了C语言的问世。C语言功能齐全、适用范围大、良好地体现了结构化程序设计的思想，准确地说，C语言是一种介于低级语言和高级语言间的中级语言。

(6) C++语言

我们前面介绍的C语言以其简洁、紧凑，使用方便、灵活、可移植性好，有着丰富的运算符和数据类型，可以直接访问内存地址，能进行位操作，能够胜任开发操作系统的工作，生成的目标代码质量高等独有的特点风靡了全世界。但由于不支持代码重用，因此，当程序的规模达到一定程度时，程序员很难控制程序的复杂性。

1980年，贝尔实验室的Bjarne Stroustrup开始对C进行改进和扩充。1983年正式命名为C++。在经历了3次C++修订后，1994年制定了ANSI C++标准草案。以后又经过不断完善，成为目前的C++。

C++包含了整个C，C是建立C++的基础。C++包括C的全部特征和优点，同时能够完全支持面向对象编程(OOP)。目前，在应用程序的开发之中，C++是一种相当普遍的基本程序设计语言，开发环境由UNIX到Windows都可以使用C++。

C++对面向对象程序设计(OPP)支持以下几点。

① C++支持数据封装；

② C++类中包含私有、公有和保护成员；

③ C++通过发送消息来处理对象之间的通信；

④ C++允许函数名和运算符重载；

⑤ C++支持继承性；

⑥ C++支持动态联编。

C++是一门高效的程序设计语言，而且仍在不断发展中。美国微软公司现已推出C#(C Sharp)语言，来代替C++语言。

(7) Java语言

Java是在C++相当强大后才初具规模的。它是一种面向对象的程序设计语言，以一组对象组织程序，与C++相比，Java加强了C++的功能，但去除了一些过于复杂的部分，使得Java语言更容易理解，并且容易学习。比如Java中没有指针、结构等概念，没有预处理器，程序员不用自己释放占用的内存空间，因此不会引起因内存混乱而导致的系统崩溃。

Java语言的特点如下：

① 语法简单，功能强大。

② 分布式与安全性(内置TCP/IP，HTTP，FTP协议类库，三级代码安全检查)。

③ 与平台无关(一次编写,到处运行)。

④ 解释运行,高效率。

⑤ 多线程(用户程序并行执行)。

⑥ 动态执行。

⑦ 丰富的API文档和类库。

根据结构组成和运行环境的不同,Java程序可以分为两类Java Application和Java Applet。简单地说,Java Application是完整的程序,需要独立的解释器来解释运行;而Java Applet则是嵌在HTML编写的Web页面中的非独立程序,由Web浏览器内部包含的Java解释器来解释运行。Java Application和Java Applet各自使用的场合也不相同。除此之外,还有一种叫混合型应用程序(application)是指在不同的主机环境中可作为不同的类型,或者是小应用程序或者是应用程序。

用Java可以开发几乎所有的应用程序类型,主要包括:多平台应用程序、Web应用程序、基于GUI的应用程序、面向对象的应用程序、多线程应用程序、关键任务的应用程序、分布式网络应用程序、安全性应用程序等,是目前使用较多的面向对象的程序设计语言。

互联网的发展,产生了大量的网络应用,也促成了许多新语言的产生和流行。

从名字上看,HTML(HyperText Markup Language,超文本标记语言)和XML(eXtensible Markup Language,可扩展标记语言)都属于语言,但对于是否是真正的计算机语言还有不同的看法,因为它们都没有传统语言的基本控制结构和复杂的数据结构定义及子程序定义。标记语言的主要用途是描述网页的数据和格式。

在互联网应用中,有大量的基于解释器的脚本语言,如VBScript、JavaScript、PHP、Java servlet、JSP等,这些脚本语言使互联网以多姿多态的动态形式,跨越不同的硬件、系统平台运行,并且其应用开发相对于传统语言还要容易一些。

(8) C#语言

C#(读做C sharp),C#是一种安全的、稳定的、简单的、优雅的语言,由C和C++衍生出来的面向对象的编程语言。它在继承C和C++强大功能和语法风格,同时在继承了C++的面向对象特性的同时去掉了一些它们的复杂特性(例如没有宏和模版;C#不再提供对指针类型的支持,使得程序不能随便访问内存地址空间,从而更加健壮;不允许多重继承,避免了以往类层次结构中由于多重继承带来的可怕后果)。

C#综合了VB简单的可视化操作和C++的高运行效率,以其强大的操作能力、优雅的语法风格、创新的语言特性和便捷的面向组件编程的支持成为.NET开发的首选语言。体现了当今最新的程序设计技术的功能和精华。并且C#成为ECMA与ISO标准规范,C#看似基于C++写成,但又融入其他语言如PASCAL、Java、VB等。C#的特点如下:

① 完全面向对象。

② 支持分布式。

③ 自动管理内存机制。

④ 安全性和可移植性。

⑤ 指针的受限使用。

⑥ 多线程。

3.3 操作系统

计算机系统由硬件和软件两部分组成。软件系统包括系统软件和应用软件，其核心是操作系统。操作系统是系统软件中一个最基本的大型软件，是全面地管理计算机软件和硬件的系统程序，是用户与计算机之间的接口。对于我们日常使用的微型计算机来说，操作系统可分为两大类。面向字符的操作系统，如 DOS 操作系统；以及面向图形的操作系统，如 Windows 操作系统。DOS 操作系统只能通过键盘输入命令来操作计算机，而 Windows 不但可以用键盘来操作计算机，还可以通过更加直观的图形界面，用鼠标来操作计算机。

3.3.1 操作系统的概念和功能

1. 操作系统的概念

操作系统是一组程序的集合，它是系统软件的基础或核心，是最基本的系统软件，其他所有软件都是建立在操作系统之上的。一方面它直接管理和控制计算机的所有硬件和软件，使计算机系统的各部件相互协调一致地工作；另一方面，它向用户提供正确地利用软硬件资源的方法和环境，使得用户能够通过操作系统充分而有效地使用计算机。因此，操作系统是用户与计算机系统之间的接口。它好似一个不可逾越的计算机管理中心，任何用户都必须通过它才能操作和使用计算机系统的各种资源。

2. 操作系统的作用

操作系统的主要作用有三个。一是提高系统资源的利用率，通过对计算机系统的软、硬件资源进行合理的调度与分配，改善资源的共享和利用状况，最大限度地发挥计算机系统的工作效率，即提高计算机系统在单位时间内处理任务的能力(称为系统吞吐量)。二是提供方便友好的用户界面，通过友好的工作环境，改善用户与计算机的交互界面。如果没有操作系统这个接口软件，用户将面对一台只能识别 0、1 组成的机器代码的裸机。有了操作系统，用户才可能方便有效的同计算机打交道。三是提供软件开发的运行环境，在开发软件时，需要使用操作系统管理下的计算机系统，调用有关的工具软件及其他软件资源。进行一项开发时，先问在哪种操作系统环境下开发，当要使用某种保存在磁盘中的软件时，还要考虑它在哪种操作系统支持下才能运行。因为任何一种软件并不是在任何一种系统上都可以运行的，所以操作系统也称为软件平台。所以操作系统的性能在很大程度上决定了计算机系统工作的优劣。具有一定规模的计算机系统，包括中、高档微机系统，都可以配备一个或几个操作系统。

3. 操作系统的功能

从资源管理的角度来看，操作系统的功能包括：作业管理、文件管理、处理机管理、存储管理和设备管理五个方面。

(1) 处理机管理

中央处理器(CPU)是计算机的核心部件，它是决定计算机性能的最关键的部件，而处理机管理即为 CPU 管理。因此，应最大限度地提高处理器的效率。在多道程序系统中，多个程序同时执行，如何把 CPU 的时间合理地分配给各个程序是处理机管理要解决的问题，它主要解决CPU的分配策略、实施方法等。处理机管理的另一个工作是处理中断,CPU硬件中断装置首先发现产生中断的事件,并中止现行程序的执行,再由操作系统调出处理该事件的程序进行处理。

(2) 存储管理

计算机系统的内存空间分成两个区域。一个是系统区,用于存放操作系统、标准子程序和例行程序;另一个用于存放用户程序。操作系统的存储管理主要解决多道程序在内存中的分配,保证各道程序互不冲突,并且通过虚拟内存来扩大存储空间。

(3) 文件管理

文件管理又称为文件系统,文件是一组完整的信息集合。计算机中的各种程序和数据均为计算机的软件资源,它们以文件的形式存放在外存中。操作系统对文件的管理主要包括:文件目录管理,文件存储空间的分配,为用户提供灵活方便的操作命令(如文件的按名存取等)以及实现文件共享,安全、保密等措施。

(4) 设备管理

现代计算机系统都配置了各种各样的I/O设备,它们的操作性能各不相同。设备管理便是用于对这类设备进行控制和管理的一组程序。它的主要任务是:

① 设备分配。用户提出使用外部设备的请求后,由操作系统根据一定的分配策略进行统一分配,并为用户使用I/O设备提供简单方便的命令。

② 输入输出操作控制。设备管理程序根据用户提出的I/O请求控制外部设备进行实际的输入输出操作,并完成输入输出后的善后处理。

4. 操作系统的层次结构

按照系统设计的观点,操作系统中定义了它的内核层和它与用户之间的接口,如图3.3所示。

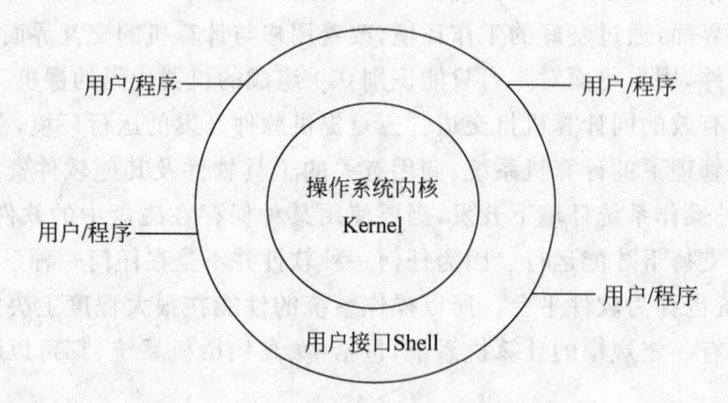

图3.3 操作系统的内核层和与用户的接口

(1) 操作系统的内核

在图3.3中,位于操作系统中心的Kernel被叫做内核程序,也就是说Kernel是操作系统的核心。

它有五个部分,一个是管理计算机各种资源所需要的基本模块(程序)代码,通过各种功能模块,可以直接操作计算机的各种资源。文件管理就是属于这类功能模块的。

Kernel的第二个组成部分是设备驱动(Device Driver),这也是程序。这些程序直接和设备进行通信以完成设备操作。例如键盘的输入就是通过操作系统的键盘驱动程序进行的,键盘驱动程序把键盘的机械性接触转换为系统可以识别的 ASCII 代码并存放到内存的指定位置,供用户或其他程序使用。每一个设备驱动必须和特定的设备类型有关,需要专门编写。因此我们知道当一个新设备被安装到计算机上时就需要安装这个设备的驱动程序。例如一个新的打印机,如果不是操作系统已有所支持的驱动程序,那么就需要安装由打印机厂家提供的驱动程序。

Kernel 的第三个组成部分就是内存管理。在一个多任务的环境,操作系统的内存管理要确定把现有程序调入内存运行,然后根据需要将另外一个程序调入内存替代前一个程序。或者将内存分为几个部分分别供几个程序使用。在不同的时间片,CPU 在不同的内存地址范围执行不同的程序。

Kernel 还包括调度(Scheduled)和控制(Dispatcher)程序,前者决定哪一个程序被执行,后者控制着为这些程序分配时间片。

(2) 操作系统的接口 Shell

在 Kernel 和用户之间的接口部分就是 Shell 程序。Shell 最早是 UNIX 系统提出的概念,它是用户和 Kernel 之间的一个交互接口。早期的 Shell 为一个命令集,Shell 通过基本命令完成基本的控制操作。Shell 运行命令时,使用参数改变命令执行的方式和结果。它对用户或者程序发出的命令进行解释并将解释结果通报给 Kernel。Shell 命令有两种方式,一种是会话式输入,会话方式表现在程序被执行过程中提供接口。另一种是命令文件方式。MS-DOS 系统将 Shell 叫做命令解释器(Command),在 Windows 系统中 Shell 是通过“窗口管理器”来完成这个任务的。被操作的对象如文件和程序,以图标的方式形象化地显示在屏幕上,用户通过鼠标点击图标的方式向“窗口管理器”发出命令,启动程序执行的“窗口”。

5. 操作系统的启动

启动操作系统的过程是指将操作系统从外部存储设备装载到内存并开始运行的过程,Windows 操作系统的启动过程如下。

(1) 机器加电(或者按下 Reset);

(2) CPU 自动运行 BIOS 的自检程序,测试系统各部件的工作状态是否正常;

(3) CPU 自动运行 BIOS 的自举程序,从外部存储设备的引导扇区读出引导程序装入内存;

(4) CPU 运行引导程序,从外部存储设备读出操作系统装入内存;

(5) CPU 运行操作系统。

操作系统运行时内存的态势如图 3.4 所示。

6. 操作系统的分类

按照操作系统的功能,可以将操作系统分成以下六类。

(1) 单用户操作系统

单用户操作系统只能支持一个用户的操作。例如微型计算机常用的 MS-DOS 就是一个单用户操作系统。单用户操作系统还可以细分为单任务和多任务两种,所谓单任务是指一次只能运行一个程序,而多任务操作系统同时可以运行多个程序。目前广泛流行的微型计算机所使用的 MS-DOS 是单用户单任务操作系统,而 Windows 98 则是单用户多任务操作系统。

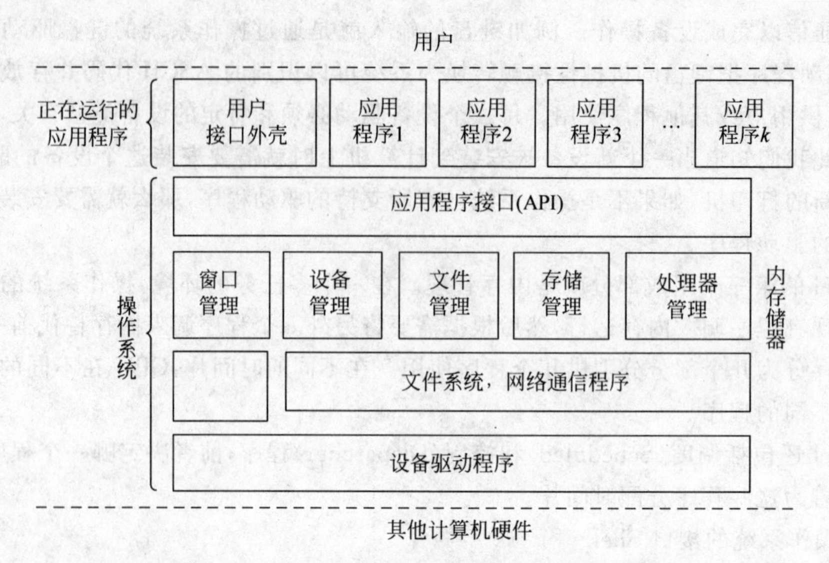

图 3.4 操作系统运行时内存的态势

(2) 批处理操作系统

批处理操作系统可以管理多个用户的程序,操作员统一将多个用户的程序输入到计算机中,然后在批处理操作系统的管理下运行,以提高计算机系统的效率。在批处理操作系统管理下,多个用户程序作为一个整体被处理,用户不能单独控制程序的运行。

(3) 分时操作系统

分时操作系统可以支持多个终端用户同时使用计算机。它采用给每个用户固定的时间片的方式,轮流为各个用户服务。用户可以单独控制自己程序的运行。著名的 UNIX 操作系统就是分时操作系统。

(4) 实时操作系统

实时操作系统用于对时间的响应速度要求很高的控制领域,通常对最短的响应时间有严格的要求,但对于不同的应用场合,要求的响应时间是不同的。

(5) 网络操作系统

网络操作系统用于管理相互连接的一组具有独立功能的计算机。组成网络的计算机虽然在网络操作系统的统一管理之下,但它们同时又都在各自的操作系统下运行,并共同遵守相同的网络协议,以实现计算机之间的通信。当今流行的网络操作系统有 UNIX、Netware 及 Windows NT。

(6) 分布式操作系统

分布式操作系统是管理分布式计算机网络系统的操作系统。在分布式计算机网络中,各计算机可以相互协作共同完成任务。而在一般的计算机网络中,各计算机只是各自完成自己的任务,相互之间往往只能进行通信。

3.3.2 进程管理

操作系统的重要任务是控制程序的执行,从系统管理的角度,进程管理就是以 CPU 为核心,管理和控制用户和程序执行的方法,因此也可以叫做处理器管理。现代操作系统使用多任务机制，计算机同时执行一个以上的任务，因此，进程管理的主要任务是对处理机的时间进行合理分配，对处理机的运行实施有效的管理。为了搞清这个问题，我们先讨论程序与进程的一些特性，再介绍 Windows 操作系统中的多任务处理。

1. 程序与进程

(1) 程序

程序是为实现某个目标编写的指令序列，在计算机系统中只有一个程序在运行时，这个程序独占系统所有资源，其执行不受外界影响，它具有三个特征。

① 顺序性。一个程序的各个部分的执行，严格地按照某种先后次序执行。

② 封闭性。程序在封闭的环境下运行，即程序运行时独占全部系统资源。

③ 可再现性。只要程序执行时的环境和初始条件相同，当程序重复执行时，不论它是从头到尾不停顿地执行，还是“停停走走”地执行，都将获得相同的结果。

现代操作系统普遍采用了多个任务(程序)同时驻留在主存储器中，通过轮流使用处理机得以运行，在一个时间段中，宏观上好像在同时执行而形成并发。并发是提高系统资源利用率的有效途径，但带来了以下问题。

① 如何对处理机进行调度，保证每个用户相对公平地得到处理机；

② 内存中的程序如何互相不干扰；

③ 当各用户在资源使用上发生冲突时(比如同时要求使用打印机)，如何处理竞争。

在并发环境下，由于存在多个程序对资源的竞争和相互制约问题，程序执行时会失去上述三个特征，具体表现在以下方面。

① 间断性。表现为“走走停停”，一个程序中途可能由于某种原因放弃处理机停下来，而失去原有的时序关系。

② 失去封闭性。由于共享资源，受其他程序的控制逻辑的影响。比如，一个程序写到存储器中的数据可能被另一个程序修改，失去原有的不变特征。

③ 失去可再现性。由于失去封闭性，因此也失去可再现性；外界环境在程序的两次执行期间如果不同，程序结果可能就不同，因此失去原有的可重复特征。

显然，从正确性的要求来说，并发执行的条件是要达到封闭性和可再现性。这是操作系统必须要解决的问题。

(2) 进程

传统的程序概念已无法描述程序的并发特征，进程这个概念就是为了描述系统中各并发活动而引入的。现代操作系统正是围绕进程这个概念建造的。美国麻省理工学院在 MULTICS 系统、IBM 公司在其 CTSS/360 系统上使用了进程(Process)的概念进行操作系统设计，只是 IBM 的 CTSS/360 使用了另一个术语——任务(Task)，但两者的实际含义是相同的。

进程并没有一个统一的定义，但任何定义本质上都强调了程序的动态执行。可简单的将进程理解为：程序在一个数据集合上的一次运行过程。

这里的数据集合可理解为程序所处理的数据。进程是操作系统进行资源分配与调度的基本单位。

(3) 进程与程序的区别

① 进程是动态的，程序是静态的，程序是有序代码的集合，进程是程序的执行；

② 进程是暂时的,程序是永久的,进程是一个状态变化的过程,程序可长久保存;

③ 进程与程序的组成不同,进程的组成包括程序、所操作的数据和系统为管理进程记录的进程状态信息;

④ 进程与程序的对应关系:通过多次执行,一个程序可对应多个进程。

(4) 进程的状态

一个进程从创建而产生至撤销而消亡的整个生命周期,可用一组状态加以描述,按进程在执行过程中的状况至少可定义如图 3.5 所示的三种不同状态。

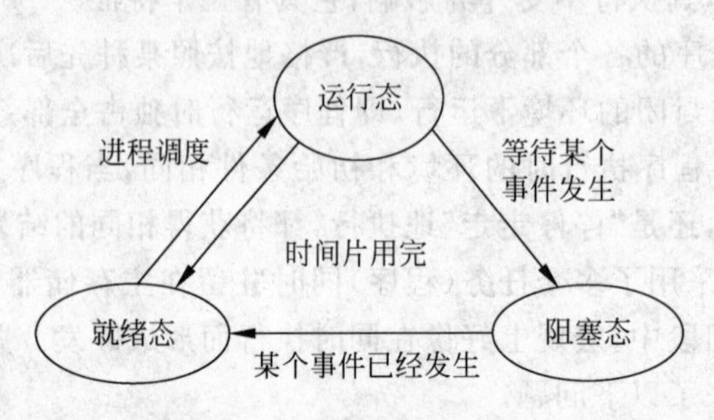

图 3.5 进程基本状态图

① 就绪态。进程已由操作系统创建并获得除处理机外的所需资源,等待分配处理机资源;只要分配到处理机就可执行。因此,只要调度到该进程,使它占有处理机,就转为运行态。在某一时刻,可能有若干个进程处于就绪状态。

② 运行态。进程占用处理机资源正在运行,处于此状态的进程的数目小于或等于处理机的数目。在进程由于缺乏某种资源而无法继续运行,或者由于等待输入输出完成,进程将放弃处理机而转到阻塞态。

③ 阻塞态。在此状态下,即使给进程分配处理机资源,进程也无法继续推进执行,它必须等待引起阻塞的原因解除或者说等待的事件发生才能进入就绪态。

2. 进程控制

(1) 进程控制块 PCB(Process Control Block)

为了能对进程进行有效的管理,操作系统必须记录每个进程的有关信息,这些信息组成了一个进程的进程控制块。因此,每个进程都有对应的进程控制块。进程控制块内包含的内容随操作系统而异。系统中进程控制块的集合就组成了进程控制块表。该表一般常驻于内存,由操作系统维护。

由前所述,我们可以看出,一个完整的进程由对应的可执行程序,程序所处理的数据集合以及为管理进程、保证进程能正确执行的进程控制块三部分组成。

(2) 进程控制

操作系统依据进程控制块的内容对进程实施控制,主要任务是调度和管理进程从"产生"到"死亡"的整个生存周期,包括进程创建、调度进程执行,转变进程状态,撤销进程并回收进程所使用的系统资源等。

3. 线程

在操作系统中,进程的引入提高了计算机资源的利用效率。但在进一步提高进程的并发性时,人们发现进程切换开销占的比重越来越大,同时进程间通信的效率也受到了限制。

线程的引入正是为了简化进程间的通信,以小的开销来提高进程内的并发程度,线程是进程中的一个运行实体,它是一个处理机的调度单位,资源的拥有者还是进程。

前面我们已经讲到,进程是执行一个程序的过程。一般来说,如果一个程序只有一个进程就可以处理所有的任务,那么它就是单一线程的。如果一个程序可以被分解为多个进程共同完成程序的任务,那么这个程序被分解的不同进程就叫做线程(Thread),也叫轻量级进程(Light Weight Processes)。

线程有几种模式,如单线程、单元线程模式和自由线程模式。

为了使你理解线程概念,我们可以将程序想象成一个搬家的过程:从一所房子搬到另外一所房子。如果采用单线程方法,则需要你自己完成从打包到扛箱子、运输再到拆包的所有工作。如果使用多线程的单元模式,则表示邀请了几位朋友来帮忙。每个朋友负责一个单独的工作,并且不能帮助其他的人,他们各自负责自己的空间和空间内的物品搬运。如果采用自由线程模式,邀请来的所有朋友可以随时在任何一个房间工作,共同打包物品。

类比的是,搬家就是运行所有线程的进程,参与搬家的每个朋友所承担的工作都是一个线程。显然使用线程能够更有效、更迅速地执行程序。如我们使用网络浏览器软件阅读新闻的同时可以下载软件或者上传文件。

传统的应用程序都是单一线程的。今天的程序特别是网络程序往往都比较复杂,功能更为齐全,因此引入多线程技术使得应用系统效率得以提高,同时对操作系统的管理要求更为严格,它需要更加复杂地处理线程,尽管它的处理原则并没有大的变化。

线程在创建和切换等方面要比进程好。不过,进程可拥有各自独立的地址空间,因而在保护等方面要好于线程。进程可创建线程执行同一程序的不同部分,因此一个进程中的多个线程可并发执行。目前有不少操作系统能支持线程。

4. Windows 中的多任务处理

"任务"指的是要计算机做的一件事情,计算机执行一个任务通常就对应着运行一个应用程序。"单任务处理"指的是前一个任务完成后才能启动后一个任务的运行,任务的执行是顺序进行的。但我们知道,CPU 是计算机系统的核心硬件资源,为了提高 CPU 的利用率,操作系统一般都允许计算机同时执行多个任务,任务是并发执行的,这称为"多任务处理"(Multitasking)。比如 Windows 操作系统,一旦启动成功后,就进入了多任务处理状态。这时,除了操作系统本身相关的一些程序正在运行外,用户还可以启动多个应用程序,如 Word 字处理程序、IE 浏览器、播放音乐软件等,它们可以同时工作,互不干扰地独立运行。

多任务处理大大提高了用户的工作效率,也大大提高了计算机的使用效率。当多个任务同时在计算机中运行时,通常一个任务对应屏幕上的一个窗口。每启动一个应用程序,OS 就会打开一个相应的窗口,就会在任务栏上显示一个相应的任务按钮(程序按钮),通常一个按钮就是一个任务。窗口可以放大或缩小,甚至可以"最小化",但任务的运行不受其影响,使用"任务管理器"程序可以了解每个任务的运行情况,如图 3.6 所示。

为避免混淆,能接受用户输入(按键或选择鼠标)的窗口只能有一个,称为活动窗口,它所对应的任务称为前台任务,前台任务对应的窗口(活动窗口)位于其他窗口的前面,其窗口的标题栏比非活动窗口颜色更深(深蓝色)。除活动窗口外,其他窗口都是非活动窗口,所对应的任务均为后台任务,操作系统只能把用户输入的信息传送到前台任务所对应的活动窗口中。因此,为了输入信息到某个后台任务中去,必须切换窗口(单击要激活的后台任务窗

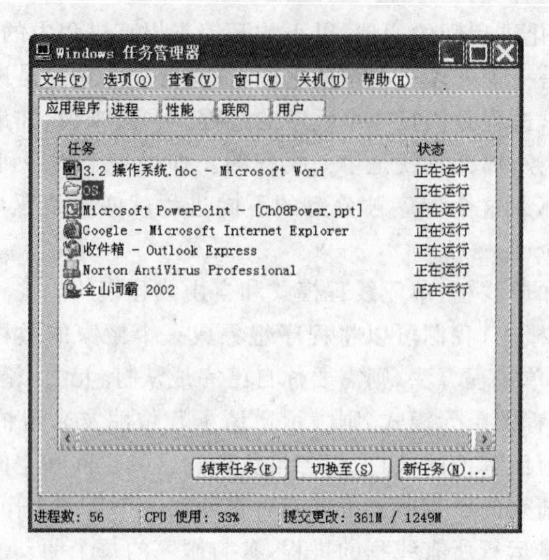

图 3.6 Windows系统中的任务运行情况

口的任何部位,或单击任务栏中对应的任务按钮)将其变为前台任务。

Windows操作系统采用并发多任务方式支持系统中多个任务的执行,所谓并发多任务,是指不管是前台任务还是后台任务,它们都能够分配到CPU的使用权,因而可以同时运行。操作系统中有一个处理器调度程序负责把CPU时间分配给各个任务,以确保每个已经启动的任务都有机会运行,其策略如下。

(1) 由硬件计时器大约每10～20ms发出1次中断信号,Windows立即暂停当前正在运行的任务,查看当前所有的任务,选择其中的一个交给CPU去运行;

(2) 只要时间片(10～20ms为1个时间片)结束,不管任务有多重要,也不管它执行到什么地方,正在执行的任务就会被强行暂时终止。

上述的任务调度,每秒钟要进行几十次～几百次。

实际上,操作系统本身的若干程序也是与应用程序同时运行的,它们一起参与CPU时间的分配。当然,不同的程序重要性不完全一样,它们获得CPU使用权的优先级也有区别。

每一个应用程序运行时都要占用大量的系统资源(存储器、CPU、屏幕等),所以当不再需要某个应用程序运行时,就应该退出这个应用程序,释放它所占用的资源。

3.3.3 存储器管理

存储器的功能是保存程序和数据,执行处理程序时,计算机系统的程序和数据都是保存在内存中的。而内存的容量有限,因此,当多个程序共享有限内存资源时,必须合理地为它们分配内存空间,做到用户存放在内存中的程序和数据既能彼此隔离、互不侵扰,又能在一定条件下共享。当内存不够用时,还要解决内存扩充问题,把内存和外存结合起来管理,为用户提供一个容量比实际内存大得多的"虚拟存储器"。

1. 页式存储管理

目前多任务的操作系统大多采用页式管理技术进行内存管理。此时,将一个进程的逻辑地址空间分成若干个大小相等的片,称为页面或页。相应地,也把内存空间分成与页面相同大小的若干个存储块，称为(物理)块或页框(Frame)，在为进程分配内存时，以块为单位将进程中的若干个页分别装入多个可以不相邻的物理块中。且页面大小应是2的幂，通常为512B到8KB，具体由计算机硬件决定。比如，一个物理机器若内存有1MB，4K为一页，则该机器有256个页框(1024/4)，编号为0—255。若一个可执行程序的代码及数据共64K，则它共有16个页，逻辑页号为0—15。

为了能反映进程逻辑页与物理页框的对应关系，每个进程应该有一张能给出两者映射关系的表，这张表称为页表，它驻留在内存中由操作系统管理。利用这张表，操作系统就能完成进程逻辑地址空间到物理地址空间的转换以保证进程的正确执行，其关系如图3.7所示。

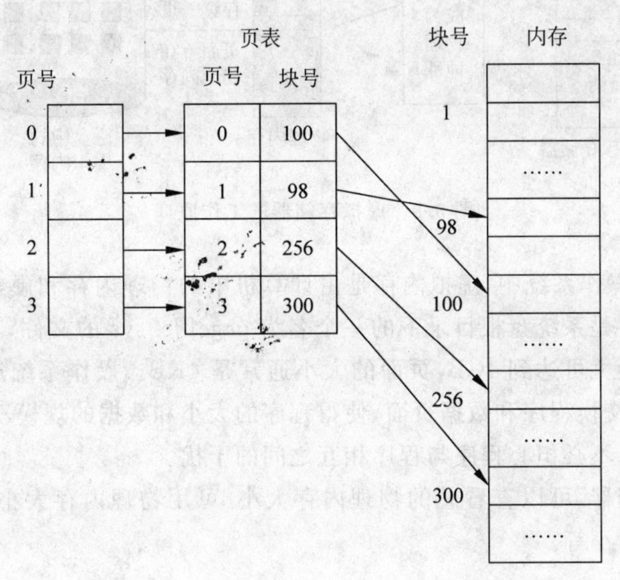

图3.7 页表

由图3.7可以看出，进程逻辑空间有4个页，在计算机存储器中这4个页的物理块号是100、98、256和300。在实际系统中，页表会更复杂一些，以反映出页的有关特征，比如可以有访问控制项以表明该页是否可以读写。

2. 虚拟页式存储管理

当用户程序占用的地址空间比较大时，开始时只把外存中的部分页调入内存，在程序运行时，每当要访问的页在内存时，就直接访问；每当要访问的页不在内存时，发生缺页中断，在中断处理过程中操作系统负责把相应的页调入内存，然后继续执行。

虚拟存储借助外存扩大存储容量，即在硬盘中专门划出一个“交换区”，作为物理内存的补充，称为“虚拟内存”，虚拟内存的地址称为虚地址或逻辑地址。

页式存储管理实现虚实地址转换的基本方法是：

(1) 每个程序都在自己的虚拟空间中工作，虚拟空间比物理存储器大得多，它被分成许多“页”。

(2) 虚拟空间中的页面一部分在物理内存，一部分在磁盘存储器中的虚拟内存，它们均登记在页表中。

(3) 程序运行需访问数据时,若其页面在物理内存,就直接访问内存,取出数据。

(4) 若需要访问的数据其页面不在物理内存,则就从磁盘中虚拟内存取出一页,装入物理内存,然后再继续执行程序;当然,为了腾出空间来存放将要装入的程序和数据,存储管理程序也应将物理内存中暂时不用的页面调出保存到外存的虚拟内存中。

图 3.8 是虚拟存储器的工作原理。

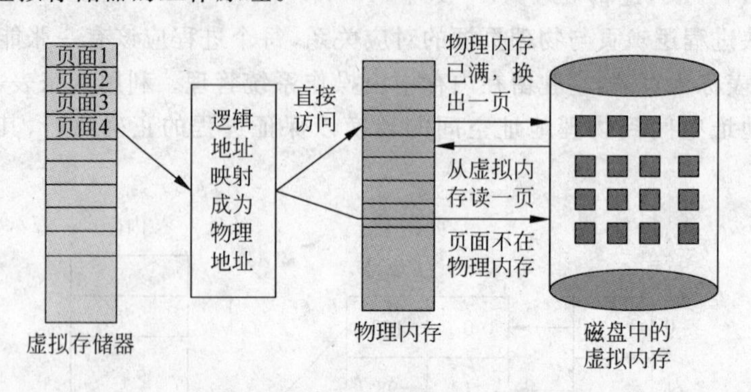

图 3.8 虚拟存储器的工作原理

Windows XP 操作系统中,虚拟内存是由计算机中的物理内存和硬盘上的交换文件联合组成的,交换文件是系统盘根目录下的一个名为 pagefile.sys 的文件,其大小和位置用户可设置,虚存空间最大可达到 4GB,页面的大小通常是 4KB。操作系统通过在物理内存和虚拟内存之间自动交换程序和数据页面,使得程序的大小和数据的规模不受限制,并允许同时运行多个程序,也不必担心程序与程序相互之间的干扰。

使用"任务管理器"可以查看总的物理内存大小、可用物理内存大小、总的虚拟内存大小、可用虚拟内存大小等。

3.3.4 文件管理

信息是计算机系统中的重要资源,操作系统应能有效地支持文件的存储、检索和修改等操作并解决文件的共享、保密和保护问题,使用户程序能方便、安全地访问它所需要的文件。现代操作系统都含有功能很强的文件管理系统。

1. 文件和文件系统

(1) 文件的概念

按一定格式存储在外存储器上的信息集合称为文件。文件可以是程序、数据、文字、图形、图像、动画或声音等。也就是说,计算机的所有数据(包括文档、各种多媒体信息)和程序都是以文件形式保存在存储介质上的。文件具有驻留性和长度可变性,是操作系统管理信息和能独立进行存取的最小单位。磁盘为存储文件所分配空间的基本单位是"簇",一个簇由一个或若干个磁盘扇区组成,一个文件再小,也起码要分配一个簇。

(2) 文件系统

操作系统中负责管理和存取文件的软件机构称为文件管理系统,简称文件系统。文件系统负责为用户建立文件,存取、修改和转储文件,控制文件的存取,用户可对文件实现"按名存取"。

(3) 文件的命名

每个文件都有一个文件名。文件全名由盘符名、路径、主文件名(简称文件名)和文件扩展名四部分组成。其格式如下所示。

[盘符名:][路径]<文件名>[.扩展名]

＜文件名＞也就是主文件名,在 Windows XP 环境下由不少于 1 个 ASCII 码字符组成,不能省略。文件名可由用户取定,但应尽量做到"见名知义"。扩展名,又称后缀或类型名,一般由系统自动给出,"见名知类",由 3 个字符组成;也可省略或由多个字符组成。系统给定的扩展名不能随意改动,否则系统将不能识别。扩展名左侧须用圆点"."与文件名隔开。文件全名总长度可达 255 个字符(若使用全路径,则可达 260 个字符)。

组成文件名的字符有 26 个英文字母(大写小写同义),0～9 的数字和一些特殊符号:$,#,&,@,%,(,),^,_,-,{,},! 等。文件名中可有空格和圆点,宜由字母、数字与下划线组成。但禁用\,|,/,?,*,＜,＞,:,″9 个字符。汉字也可用作文件名,但不鼓励。

(4) 文件名通配符

通配符也称为统配符、替代符、多义符,即可以表示一组文件名的符号。通配符有两种,即星号"*"和问号"?"。

① "*"通配符

也称多位通配符,代表所在位置开始的所有任意字符串。例如,在 Windows 文件夹或文件名的查找中 *.* 表示任意的文件夹名、文件名、文件扩展名;M*.*表示以 M 开头后面及文件扩展名为任意字符的文件;文件名 P*.doc,表示以 P 开头后面为任意字符而文件扩展名为 doc 的文件。

② "?"通配符

也称单位通配符,仅代表所在位置上的一个任意字符。例如文件名 ADDR?.txt,表示以 ADDR 开头后面一个字符为任意字符而文件扩展名为 txt 的文件。

(5) 文件类型

文件名中的扩展名用于指定文件的类型,用户可以根据需要选择,但某些扩展名系统有特殊规定,用户不可以乱用或更改。一些流行的软件还可以自动为文件加扩展名。常见的系统约定的专用扩展名见表 3.2 所示。

表 3.2 系统的专用扩展名

.com	可自定位的执行文件	.dbf	数据库文件
.exe	可执行程序文件	.prg	数据库源程序文件
.obj	系统编译后的目标文件	.dat	数据文件
.lib	系统编译时的库文件	.$$$	临时文件
.sys	系统配置和设备驱动文件	.doc	Word 文档文件
.hlp	帮助文件	.txt	文本文件
.bas	BASIC 语言程序的源文件	.bak	备份文件
.c	C 语言程序的源文件	.bat	批处理文件
.wav	声音文件	.jpg	图形文件

2. 标准文件夹的树结构及路径

为了防止不同的人使用相同的文件名存储文件而引起的冲突,可以使用操作系统的文件夹和路径。其目的是将不同类别不同用户的文件保存到不同的文件夹中,这样,具有相同文件名的文件就可以被保存在同一台计算机中,而且互不干扰。也就是说,文件夹是用来存放程序、文档、快捷方式和子文件夹的地方。只用来放置子文件夹和文件的文件夹称为标准文件夹。一个标准文件夹对应一块磁盘空间。文件夹还可用来放置诸如控制面板、拨号网络、回收站、打印机、软盘、硬盘、光盘等。磁盘、光盘等硬件设备可用来存储子文件夹和文件。而控制面板、拨号网络等则不能用来存储子文件夹和文件,它们实际上是应用程序,是一种特殊的文件夹。没有特别说明,文件夹都是指标准文件夹。下面只介绍标准文件夹。

(1) 磁盘文件夹的树结构

磁盘可以划分成许多文件夹,当一个磁盘被格式化以后,就建立了一个根文件夹。这时所有存入磁盘的文件都在这个根文件夹下。由于磁盘可以存放成千上万个文件,如果文件都保存在磁盘的根文件夹中,这对于使用者来说,要在这么多文件中查找所需的文件,或管理自己的文件,则是非常困难的。另外,在根文件夹下不允许存在文件名相同的文件,这也给人们的使用带来了诸多不便。

为了解决这个问题,操作系统允许用户为自己在根文件夹下设置子文件夹。子文件夹的设置可以分级,与图书目录中的章节划分类似,子文件夹下也可以再设置子文件夹。设置了子文件夹以后,用户就可以将文件保存在子文件夹中。有了子文件夹,具有相同文件名的文件就可以被保存到不同的子文件夹中。

文件夹的结构形似一棵向右侧置的树,左侧有唯一的根结点,根结点下可以有一些树叶和多个子结点,每一子结点都只有一个父结点而可以有一些树叶和多个子结点。树枝结点表示子文件夹,而叶则表示普通文件。从树根出发到任何一个树叶都有且仅有一条通路,该通路全部的结点组成一个通路名或路径名。因此,文件夹结构分为根文件夹、子文件夹和普通文件三类。根结点即为文件夹树结构中的根文件夹,也称主文件夹或系统文件夹,用左斜线"\"表示。一个子文件夹,都只有一个父文件夹而可有几个子文件夹。文件夹与文件名结构相同。根文件夹与不同级的子文件夹或文件可以同名;同一文件夹下,同级的子文件夹名或文件名不可同名。文件夹与文件通常不能重名,文件夹一般不用扩展名。

建立子文件夹的原则是"多而浅",即个数多一些而级数浅一些,以方便文件管理。文件夹通常按软件的类别取名。若是多个用户共用一台机器,则宜以用户名作文件夹名。

(2) 路径和路径名

路径是文件夹的字符表示,是用左斜线"\"相互隔开的一组文件夹(如子文件夹 1\子文件夹 2\…\子文件夹 n),用来标识文件和文件夹所属的位置。当我们要对一个文件进行操作时,必须指明三个要素:驱动器、文件名和从根文件夹到该文件要经过的各级子文件夹。我们把从根文件夹到某个文件所在位置要经过的一系列子文件夹称为该文件的路径。表达方式为:

\子文件夹 1\子文件夹 2\…\…\

第一个"\"表示根文件夹,第二个"\"为分割符。以根文件夹为起点的路径称为绝对路径;省略第一个"\"的路径描述,称为相对路径,也就是指从当前文件夹开始去查找指定的文件。访问文件时，必须给出完整的“文件路径名”，也称为“文件标识符”或者“文件引用名”，其格式为：

[盘符名][路径]<主文件名>.[扩展文件名]

(3) 当前盘和当前文件夹

在指定一个文件时，可以用路径来指定。无论何时，操作系统都有一个默认的磁盘，称为当前盘。而正在操作的文件所属的那个文件夹称为当前文件夹，这也是用户正在其中工作的文件夹。

对文件进行各种操作，如创建(另存于或第一次保存)或者删除一个文件，都必须指出该文件所在的盘符名、路径、文件名及文件扩展名。若该文件就在当前盘当前文件夹中，则盘符名与路径方可以省略。使用绝对路径可以调用任一磁盘文件。

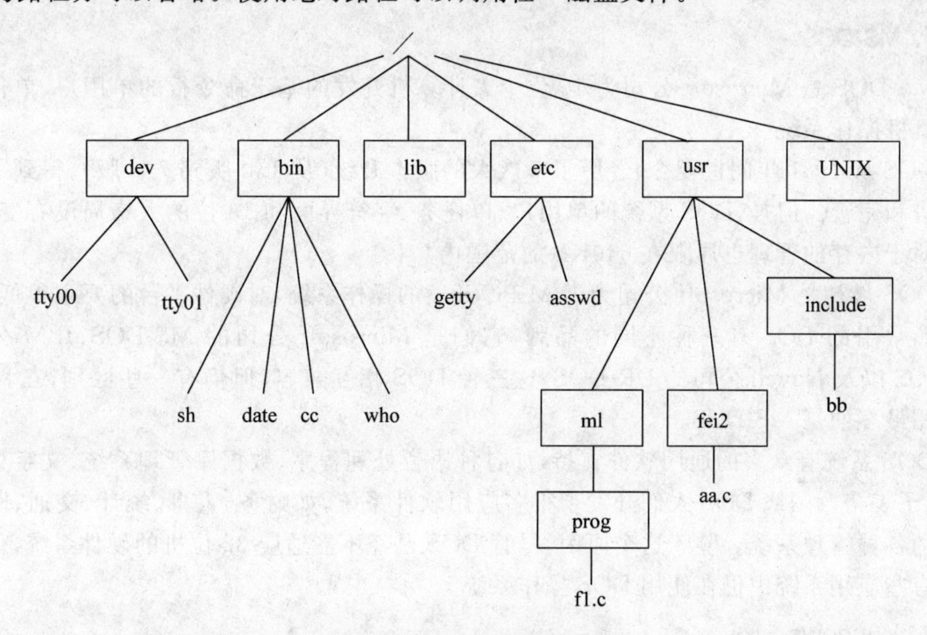

图 3.9　多级目录结构示意图

3. 文件控制块和文件目录

(1) 文件控制块

一个文件有其自己的名字、建立日期与时间、文件建立者、文件大小、在辅存中的位置等信息，这些信息组合在一起构成了文件控制块 FCB(File Control Block)，每个文件实体对应一个 FCB，FCB 中具体内容随操作系统而异。FCB 的集合就构成了文件目录。现代的计算机系统都会有大量的文件，因此文件目录会占用很大的存储空间，故文件目录均存放在外部存储器中。

(2) 文件系统接口

操作系统在实现文件系统时，会向用户提供一个功能齐全、使用方便的接口，这个接口应该屏蔽物理文件的细节，不会因文件存储的物理介质不同而不同。比如，文件系统不管在 U 盘上还是在磁带上建一个子目录，其操作方式对用户应该是一样的。

3.3.5 设备管理

计算机的输入输出设备和磁盘、磁带设备等统称为计算机的外部设备(或简称设备)。设备管理负责把外部设备分配给用户程序,并控制外部设备按用户程序的要求进行操作,当用户程序结束时操作系统要回收外部设备,以便别的用户程序再次使用。对于一个输入输出型设备(如打印机),可以直接把一个设备分配给一个用户程序使用;对于存储型设备,如磁盘、光盘或磁带,则是为每个提出请求的用户程序分配所需要的存储空间。

设备管理任务是要进行设备的分配、启动和故障处理,用户不必详细了解设备及接口的技术细节,就可以利用驱动程序对相应的设备进行操作。

3.3.6 典型操作系统介绍

1. MS-DOS

MS-DOS是Microsoft公司为16位个人计算机开发的基于命令行的单用户、单任务个人计算机操作系统。

DOS从1981年问世至今,经历了7次大的版本升级(从1.0版到7.0版),得到了不断地改进和完善。但是,DOS系统的单用户、单任务、字符界面和16位的大格局没有变化,因此它对于内存的管理也局限在640KB的范围内。

DOS最初是Microsoft公司为IBM-PC开发的操作系统,对硬件平台的要求很低,适用性广。常用的DOS有三种不同的品牌,它们是Microsoft公司的MS-DOS、IBM公司的PC-DOS以及Novell公司的DR-DOS,这三种DOS相互兼容,但仍有一些区别,三种DOS中使用最多的是MS-DOS。

DOS系统有众多的通用软件支持,如各种语言处理程序、数据库管理系统、文字处理软件、电子表格。围绕DOS人们开发了很多应用软件系统,如财务、人事、统计、交通、医院等领域的各种管理系统。鉴于这个原因,尽管DOS已经不能适应32位机的硬件系统,但是目前在有些应用系统中仍在使用DOS操作系统。

2. Windows

Windows是由微软公司开发的基于图形用户界面(Graphics User Interface,GUI)、单用户、多任务的操作系统,又称视窗操作系统。Windows主要用于微机系统。用户可通过窗口的形式来使用计算机,从而使操作计算机的方法和计算机软件的开发发生了根本的变化。

图形界面的引入,彻底改变了计算机的视觉效果和使用方式。使用户能以更直观、更贴近于生活的方式上机操作。用户面对显示器上的图形界面,好像就坐在自己的办公桌前,很多被操作的对象,如文件、文件夹等,都用一些形象化的图标来代表,就如同是办公室里的常见物品,文件夹、废纸篓、公文包、信箱、打印机等都被搬上了屏幕,通过鼠标的简单操作,就可以完成大部分的上机任务。

Windows 95,Windows 98,Windows ME等系统是微软针对个人用户推出的操作系统,微软同时推出了基于NT技术的Windows NT操作系统。该系统采用新技术,在安全性和稳定性上得到了很大的改进。

2000年的2月17日,微软正式发布了Windows 2000操作系统。Windows 2000系列包括 Windows 2000 专业版(适用于笔记本计算机和桌面型计算机)、Windows 2000 服务器版(适用于商用服务器)、Windows 2000 高级服务器版(适用于电子商务网站)以及 Windows 2000 Datacenter Server(Windows 2000 数据中心服务器版)。Windows 2000 是建立在 NT 技术基础上的,它的稳定性、可靠性是 Windows 98 所无法相比的。

随后,Microsoft 又推出了 Windows XP 操作系统,包括 Windows XP Professional、Windows XP Home Edition 以及 Windows XP 64-Bit Edition 等。Windows XP Professional 功能最齐全,具有最高级别的效能、生产力和安全性,对商业用户以及对系统要求高的家庭用户而言,都是最佳选择。Windows XP Home Edition 具有多项令人雀跃的新功能,让计算机可以执行更多作业,对大多数家用者是最佳选择。Windows XP 64-Bit Edition 是专为特殊的、技术工作站使用者设计的。

在 Windows XP 发布之时,Microsoft 就开始了下一代产品的开发工作,其命名为 Longhorn(Vista 的开发代号)。2005 年 7 月 22 日,Microsoft 正式将 Longhorn 命名为 Vista,并于当天发布了测试版 Windows Vista Beta 1。时隔将近一年,到了 2006 年 5 月 22 日,Microsoft 又发布了测试版 Windows Vista Beta 2。商用版在 2006 年 11 月 30 日推出,2010 年 1 月 30 日,微软发布了 Vista 中文版本。历经艰难的 Vista 可以称得上是微软历史上最曲折的产品开发项目。相比以前的操作系统,Vista 拥有了更多优异的性能,对计算机硬件的配置要求较高,同时由于操作系统的结构也发生了巨大变化,使得一些原本在 XP 下运行得很好的软件,在 Vista 中无法正常工作。

如今图形用户界面层出不穷,其设计思想在许多优秀的系统软件和应用软件中得到充分体现,其主要的特点如下所述。

(1) 直观明了、引人入胜:例如 Windows XP 的“开始”按钮的设计充分体现了这一点。“开始”按钮不仅使用户能毫无困难地开启应用程序和文档,还帮助他们了解怎样去完成一项工作。用户在 Windows XP 中学会运行一个程序比在 Windows 3.x 中快得多。

(2) 文本与图形相结合:在优秀图形界面设计的同时十分重视文字的作用。例如,Microsoft Office XP 的界面一律都提供 Tool Tips 功能,即一旦鼠标指向某个工具按钮,都会弹出一个“文本泡”告知用户该图标的名称,同时屏幕底端的状态条给出有关该按钮的功能简介或操作提示。这种图文相结合的界面胜过单独的图形界面或文本界面。

(3) 一致性的操作环境:现在流行的图形界面都提供一致的显示窗口、命令选单、对话框、屏幕帮助信息及联机帮助系统。这种一致性降低了用户使用计算机的难度,节省了学习和掌握软件操作的时间,使用户将注意力集中于任务的实现上而不是适应每一种应用程序带来的界面变化。例如 Microsoft Office XP 尝试将其本身集成为一致性程序,使它的组件 Word、Excel 和 PowerPoint 等具有类同的界面,并使数据能够共享。

(4) 用户自定义的功能:为了减少图标冗余,许多软件都提供了用户自定义工作环境的功能,即根据用户要求安排屏幕布局,使其上机环境更具个性。

计算机技术的不断发展推动了用户界面向更为友好的方向改进。未来的用户界面会呈现声音、视频和三维图像——新一代的多媒体用户界面(MMUI)。多媒体用户界面中的操作对象不仅是文字图形,还有声音、静态动态图像,使机器呈现出一个色彩缤纷的声光世界。计算机能听懂人的语言,你可用“开机”或“关机”的口语命令来替代亲自开关计算机电源和显示器按钮开关的动作。MMUI 将给人们带来更多的亲切感。

3. UNIX

1965年时,美国电话电报公司(AT&T)的贝尔实验室加入了一项由通用电气(General Electric)和麻省理工学院(MIT)合作的计划,该计划要建立一套多使用者、多任务、多层次的MULTICS操作系统。因MULTICS工作进度太慢,到1969年该计划就被停了下来。当时,Ken Thompson(后被称为UNIX之父)已经有一个称为"星际旅行"的游戏程序在GE-635的机器上跑,但是反应非常地慢,正巧他发现了一部被闲置的PDP-7(Digital的主机),Ken Thompson和Dernis M. Ritchie就将"星际旅行"移植到PDP-7上,而这部PDP-7就此在整个计算机历史上留下了芳名。MULTICS其实是MUL Tiplexed Information and Computing System的缩写,在1970年时,那部PDP-7只能支持两个使用者,当时,Brian Kernighan就戏称他们的系统其实是UNiplexed Information and Computing System,缩写为UNICS,取其谐音,后来就称其为UNIX了。1970年可称为是UNIX元年。

1971年,他们申请了一部PDP-11/20,申请的名义是:要发展文书处理系统。该提案被采纳,因此开发出了一套文书处理系统,它就是现在UNIX操作系统里面文书处理系统(Nroff/Troff)的前身。有趣的是,没过多久,贝尔实验室的专利部门真的采用了这套系统作为他们处理文件的工具,而贝尔实验室的专利部门也就顺理成章地成为UNIX的第一个正式使用者。

1972年到1973年期间,D. M. Ritchie发明了C语言,这是一种适合于编写系统软件的高级语言。它的出现是UNIX系统发展过程中的一个重要里程碑。1973年,UNIX操作系统的绝大部分代码都用C语言进行了重写,这为UNIX的易移植性打下了良好的基础。

1974年美国电话电报公司允许非盈利的教育机构免费使用UNIX系统,这一举措促进了UNIX技术的迅速发展和多样化,开始出现了不同版本的UNIX系统。

美国加州大学的伯克利分校是早期获得UNIX的大学之一,因此拥有完整的源代码,所以得以从根本上修改UNIX。伯克利分校在美国国防高级研究规划局的资助下,设计并发布了一个改进的版本BSD,这个系列的版本为UNIX技术的发展做出了十分重要的贡献。

到20世纪70年代,市场上出现了不同的UNIX商品化版本,比较著名的有Sun公司的Sun OS,Microsoft公司的XINIX,Interractive公司的UNIX386/ix,DEC公司的ULTRIX,IBM公司的AIX,HP公司的HP/UX,SCO公司的UNIX等,AT&T公司本身的UNIX System V,UNIX SVR 4.0等。到20世纪90年代末,不同的UNIX已超过了100种。

UNIX操作系统主要特点是:

(1) 灵活性,其主要原因是UNIX大部分以C语言写成。事实上,也正是由于发展UNIX的需要,才有C语言的问世。

(2) 多用户、多任务。

(3) 树状文件结构。

(4) 文件与设备独立,即输出、输入设备皆被视为文件。

(5) 完整的软件开发工具,便于开发软件系统和应用程序。

(6) 完整且强大的网络能力。

4. Linux

1990年,UNIX在服务器市场尤其是大学校园成为主流操作系统,许多校园都有UNIX

主机，当然还包括一些研究它的计算机系的学生。这些学生都渴望能在自己的电脑上运行UNIX。不幸的是，从那时候开始，UNIX开始变得商业化，它的价格也变得非常昂贵。而唯一低廉的选择就是Minix。而其他的操作系统如386BSD、FREEBSD以及OPENBSD还不够成熟，对硬件性能的要求远远超过了家用电脑。

1991年10月，Linus Torvalds在赫尔辛基大学接触UNIX，他希望能在自己的电脑上运行一个类似的操作系统。因UNIX的商业版本非常昂贵，于是他从Minix开始入手，计划开发一个比Minix性能更好的操作系统，并很快就开始了自己的开发工作。他第一次发行的版本很快吸引了一些黑客。尽管最初的Linux并没有多少用处，但由于一些黑客的加入使它很快就具有许多吸引人的特性，甚至一些对操作系统开发不感兴趣的人也开始关注它。

Linux本身只是操作系统的内核。内核是使其他程序能够运行的基础。它实现了多任务和硬件管理，用户或者系统管理员交互运行的所有程序实际上都运行在内核之上。其中有些程序是必需的，比如说，命令行解释器(shell)，它用于用户交互和编写shell脚本(.bat文件)。Linus没有自己去开发这些应用程序，而是使用已有的自由软件。这减少了搭建开发环境所需花费的工作量。实际上，他经常改写内核，使得那些程序能更容易在Linux上运行。许多重要的软件，包括C编译器，都来自于自由软件基金GNU项目。GNU项目开始于1984年，目的是为了开发一个完全类似于UNIX的免费操作系统。为了表扬GNU对Linux的贡献，许多人把Linux称为GNU/Linux(GNU有自己的内核)。1992到1993年，Linux内核具备了挑战UNIX的所有本质特性，包括TCP/IP网络，图形界面系统(GUI)。Linux同样也吸引了许多行业的关注。一些小的公司开发和发行Linux。有几十个Linux用户社区成立。1994年，Linux杂志也开始发行。

Linux内核1.0在1994年3月发布，内核的发布要经历许多开发周期，直至到达一个稳定的版本。每个开发周期会经过一到三年的时期，其中还会重新设计和重写内核的部分代码以解决硬件的变动问题。现在Linux已成为是电脑界一个耀眼的名字，为全球最大的一个自由免费软件，以致许多用户不再购买昂贵的UNIX，转而投入Linux等免费系统的怀抱。

Linux操作系统具有如下特点：

(1) 它是一个免费软件，任何人都可以自由安装并任意修改软件的源代码。

(2) Linux操作系统与主流的UNIX系统兼容，这使得它一出现就有了一个很好的用户群。

(3) 支持几乎所有的硬件平台，包括Intel系列，680x0系列，Alpha系列，MIPS系列等，并广泛支持各种周边设备。

目前，Linux正在全球各地迅速普及推广，各大软件商如Oracle、Sybase、Novell、IBM等均发布了支持Linux的产品，许多硬件厂商也推出了预装Linux操作系统的服务器产品，还有不少公司或组织有计划地收集有关Linux的软件，组合成一套完整的Linux发行版本上市，比较著名的有Red Hat(即红帽)、Slackware等公司。Linux可以在相对低价的Intel X86硬件平台上实现高档系统才具有的性能。许多商业用户如Internet服务供应商(ISP)也使用Linux作为服务器操作系统以代替昂贵的工作站。

5. MAC OS

1986年,美国Apple公司推出Macintosh操作系统。MAC是全图形化界面和操作方式的鼻祖,是首个在商用领域成功的图形用户界面。由于它拥有全新的窗口系统、强有力的多媒体开发工具和操作简便的网络结构而风光一时。Macintosh有很强的图形图像处理功能,被广泛应用于桌面出版和多媒体应用等领域,其价格比普通个人计算机要高很多。Mac OS是一套运行于苹果Macintosh系列电脑上的操作系统,现行的最新的系统版本是Mac OS Ⅹ 10.8 Mountain Lion。

Mac系统是由苹果公司自行开发的苹果机专用系统,是基于UNIX内核的图形化操作系统,一般情况下在普通PC上无法安装。苹果机现在的操作系统已经到了OS 10,代号为MAC OS Ⅹ(Ⅹ为10的罗马数字写法),这是MAC电脑诞生15年来最大的变化。新系统非常可靠;它的许多特点和服务都体现了苹果公司的理念。

另外,现在疯狂肆虐的电脑病毒几乎都是针对Windows的,由于MAC的架构与Windows不同,所以很少受到病毒的袭击。MAC OS Ⅹ操作系统界面非常独特,突出了形象的图标和人机对话。苹果公司不仅自己开发系统,也涉及硬件的开发。

目前Mac OS Ⅹ已经正式被苹果改名为OS Ⅹ。最新版本为10.8.2。

Mac OS的四大优点:

(1) 全屏模式

全屏模式是新版操作系统中最为重要的功能。一切应用程序均可在全屏模式下运行。这并不意味着窗口模式将消失,而是表明在未来有可能实现完全的网格计算。这种用户界面将极大简化电脑的使用,减少多个窗口带来的困扰。它将使用户获得与iPhone、iPod touch和iPad用户相同的体验。计算体验并不会因此被削弱;相反,苹果正帮助用户更为有效地处理任务。

(2) 任务控制

任务控制整合了Dock和控制面板,并可以窗口和全屏模式查看各种应用。

(3) 快速启动面板

快速启动面板的工作方式与iPad完全相同。它以类似于iPad的用户界面显示电脑中安装的一切应用,并通过App Store进行管理。用户可滑动鼠标,在多个应用图标界面间切换。

(4) Mac App Store应用商店

Mac App Store的工作方式与iOS系统的App Store完全相同。他们具有相同的导航栏和管理方式。这意味着,无需对应用进行管理。当用户从该商店购买一个应用后,Mac电脑会自动将它安装到快速启动面板中。

6. 手机操作系统

智能手机(Smart Phone)是可以自行安装和卸载应用软件的手机。智能手机的特点包括安装有手机OS、功能可扩展、具备无线接入互联网的能力、支持多任务处理、具有PDA和多媒体功能。手机操作系统的主要类型有Symbian(塞班,芬兰Nokia)、Android(安卓,摩托罗拉、三星等)、iOS(苹果iPhone)、Windows Mobile、BlackBerry OS等。

Android操作系统于2008年由Google推出,属于以Linux为基础的开放源代码操作系统,是自由及开放源代码软件,支持的处理器类型:ARM、MIPS、Power Architecture、

Intel x86,采用 Android 系统的手机厂商包括宏达电、三星电子、摩托罗拉、乐喜金星、索尼爱立信、华为等,2010 年末数据显示,Android 已经超越称霸十年的诺基亚(Nokia)Symbian OS,跃居全球智能手机平台首位,Android 也在平板电脑市场急速扩张,版本:2.3.3(手机)、3.0(平板)、4.0 等。

Symbian(塞班)是一个实时性、多任务的纯 32 位操作系统,具有功耗低、内存占用少等特点,非常适合手机等移动设备使用,经过不断完善,可以支持 GPRS、蓝牙、SyncML 以及 3G 技术。最重要的是它是一个标准化的开放式平台,任何人都可以为支持 Symbian 的设备开发软件。与微软产品不同的是,Symbian 将移动设备的通用技术,也就是操作系统的内核,与图形用户界面技术分开,能很好地适应不同方式输入的平台,也可以使厂商可以为自己的产品制作更加友好的操作界面,符合个性化的潮流,这也是用户能见到不同样子的 Symbian 系统的主要原因。现在为这个平台开发的 Java 程序已经开始在互联网上盛行。用户可以通过安装这些软件,扩展手机功能。

Windows Mobile 系统包括 Pocket PC 和 Smartphone 以及 Media Centers,Pocket PC 针对无线 PDA,Smartphone 专为手机,已有多个来自 IT 业的新手机厂商使用,增长率较快,是微软进军移动设备领域的重大品牌调整。Windows Mobile 将熟悉的 Windows 体验扩展到了移动环境中,2010 年,微软公司正式发布了智能手机操作系统 Windows Phone 7,并同时宣布了首批采用 Windows Phone 7 的智能手机有 9 款,并使用 Windows Phone 代替以前的 Windows Mobile。2012 年,微软在美国旧金山召开发布会,正式发布全新移动操作系统 Windows Phone 8(以下简称 WP8),Windows Phone 8 将提供真正个性化的手机使用体验,以你最重要的人与事为本。

iOS 是苹果公司为 iPhone、iPod touch、iPad 及 Apple TV 开发的操作系统,占用约 240MB 的存储空间,用户界面为使用多点触控直接操作。控制方法包括:滑动、轻按、挤压及旋转,支持硬件为基于 ARM 架构的 CPU。

3.4 计算机应用软件

利用计算机的软、硬件资源为某一应用领域解决某个实际问题而专门开发的软件,称为应用软件。用户使用各种应用软件可产生相应的文档,这些文档可被修改。应用软件一般可以分为两大类:通用应用软件和专用应用软件。

通用应用软件支持最基本的应用,广泛地应用于几乎所有的专业领域,如办公软件包、数据库管理系统软件(有的把该软件归入系统软件的范畴)、计算机辅助设计软件、各种图形图像处理软件、财务处理软件、工资管理软件等。

专用应用软件是专门是为某一个专业领域、行业、单位特定需求而专门开发的软件,如某企业的信息管理系统等。

在使用应用软件时一定要注意系统环境,包括所需硬件和系统软件的支持。随着计算机技术的迅速发展,特别是 Internet 及 WWW 的出现,应用软件的规模不断扩大,应用范围更为广阔,应用软件开发时需要考虑多种硬件系统平台、多种系统软件以及多种用户界面等问题,这些问题都影响应用软件开发的技术难度和通用性,为此,近年来产生了中间件的基础软件。

常用的应用软件包括以下几种。

(1) 办公软件包(字处理软件、电子表格软件、桌面出版软件、网页制作软件、演示软件);

(2) 图形和图像处理软件(图像软件、绘图软件、动画制作软件);

(3) 数据库软件;

(4) Internet 服务软件(WWW 浏览器软件、电子邮件软件、FTP 软件);

(5) 娱乐与学习软件(娱乐软件、CAI 软件)。

下面主要介绍办公软件和图形图像处理软件。

3.4.1 办公自动化软件 Office 2010

说起办公自动化软件,大家最熟悉不过的就是 Microsoft Office,它可以作为办公和管理的平台,以提高使用者的工作效率和决策能力。2010 年 Office 2010 正式推出,新版本以更为智能化的工作方式为广大用户带来新的体验,是微软最新推出的智能商务办公软件,Ribbon 新界面主题用于适应日益增多的企业业务程序功能需求。Office 2010 具备了全新的安全策略,在密码,权限,邮件线程都有更好的控制。且 Office 的云共享功能包括跟企业 SharePoint 服务器的整合,让 PowerPoint、Word、Excel 等 Office 文件皆可通过 SharePoint 平台,同时间供多人编辑,浏览,提升文件协同作业效率。企业发展的越快,企业的组织结构就越复杂,业务需求也越复杂。统一的协作,有效的沟通,安全的控制成为企业的强烈需求。Office 2010 主要包括 Word 2010(文字处理软件)、Excel 2010(电子表格软件)、PowerPoint 2010(演示文稿制作软件)、Access 2010(数据库管理软件)、Outlook 2010(桌面管理软件)、InfoPath Designer 2010、InfoPath Filler 2010、OneNote 2010、Publisher 2010(出版软件)、Office Communicator 2010、SharePoint Workspace 2010 等应用程序或称组件。这些软件具有 Windows 应用程序的共同特点,如易学易用,操作方便,有形象的图形界面和方便的联机帮助功能,提供实用的模板,支持对象连接与嵌入(OLE)技术等。Office 2010 为适应全球网络化的需要,它融合了最先进的 Internet 技术,具有更强大的网络功能。

Word、Excel、PowerPoint、Access 等组件之间的内容可以互相调用,互相链接或利用复制粘贴功能使所有数据资源共享。同时,我们也可以将这些组件结合在一起使用,以便使字处理、电子数据表、演示文稿、数据库、时间表、出版物,以及 Internet 通信结合起来,从而创建适用于不同场合的专业的、生动的、直观的文档。

下面我们将重点介绍文字处理软件 Word 2010 和表格处理软件 Excel 2010。

1. 文字处理软件

文字处理程序能够使你轻松地书写、编辑、编排、保存和打印文档。如今,最常用的软件包有 Microsoft Word、WPS 等。我们下面以办公系列软件 Office 2010 中的 Word 2010 为例介绍字处理软件的功能和特点。

(1) 输入功能

当你使用字处理软件输入文章时,可以不必担心文档的外观,你可以不断的输入,软件会判断何时开始新的一行、何时开始新的一页,只有在到达一个段落结束的位置才需要按下"回车"键。在 Word 2010 及大部分的字处理软件中,如果插入点到达屏幕右边沿时,则输入的下一个符号自动移到下一行的开始,称为"字回绕",而一旦按下"回车",就创建新的段落。在 Word 2010 中,可以将键盘当作英文打字机一样输入英文大小写字母及英文标点符号,也可先选择汉字输入法,再进行汉字的输入,还可以进行特殊符号的输入。

(2) 编辑功能

与使用打字机相比,利用字处理程序可以更加容易和高效地编辑你的文档。在编辑时,可以采用插入方式或改写方式。在插入方式下,输入新的文字时会将其余文字向右移动,而在改写方式下,新输入的文字会覆盖已存在的文字。Word 2010 的编辑功能包括文本的删除、移动和复制。利用 Del 删除光标右侧的字符,而用 Backspace 删除光标左侧的字符,当选定文本后,使用 Del 键可以进行文本的成批删除。文本的移动和复制既可以通过剪贴板来完成,也可以通过鼠标的拖放来完成。

查找与替换功能也是方便的编辑工具。用于在选定范围内搜索含有特定字符的字符串。如果查找的字符串在该范围内多次出现,可通过"查找下一处"按钮继续查找,直到全部找出或用户主动取消为止。而替换适用于一次更换多处相同的内容。例如"加入世界贸易组织"在文件中经常出现,为避免重复输入,在输入过程中可先用某一符号或一个简单的字符串(例如 WTO)代替这一词组。在文章录入完毕后使用替换功能进行修改,以提高工作效率。

(3) 排版功能

格式编排是调整文档外观的过程,是字处理软件的一项重要工作,其目的是使文档更加美观,便于阅读。字处理软件可以对整个文档、几个段落、一个段落或者一个单词、一个字母进行格式编排。Word 2010 的排版功能非常强大,它包括字符的格式化、段落的格式化和页面的格式化等。字符的格式化包括设置字体、字号,设置粗体、斜体、加下划线,字符加框,字符加底纹,字符改颜色以及设置字符的间距和字符的效果。段落的格式化是对所选择的段落进行排版,包括段落对齐方式的设置、段前(后)间距以及行距的设置以及特殊格式的设置等。而页面的格式化是对整个文档的排版操作,包括上、下、左、右页边距的设置、纸张大小的设置、版式的设置等。除了这些常规的排版功能外,Word 2010 还支持用户进行"段落加框"、"图文混排"、"分栏"等排版操作。

(4) 保存功能

编辑文档时,用户应该定期保存文档,这样在发生电源故障时不至于丢失信息,字处理程序可以将用户的文档保存在硬盘或软盘等辅助的存储设备上。之后,用户可以重新打开这个文档继续工作。在 Word 2010 中,可以设置自动保存文件的时间间隔。

所有的字处理程序都对文件名的长度有限制。例如,DOS 中文件名的长度为 8 个字符,并且不允许有空格,Windows 98 或 Windows 2000/XP 中的文件名最多可以包含 255 个字符,而且允许空格。在满足限制条件的前提下,用户选择的文件名应该反映文档的内容,从而可以方便地检索该文档,也就是做到"望名知意"。

(5) 打印功能

利用字处理软件,用户可以在任何时候打印文档。一般来说,在完成文档的输入、编辑、排版和保存后,就可以进行打印工作了。Word 2010 提供的打印功能十分灵活,对一个文档既可以全部打印,也可以选择其中的某些部分打印;既可以一次打印一份,也可以打印多份;还可以选择后台打印,这时前台继续编辑其他文档。

Word 2010 的特点之一是"所见即所得",即用户在屏幕上见到的效果,就是打印出来的效果。所以应该在打印之前,预览一下编排好的文档,以防止产生不必要的错误,而且也避免了不必要的纸张浪费。

(6) 字处理软件的辅助功能

完整的字处理软件具有相当多的功能,如拼写检查、邮件合并、编制目录和索引、域和宏等。

拼写检查程序在电子词典中查找单词。如果某个单词在电子词典中找不到,拼写检查会突出显示该单词。在 Word 2010 中,拼写和语法检查工具使用红色波形下划线表示可能的拼写错误,用绿色波形下划线表示可能的语法错误。

邮件合并是使用同样格式的文档发送批量的信件。用户可以将名字和地址列表合并到套用信函中,从而为列表中的每个人生成“个性化”的信函。邮件合并可以节省大量的时间。

目录是文档中标题的列表,可以将其插入到指定的位置。用户可以通过目录来了解在一篇文档中论述了哪些主题,并快速定位到某个主题。您可以为要打印出来的文档以及要在 Word 显示的文档编制目录,但要包含在目录中的标题都应该设置不同级别的标题样式,即将内置标题样式或者自定义标题样式应用到要包含在目录中的标题上。在 Word 2010 中,还可以为图表或者表格建立目录(首先加入题注)。

索引是按字母顺序排列的术语表,它标记出文档中的关键字所在的页码或进一步的引用出处,使文档对读者更有价值。在 Word 2010 中,添加索引有两个过程:一是告诉 Word 2010 哪些术语应属于索引;二是用已标记的术语来生成索引。

域是一种特殊代码,用来实现数据的自动更新和文档的自动化。在 Word 2010 中,它可用来指示 Word 自动将数据插入文档中,例如 DATE 域,会插入当前的日期。TIME 域会插入当前的时间,PAGE 域会插入页码等。域像一组实用函数,它是以大括号“{}”括起来的特殊符号,如页码域就是{Page}等。

宏是一种能让用户快速有效地完成工作的自定义命令,是由一系列命令和动作所组成,因此,可以将经常使用的命令、动作或执行过程设计成宏,使操作自动化。但宏记录器不能录制鼠标的移动动作。宏的作用是加速例行的编辑操作,并将一连串复杂的过程自动化。

除上述功能外,Word 2010 还具备如下的优势:

① 发现改进的搜索与导航体验。

② 与他人协同工作,而不必排队等候。

③ 几乎可从任何位置访问和共享文档。

④ 向文本添加视觉效果。

⑤ 将文本转换为醒目的图表。

⑥ 为文档增加视觉冲击力。

⑦ 恢复认为已丢失的工作。

⑧ 跨越沟通障碍,在任意设备上使用 Word 2010。

⑨ 将屏幕截图和手写内容插入到文档中。

⑩ 利用增强的用户体验完成更多工作。

图 3.10 是 Word 2010 的窗口组成。

2. 电子表格软件

在人们的生活和工作中,常常会有大量的数据需要处理,用表格处理数据可以使杂乱无章的数据变得有序,但是用传统的手工制表方式却有计算繁琐、效率不高、不管更新数据等

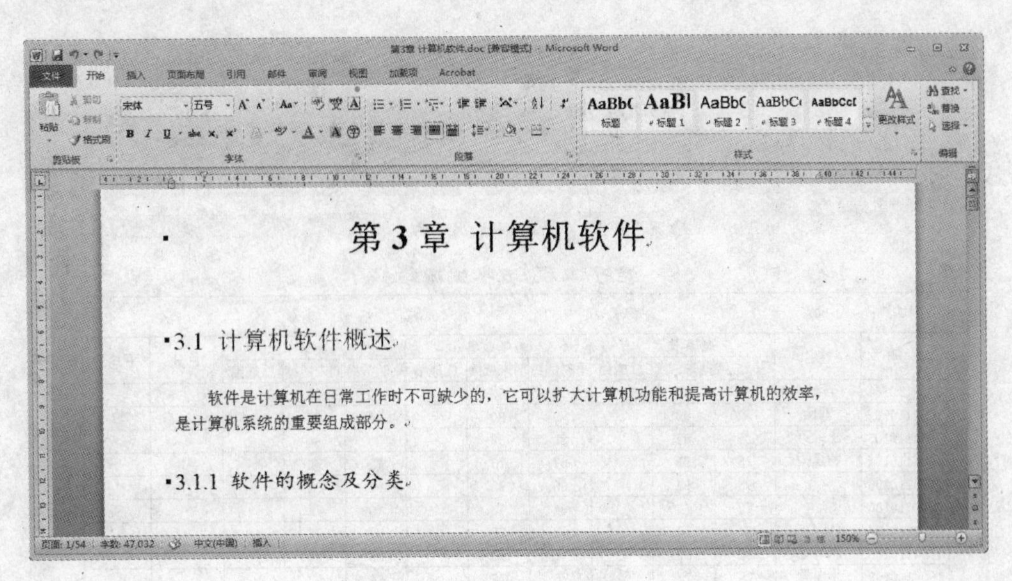

图 3.10　Word 2010 的窗口组成

弊端。随着计算机技术的发展和普及，用计算机进行数据处理成为计算机应用的重要内容，利用计算机高速、准确的特点不仅可以大大提高数据处理的效率和准确性，而且使处理大量数据以适应高速的信息传递成为可能。在美国、西欧和日本，微机用户大量使用表格处理系统，已经习惯"一切皆表格"的思维方式。

电子表格可以完成多种任务，帮助人们提高工作效率，是世界上最常用的效率软件之一。电子表格可以自动地计算数学公式，用户可以改变数字，表格应用程序自动更新通过公式计算的结果。用户可在任何时候添加描述性的列标题和行标记，这使电子表格更加容易理解。用户还可以在表格中加入图形，帮助显示趋势和比例。如今，最常用的电子表格软件包有 Microsoft Excel、Lotus 1-2-3 等。我们下面以办公系列软件 Office 2010 中的 Excel 2010 为例介绍表格处理软件的功能和特点。

用过数据库软件的用户都会有这种感觉，就是使用起来过于复杂，不仅要掌握一定的编程知识，而且改动起来十分困难。而 Microsoft Excel for Windows 软件通过模拟传统的手工制表方式，以其直观的窗口操作、方便的菜单命令、精致的功能按钮及内部数量众多、功能强大的命令而使数据处理变得轻松、随意。用户不必进行任何编程，只需要利用鼠标和有限的键盘操作，就能完成表格的输入、数据的统计与分析、生成精美的报告与统计图，可以连接各种流行的 PC 数据库。Excel 中文版的诞生，使之在我国迅速推广，成为继 Word 之后国内用户使用最为广泛的办公应用软件。图 3.11 是 Excel 2010 的窗口组成，其 Windows 风格的用户界面、各种菜单、对话框和工具按钮大大方便了用户的操作。其他电子表格软件的屏幕与它相似，只是各组成要素的位置及术语会有所变化，而且这些电子表格软件基本上以相同的方式工作。

(1) 表格编辑功能

Excel 的首要功能是编辑表格。Excel 称这些表格为工作表(worksheet)，是由行和列组成的，行和列相交处称为单元格(cell)。从建立工作表，到向单元格输入数据，以及对单元格内容的复制、移动、插入、删除与替换，Excel 都提供了一组完善的编辑命令，操作十分方便。

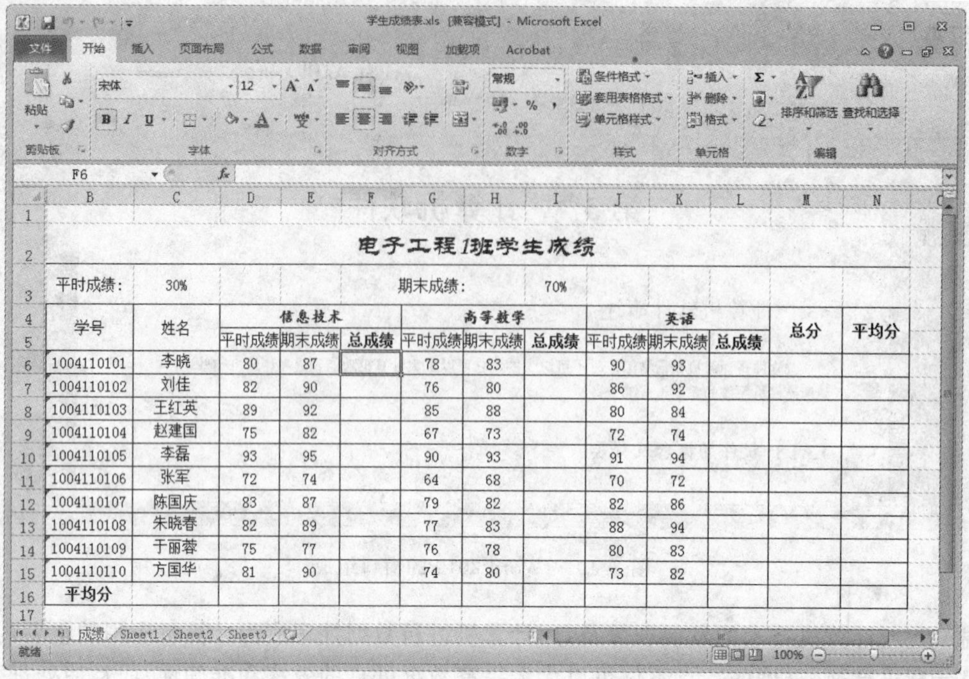

图 3.11　Excel 2010 的窗口组成

电子表格所包含的行和列要远多于在屏幕上可见的行和列。在电子表格程序中,用字母指示行,用数字指示列。在 Excel 2010 中,包含 16384 行和 255 列(Z 列后,用两个字母 AA,AB,AC 指示各列),可以利用光标键和滚动条看到电子表格的全部内容,也可直接在编辑栏的名称框内输入单元格编号(如 A100),将某个不可见的单元格移到屏幕范围内。

可以向活动单元格输入不同类型的数据。在 Excel 2010 中,可以输入数值、日期、文本、图形、声音等类型的数据,也可以是公式或函数。输入时可直接在单元格中进行,也可以在编辑栏中输入,按下"回车"后,所键入的内容就出现在单元格中。Excel 2010 还提供了系列数据的自动填充(如星期一、星期二、……、星期日就是系列数据,可自动进行填充)。

(2) 表格管理功能

表格管理包括对工作表的查找、打开、关闭、改名等多种功能。Excel 把若干相关的工作表组成一本工作簿(workbook),使表格处理从二维空间扩充为三维空间,例如一个月的工资表是二维表,若将全年的工资表组成一个工作簿,就构成三维表。因此,工作簿是存储并处理工作数据的文件(扩展名为.xls),每本工作簿最多包含 255 张工作表,Excel 提供命令支持对工作簿中的工作表进行插入、删除、移动、复制等操作。

(3) 设置工作表格式

在 Excel 提供的初始工作表中,所有单元格全都采用相同的格式,便于操作。使用 Excel 的格式设置命令,可以设置数值格式(如数值可以表示成美元值、百分数、使用千分位逗号、负数用红色表示等);对齐单元格中的文本;设置字体、字形、字号;设置边框与图案;调整行高和列宽;使用自动套用格式等。

(4) 使用公式和函数

Excel能够对输入工作表中的数据进行复杂的计算。Excel通过对单元格的引用来调用单元格中的数据，用户通过向工作表中输入公式和Excel中预置的大量函数对工作表中甚至是工作表外的数据进行计算，并把计算结果直接输入到表格中。Excel为用户提供的函数多达11大类300余种，大大简化了Excel的数据统计工作，加强了其数据分析功能。

针对复杂的函数和公式，Excel专门为用户准备了公式向导。在公式向导的帮助下，用户可以轻松地编辑函数和公式，了解函数的用途、形式与操作步骤。当对公式所涉及的数据发生变化时，Excel能自动对相关的公式重新进行计算，以保证数据的一致性。

(5) 绘制统计图表

Excel支持15类102种统计图表，用户可以用图表方式来表示表格中的数据，并添加题目和标注，当用图表表示时，发展趋势或比例很容易理解。在Excel中，这些图表包括条形图、折线图、饼图等二维图以及柱形图、曲面图等三维图。它们既可以绘制成独立的图表，也可以放置在工作表中，作为嵌入式图表。图3.12和图3.13分别是Excel中的柱形图和饼图。

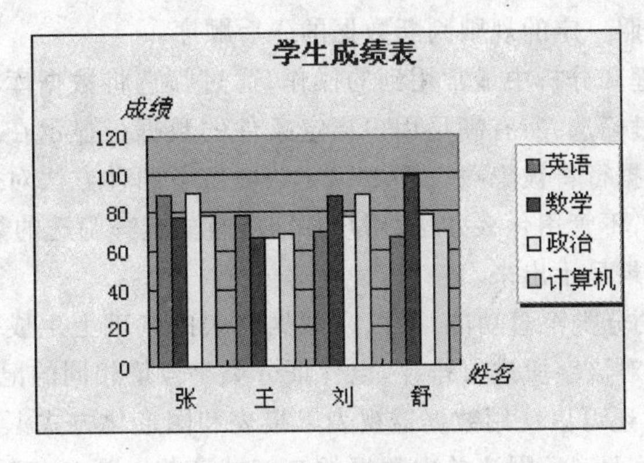

图3.12 柱形图

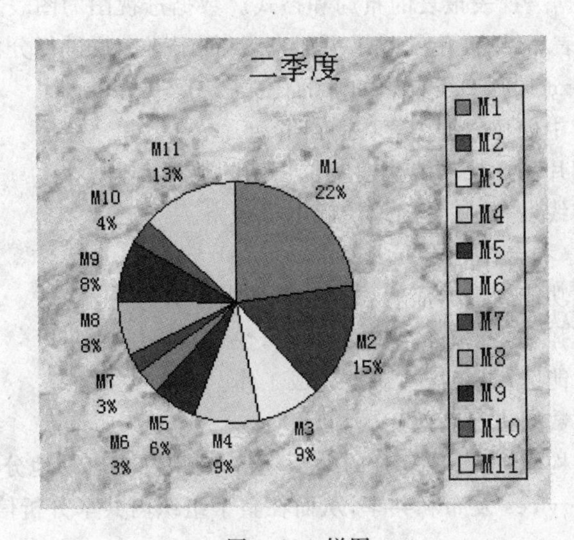

图3.13 饼图

柱形图用来显示一段时期内数据的变化,或者描述各项之间的比较。条形图和饼图帮助人们进行比例可视化。条形图对数值进行比较,描述各项之间的差别情况。饼图显示数据系列中每一项占该系列数值总和的比例关系,如某个数据点在总数中所占百分比。用户也可"分离"饼图中的某一片,从而强调特定的值。而折线图以等间隔显示数据的变化趋势,可提供随时间的变化趋势示意图。

任何时候用户都可以使用图表工具调整图表的布局、字体、颜色及数字标注方式,以使图表更具表现力。此外,使用数据地图还能够制作出与地理有关的数据图表。

(6) 数据列表管理

对于具有关系数据库形式的工作表,例如职工工资表、职工花名册、学生成绩表等二维数据表,Excel 提供一种称为"数据列表管理"的功能,支持对这些数据清单进行类似于关系数据库的数据操作,例如排序、筛选、分类汇总等。

Excel 2010 可根据表格中的数据对表格中的行列数据进行排序。排序时,Excel 将利用指定的排序顺序重新排列行、列或各单元格。用户可以指定按字母、数字或日期顺序来为数据排序,排序的顺序可以为升序或降序,在 Excel 2010 中,还可以根据中文进行排序。在排序时,Excel 2010 将遵照一定的规则判断数据的先后顺序。

筛选是数据库管理和分析中最常用到的操作,通过筛选将数据库中符合用户指定条件的记录汇总起来。经过筛选,所有满足用户指定条件的数据行显示在工作表用户指定的位置中,不满足条件的数据行将被隐藏。Excel 2010 提供了两种方法对数据进行筛选,即"自动筛选"和"高级筛选",不管用什么办法,用户都需要首先选择筛选的数据区域,其次是指定筛选条件,最后是将结果显示出来。

Excel 2010 提供的分类汇总功能,可以在数据列表的基础上生成分类汇总表。而在对某字段汇总前,需要先对该字段进行排序,以保证分类字段值相同的记录排在一起。

在 Excel 2010 中,还可以使用数据透视表以报表和图形化方式汇总数据。数据透视表报表是可用于快速汇总大型数据清单中数据的交互式表格。通过将项目拖动到所需位置,用户可以快速更改数据透视表报表的布局和格式。数据透视图的图表方式将图表的视觉吸引力和数据透视表报表相结合,使其效果更加直观,便于对数据进行分析和统计。

除上述功能外,Excel 2010 还具备如下的优势:

① 在一个单元格中创建数据图表(迷你图)。

② 利用全新的切片和切块功能快速定位正确的数据点。

③ 将电子表格在线发布,随时随地访问电子表格。

④ 通过连接、共享和合作完成更多工作。

⑤ 使用条件格式功能为数据演示添加更多高级细节。

⑥ 利用交互性更强和更动态的数据透视图,快速获得更多认识。

⑦ 使用改进的功能区,更轻松更快地完成工作。

⑧ 可对几乎所有数据进行高效建模和分析。

⑨ 利用更多功能构建更大、更复杂的电子表格,比以往更容易地分析海量信息。

⑩ 通过 Excel Services 发布和共享,从而在整个组织内共享分析信息和结果。

3.4.2 图形图像处理软件

1. 概述

图形软件的功能是帮助用户建立、编辑和操作图片。这些图片可以是用户计划插入一本永久性小册子的照片，一个随意的画像、一个详细的房屋设计图，或是一个卡通动画。选择什么样的图形软件决定于你所要制作的图片类型。目前最畅销的图形软件包括 Adobe 公司的 Photoshop、微软 Office 套件中的 PhotoDRAW、Corel 公司的 Painter、Photo-Pain 和 CorelDRAW、ACD 公司的 ACDSee 以及 Microsoft Photo Editor，这些图像处理软件功能各有侧重，适用于不同的用户。当用户知道自己需要的是哪一种类型的图片时，就会根据软件描述和评论找到正确的图形软件。

可以使用 Windows XP 的"画图"应用程序创建、编辑和查看图片。"画图"软件提供了一套绘制图形的工具和色彩配置方案，使用户能够画出各种色彩的图形、图画，而且可以将其粘贴到已创建的另一个文档中，如 Word、Excel 和 PowerPoint 文档中，或者将其用作桌面背景。甚至可以使用"画图"查看和编辑扫描的相片。"画图"程序所产生的图形文件，其默认扩展名是".bmp"，意为位图文件，是一种未经压缩处理的图形文件。

Photoshop 是由美国 Adobe 公司开发的图形图像处理软件。由于其丰富的内容和强大的图形图像处理功能使 Photoshop 已成为影像处理程序的标准。用户可以应用 Photoshop 创作高质量的数字图像，能够将计算机屏幕变成一幅幅艺术佳品的展台。Photoshop 图像编辑软件可以处理来自扫描仪、幻灯片、数字照相机、摄像机等的图像，还可以对这些图像进行修版、着色、校正颜色、增加清晰度等操作。经过 Photoshop 处理的图像文件可以送到幻灯记录仪、录像机、打印机中去。Photoshop 功能强大，它集绘图及编辑工具、色彩修正工具、产生特殊效果于一身，因此深受广大用户的欢迎。图 3.14 是 Photoshop 的窗口组成。

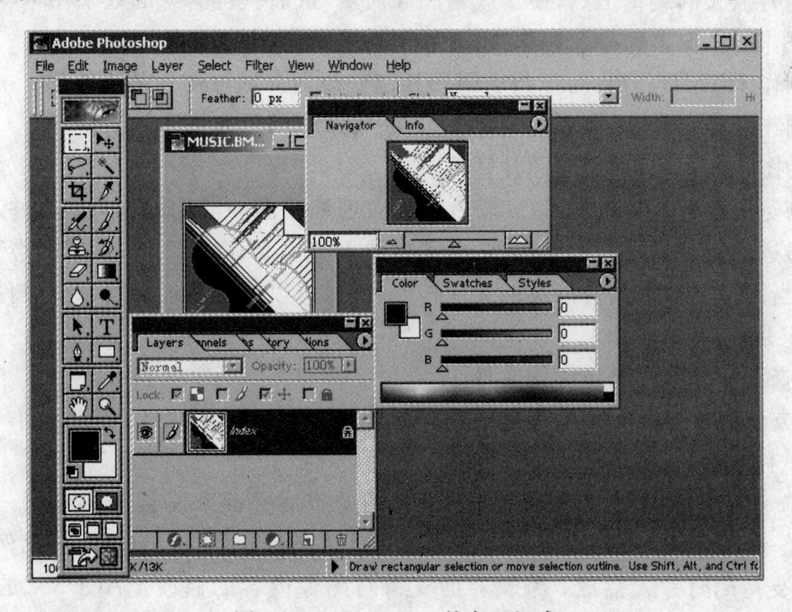

图 3.14　Photoshop 的窗口组成

照片编辑程序能够帮助用户修剪照片、除去疵点、更换颜色、消除红眼、结合不同照片的要素实施特殊的效果。也可以调整图片的大小,将某人加入照片中或从照片中删除。

如果绘图程序先标出构成物体的点,然后在这些点之间自动画线。这样构成的图形称为矢量图。用鼠标或输入笔和数字化仪把图像输入计算机。物体可以很容易地在屏幕上移动或删除。复杂的图像可以通过组合或叠加物体来生成。矢量图的优点是存储空间相对较小。而且矢量图形的图片比较容易操作。

2. 图像处理软件 ACDSee

ACDSee 是目前最流行的数字图像处理软件,广泛应用于图片的获取、管理、浏览、优化以及与他人分享。它可以从数码相机和扫描仪高效地获取图片,并进行查找、组织和预览,能快速、高质量显示图片,其配有内置的音频播放器,可处理 MPEG 等常用的视频文件。此外 ACDSee 还是图片编辑工具,可以处理数码影像,拥有去除红眼、剪切图像、锐化、浮雕特效、曝光调整、旋转、镜像等功能。

ACDSee 最早是以查看图片功能被人们熟悉的,经过多次版本升级,ACDSee 8.0 已经发展为功能齐全的图像软件,它对于管理大量的数码照片非常实用。ACDSee 8.0 增加了图片搜索条、图片修理工具、完整的 IPTC 数据支持,并能在刻录 VCD 时加入图片说明和图片参数,在 IPTC 数据支持下,允许摄影师加入或者编辑图片的说明文字、关键字和类别,它的图片修复功能,还可以修改图片的曝光过度、镜头光晕和红眼等。ACDSee 8.0 的主要功能和特点有:

(1) 提供简单的文件管理功能,可以进行文件的复制、移动、重命名、批量更改日期和文件名以及转换图片格式等操作。

(2) 提供全屏查看图形模式,便于查看较大的图片。

(3) 拥有强大的编辑工具,便于改善图像质量,从而获得满意的效果。

(4) 制作屏幕保护程序及制作桌面墙纸。

(5) 制作 HTML 相册,可以将普通图片制作成适合网页使用的缩略图。

(6) 制作缩印图片,将多页的文档打印在一张纸上,形成缩印效果。

(7) 为图片添加注释,便于图片管理。

(8) 浏览图像时,可以设置以幻灯片的方式或缩略图的形式播放动画文件。

(9) 通过内置声音文件的解码器,自动播放 WAV、MID、MP3 等各式的声音文件。

(10) 当图像文件不具有标准的文件扩展名时,可以设定通过访问每个文件的头文件信息强制确定是否为图像文件。

(11) 查看和显示压缩包中的文件。

(12) 方便地创建视频幻灯片和 VCD,制作出的 VCD 支持 NTSC 和 PAL 制式,能够在任何播放软件中播放。

ACDSee 共有三种界面:图像浏览界面,图像查看界面和图像编辑界面。图像浏览界面适合浏览一个或多个文件夹中大量的图像;图像查看界面以指定的缩放比例一次显示一幅图像,并支持幻灯片式播放;编辑界面支持对图像内容的修改。ACDSee 的图像浏览界面如图 3.15 所示。

图 3.15　ACDSee 图像浏览界面

3.4.3　视频处理软件

1. 概述

现在玩 DV 的人越来越多，他们更热衷于通过数码相机、摄像机摄录下自己的生活片断，再用视频编辑软件将影像制作成碟片，在电视上来播放，体验自己制作、编辑电影的乐趣。目前，市场上有不少视频编辑软件可供大家选择，如 Adobe 公司的 Premiere。

Premiere 是 Adobe 公司推出的基于非线性编辑设备的音视频编辑软件，已经在影视制作领域取得了巨大的成功。现在被广泛地应用于电视台、广告制作、电影剪辑等领域，成为 PC 和 MAC 平台上应用最为广泛的视频编辑软件。最新版本的 Premiere 6.0 完善地解决了 DV 数字化影像和网上的编辑问题，为 Windows 平台和其他跨平台的 DV 和所有网页影像提供了全新的支持。同时它可以与其他 Adobe 软件(如 After Effects 5.0)紧密集成，组成完整的视频设计解决方案。新增的 Edit Original(编辑原稿)命令可以再次编辑置入的图形或图像。另外在 Premiere 6.0 中，首次加入关键帧的概念，用户可以在轨道中添加、移动、删除和编辑关键帧，对于控制高级的二维动画游刃有余。

Premiere 算是比较专业的人士普遍运用的软件，但对于一般网页上或教学、娱乐方面的应用，Premiere 的亲和力就差了些，ULEAD 的 Media Studio Pro(最新版本为 6.5)在这方面是最好的选择。Media Studio Pro 主要的编辑应用程序有 Video Editor(类似 Premiere 的视频编辑软件)、Audio Editor(音效编辑)、CG Infinity、Video Paint，内容涵盖了视频编辑、影片特效、2D 动画制作，是一套整合性完备、面面俱到的视频编辑套餐式软件。

虽然 Media Studio Pro 的亲和力高、学习容易，但对一般的上班族、学生等家用娱乐的领域来说，它还是显得太过专业、功能繁多，并不是非常容易上手。ULEAD 的另一套编辑软件 Ulead Video Studio(会声会影),便是完全针对家庭娱乐、个人纪录片制作之用的简便型视频编辑软件。会声会影提供了 12 类 114 个转场效果,还有可让我们在影片中加入字幕、旁白或动态标题的文字功能,输出方式也多种多样,算是一套最能让一般的计算机使用者应用的视频软件。

Ulead DVD 制片家(Ulead DVD MovieFactory)是完整的从摄像机到 DVD/VCD 的解决方案。它具备简单的向导式制作流程,可以快速将您的影片刻录到 VCD 或 DVD。内置的 DV-to-MPEG 技术可以直接把视频捕获为 MPEG 格式,然后马上进行 VCD/DVD 光盘的刻录;成批转换功能可以不受视频格式的限制。还包含了一个简单的视频编辑模块,让你对影片进行快速剪裁。制作有趣的场景选择菜单可以为您的 DVD 增加互动性,支持多层菜单,可以选择预制的专业化模板或用自己的相片作为背景。最终可以将您的影片刻录到 DVD、VCD 或 SVCD,在家用 DVD/VCD 播放机或电脑上欣赏。

除了上述的视频处理软件外,还有一个易学易用的视频编辑工具就是 Windows XP 自带的 Movie Maker,下面我们将加以介绍。

2. 视频处理软件 Movie Maker

Movie Maker 是 Windows XP 的附件,可以通过数码相机等设备获取素材,创建并观看自定义的视频影片,创建自己的家庭录像,添加自定义的音频曲目、解说和过渡效果,制作电影片段和视频光盘,还可以从 CD(唱盘)、TV(电视)、VCR(录像机)等连接到计算机的设备上复制音乐,并储存到计算机中。Movie Maker 的主要功能有以下几个方面。

(1) 转场和滤镜

Movie Maker 预置了近 30 种滤镜和 60 种转场效果,可以在监视窗口中预览这些转场和滤镜,并且可以通过拖拽的方式,直接应用到正在编辑的视频剪辑上。

(2) 标题和字幕

通过单击任务窗格中的 Edit Movie|Make titles or credits 创建标题和字幕,选择创建标题和字幕的位置,还可以更改标题和字幕的字体与颜色以及标题的动画方式。

(3) 音频编辑

在采集视频文件时,Movie Maker 自动将视频和原始音频进行分离,可以对原始音频进行简单编辑,为影片添加背景音乐和旁白,或调整原始音频和背景音乐之间的平衡。

(4) AutoMovie

Movie Maker 在进行视频编辑时,自动分析用户所选择的素材,按照指定的 AutoMovie Editing style 自动将这些素材合成影片,并且为影片创建标题、字幕以及转场效果。

(5) 自动场景检测

Movie Maker 自动检测出该视频中的自然间断,并且按照录制日期和时间的变化,自动将检测到的每个场景分割成单独的素材。场景检测可以使用户更加方便地准备与管理素材,提高编辑的效率。

(6) 批量采集

利用 Movie Maker,在采集摄像机中的视频时,事先选择录像带中需要捕获的部分,将每个部分的开始与结束时间码记录到捕获任务列表中,然后根据任务列表一次捕获所有选取的部分。

因为 Movie Maker 是 Windows XP 的附件,所以只要用户安装的是 Windows 操作系统,便可以使用它。如图3.16是启动Movie Maker之后的界面,由菜单、工具栏和四个窗格组成,窗格①可以显示"电影任务"和"收藏"两个窗格之一,由工具栏上和"查看"菜单中的"任务"和"收藏"(任务 收藏)命令进行切换;窗格②可以显示"收藏"、"视频效果"、"视频过渡"等内容,由工具栏"收藏"后的组合框选项指定;窗格③用来显示视频内容和效果预览;窗格④可以显示"时间线"和"情节提要"两个窗格之一,由"查看"菜单的第一个菜单项确定。

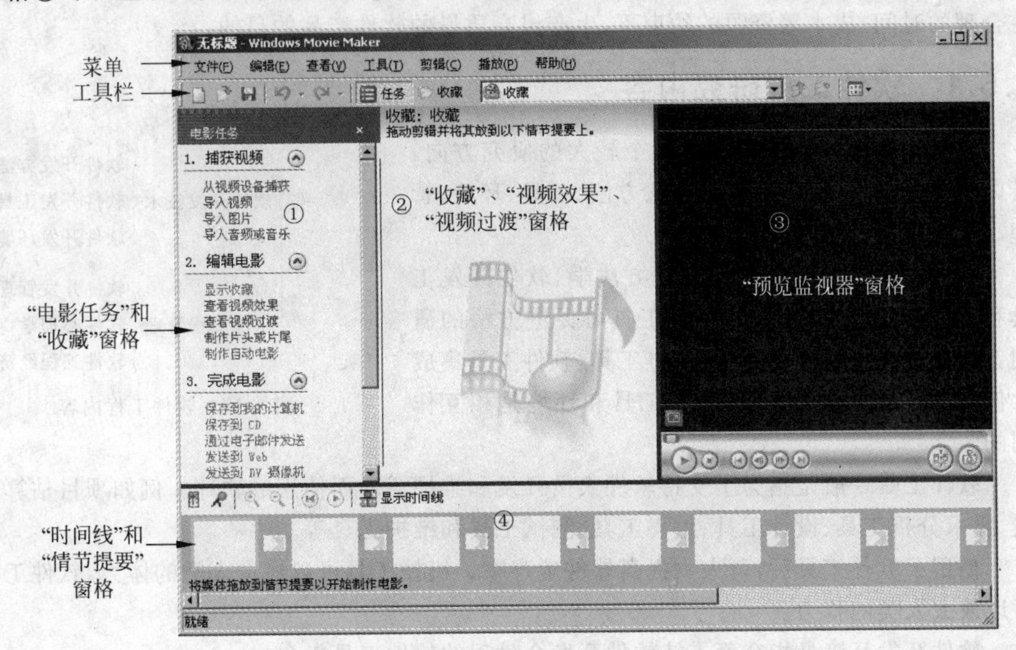

图3.16 Movie Maker的界面

Movie Maker生成的WMV电影文件可以使用媒体播放器Windows Media Player来播放。媒体播放器也是Windows的附件,在Windows附件的"娱乐"程序组中有它的快捷方式。除了媒体播放器,目前绝大多数的视频播放软件都支持WMV格式的播放。

3.5 软件工程

在计算机发展早期,软件开发过程没有统一的、公认的方法或指导规范。参加人员各行其是,程序设计被看做纯粹个人行为。从20世纪60年代末以来,随着计算机应用的普及和深化,计算机软件以惊人速度急剧膨胀,规模越来越大,复杂程度越来越高,牵涉的人员越来越多,使大型软件的生产出现了很大的困难,即出现了软件危机。它的主要表现是:

(1) 软件需求增长得不到满足。

(2) 成本增长难以控制,价格极高。

(3) 软件开发进度难以控制,周期拖得很长。

(4) 软件质量难以保证。

(5) 软件的可维护性差。

软件工程正是在这个时期,为了解决这种"软件危机"而提出来的。"软件工程"这个词第一次正式提出是在1968年北约组织的一次学术讨论会上,主要思想是按工程化的原则和方法来组织和规范软件开发过程,解决软件研制中面临的困难和混乱,从而根本上解决软件危机。因此,所谓软件工程,就是研究大规模程序设计的方法、工具和管理的一门工程科学。要求采用工程的概念、原理、技术和方法来开发和维护软件,把经过时间考验而证明正确的管理技术和当前能够得到的最好的技术方法结合起来。在软件研制开发过程中,若能严格遵循软件工程的方法论,便可提高软件开发的成功率,减少开发及维护中的问题。最终达到在合理的时间、成本等资源的约束下,生产出高质量的软件产品的目的。

3.5.1 软件工程研究内容

软件工程是计算机领域的一个较大的研究方向,其内容十分丰富,包括理论、结构、方法、工具、环境、管理、经济、规范等,如图3.17所示。

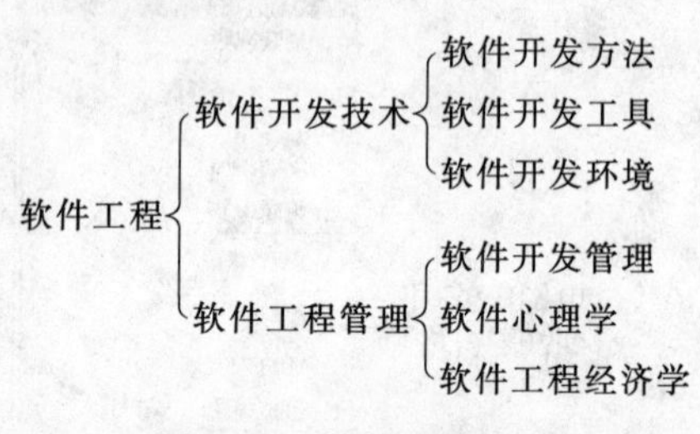

图3.17 软件工程内容

软件开发技术包括软件开发方法学、软件开发工具和软件开发环境,良好的软件工具可促进方法的研制,而先进的软件开发方法能改进工具,软件工具集成软件开发环境。软件开发方法、工具和环境是相互作用的。

软件工具一般是指为了支持软件人员开发和维护活动而使用的软件。例如项目估算工具、需求分析工具、设计工具、编码工具、测试工具和维护工具等。

使用了软件工具后,可大大提高软件生产率。机械工具可以放大人类的体力,软件工具可以放大人类的智力。

软件开发环境是指全面支持软件开发全过程的软件工具集合。

软件工程管理技术是实现开发质量的保证。软件工程管理包括软件开发管理和软件经济管理。

软件开发管理包括软件开发规划的制定、人员的组成、制定计划、确定软件标准与配置。

软件经济管理主要指成本估算、效益评估、风险分析、投资回收计划、质量评价等。

软件工程学的最终目的是研究如何以较少的投入获得易维护、易理解、可靠性高的软件产品。所以软件工程学就必须研究软件结构、软件设计与开发方法、软件的维护方法、软件工具与开发环境、软件工程的标准与规范、软件工程经济学以及软件开发技术与管理技术的相关理论。

软件开发过程是开发人员的活动,因此,开发人员的热情、情绪等心理因素显然会对软件的开发过程产生影响,所以现在对开发人员的心理活动的研究也非常重视。

由软件工程的内容可知,它涉及计算机科学、工程科学、管理科学、经济学和数学等领域,是一门综合性的交叉学科。正因为软件工程涉及内容较多,所以我们将主要从软件开发过程的角度作简单介绍。

3.5.2 软件工程的基本原则

1. 软件的生存周期

软件生存周期由软件定义、软件开发和运行维护三个时期组成,每个时期又可进一步划分成若干个阶段。

软件定义时期的工作一是问题定义，这也是软件生存期的第一个阶段，主要任务是弄清用户要计算机解决的问题是什么。二是可行性研究，其任务是为前一阶段提出的问题寻求一种或数种在技术上可行、且在经济上有较高效益的解决方案。

软件开发时期一般有五个阶段，包括以下几点。

(1) 需求分析。弄清用户对软件系统的全部需求，主要是确定目标系统必须具备哪些功能。

(2) 总体设计。设计软件的结构，即确定程序由哪些模块组成以及模块间的关系。

(3) 详细设计。针对单个模块的设计。

(4) 编码。按照选定的语言，把模块的过程性描述翻译为源程序。

(5) 测试。通过各种类型的测试使软件达到预定的要求。

软件运行时期是软件生存周期的最后一个时期。软件人员在这一时期的工作，主要是做好软件维护。维护的目的，是使软件在整个生存周期内保证满足用户的需求和延长软件的使用寿命。

为了保证软件项目取得成功，首要的任务是制定一些必要的计划，如项目实施总计划、软件配置管理计划、软件质量保证计划、测试计划、系统安装计划、运行和维护管理计划等，这些计划要面向开发过程的各个阶段。参与各阶段工作的技术人员必须严格按计划行事。如要修改计划，也必须按照严格的手续进行。

2. 编制软件文档

文档编写与管理是软件开发过程的一个重要工作，对软件工程来说具有非常重要的意义。它是软件开发人员、管理人员、维护人员以及用户之间的桥梁。因此，为了实现对软件开发过程的管理，在开发工作的每一阶段，都需按照规定的格式编写完整精确的文档资料。文档应满足下列要求：

(1) 必须描述如何使用这个系统，即向用户提供“用户使用手册”。

(2) 必须描述怎样安装和管理这个系统。

(3) 必须描述系统需求和设计，即提供“软件需求说明书”、“总体设计说明书”、“详细设计说明书”等文档，以便协调各个阶段的工作。

(4) 必须描述系统安装和测试，以便将来的维护。

(5) 向未来用户介绍软件的功能和能力，使之能判断该软件能否适合使用者的需要。

3.5.3 软件开发过程

1. 软件开发过程模型

软件开发模型总体来说有传统的瀑布模型、增量模型以及软件重用模型等。

(1) 瀑布模型

将软件生存周期的各项活动规定为依照固定顺序连接的若干阶段工作，形如瀑布流水，最终得到软件产品。如图3.18所示，在图的右边列出了各阶段应提供的文档资料。

瀑布模型规定了各项软件工程活动，包括：制定开发计划，进行需求分析和说明，软件设计，程序编码、测试及运行维护，并且规定了它们自上而下，相互衔接的固定次序，如同瀑布流水，逐级下落。

然而软件开发的实践表明，上述各项活动之间并非完全是自上而下，呈线性图式。实际

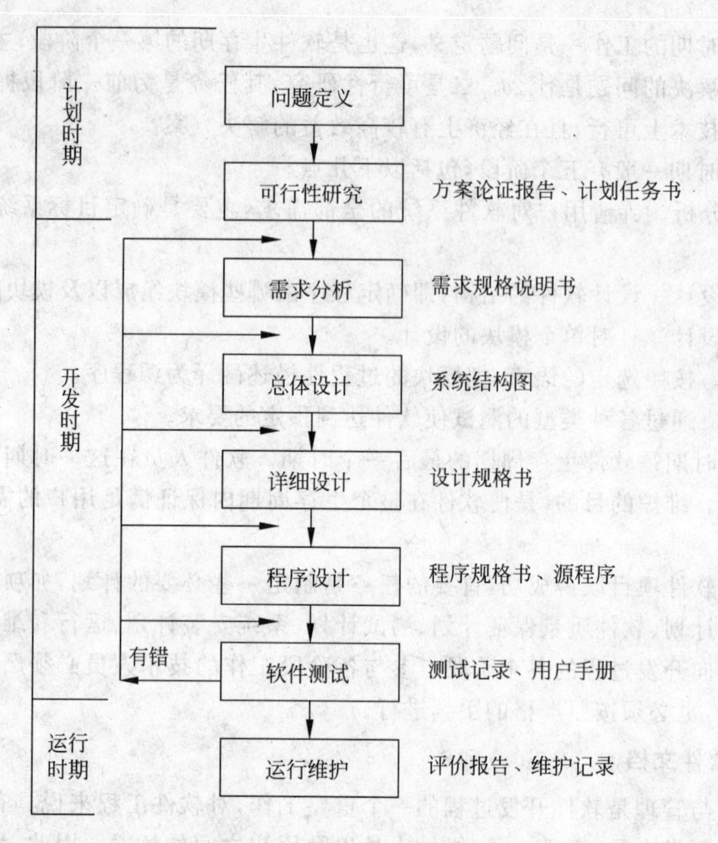

图 3.18 软件开发瀑布模型

情况是,每项开发活动均处于一个质量环(输入→处理→输出→评审)中。只有当其工作得到确认,才能继续进行下一项活动,这在图 3.18 中用向下的箭头表示;否则返工,在图 3.18 中由向上的箭头表示。

瀑布模型为软件开发提供了一种有效的管理模型。根据这一模型制定开发计划,进行成本预算,组织开发力量,以项目的阶段评审和文档控制为手段有效地对整个开发过程进行指导。

瀑布模型这种模式建立在完备的需求分析的基础上,但实际上由于用户不熟悉信息技术,可能提出非常含糊的需求,而这种需求因为用户与开发者之间存在的文化差异,导致双方对问题的理解产生了差异,这个差异常常表现为开发人员对问题的随意解释。经验还证明,一旦用户开始使用计算机系统,他们对目标系统的理解可能又会发生变化,这显然会使原始需求无效。所以,实际上需求分析在许多情况下是不可能完备和准确的。

瀑布模型是一种整体开发模型,在开发过程中,用户看不见系统是什么样,只有开发完成向用户提交整个系统时,用户才能看到一个完整的系统。

瀑布模型适合于功能和性能明确、完整、无重大变化的软件开发。对于当前的大型软件项目,特别是应用软件项目,在开发前期用户常常对系统只有一个模糊的想法,很难明确确定和表达对系统的全面要求,所以这类软件经过详细的需求定义,尽管可得到一份较好的需求说明,但却很难期望该需求说明能将系统的一切都描述得完整、准确、一致并与实际环境相符,很难通过它在逻辑上推断出系统的运行效果,并以此达到各类人员对系统的共同理解。

作为整体开发的瀑布模型，由于不支持软件产品的演化，对开发过程中的一些很难发现的错误只有在最终产品运行时才能发现，所以最终产品将难以维护。

(2) 增量模型

该方法不要求从一开始就有一个完整的软件需求定义。常常是用户自己对软件需求的理解还不甚明确，或者讲不清楚。渐增型开发方法允许从部分需求定义出发，先建立一个不完全的系统，通过测试运行整个系统取得经验和反馈，加深对软件需求的理解，进一步使系统扩充和完善。如此反复进行，直至软件人员和用户对所设计完成的软件系统满意为止。由于渐增型软件开发的过程自始至终都是在软件人员和用户的共同参与下进行的，所以一旦发现正在开发的软件与用户要求不符，就可以立即进行修改。使用这种方法开发出来的软件系统可以很好地满足用户的需求。

在增量模型中，通常把第一次得到的试验性产品称为“原型”。软件在该模型中是“逐渐”开发出来，开发一部分，向用户展示一部分，可让用户及早看到部分软件，及早发现问题。或者先开发一个“原型”软件，完成部分主要功能，展示给用户并征求意见，然后逐步完善，最终获得满意的软件产品。因此该模型也称为快速原型模型。

该模型具有较大的灵活性，适合于软件需求不明确、设计方案有一定风险的软件项目。开发过程如图 3.19 所示。

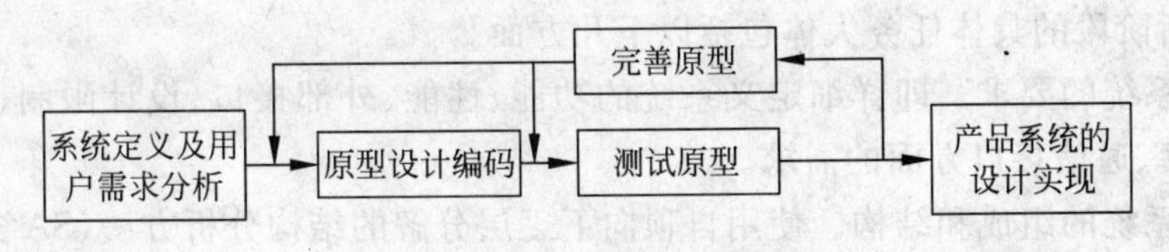

图 3.19　增量模型开发软件的过程

(3) 软件重用模型

这种开发模型旨在开发具有各种一般性功能的软件模块，将它们组成软件重用库，这些模块设计时考虑其适应各种界面的接口规格，可供软件开发时使用。

上面介绍的是目前常见的软件开发模型，但对于一个具体的软件开发过程可能会存在着若干方法的组合与交叉，比如将瀑布模型与增量模型结合起来，加入了两种模型均忽略的风险分析，就形成了所谓的螺旋模型。随着软件开发技术的进步，一些新的开发模型与方式也在出现，现有的开发模型也在不断地完善与演变。

2. 软件开发过程

(1) 可行性论证

可行性论证是软件生存周期中的第一个阶段，进行论证的目的在于用最小的代价确定新开发系统的系统目标和规模能否实现，系统方案在经济上、技术上和操作上是否可以接受。因此，可行性研究主要集中在如下三个方面：

① 经济可行性。这是对经济合理性进行评价，包括对项目进行成本效益分析，比较项目开发的成本与预期将得到的效益。

② 技术可行性。对要求的功能、性能以及限制条件进行分析，以确定现有技术能否实现这个系统。

③ 操作可行性。系统的操作方式在用户所在的组织内是否可行。

可行性论证的结果应写成可行性分析报告,作为使用部门是否继续进行该项工程的依据,并作为软件文档的基础材料。可行性分析报告的内容应该包括以下几个方面:

① 背景情况。包括国内外水平、历史现状和市场需求。

② 系统描述。包括总体方案和技术路线、课题分解、关键技术、计划目标和阶段目标。

③ 成本效益分析。即经济可行性,包括经费概算和预期经济效益。

④ 技术风险评价。即技术可行性,包括技术实力、设备条件和已有工作基础。

⑤ 其他与项目有关的问题。如法律问题,确定由于系统开发可能引起的侵权或法律责任等。

(2) 需求分析

需求分析是软件开发阶段要做的第一项工作,它的任务是要对可行性论证与开发计划中制定出的系统目标和功能进行进一步的详细论证;对系统环境,包括用户需求、硬件需求、软件需求进行更深入的分析;对开发计划进一步细化。

需求分析阶段研究的对象是软件产品的用户要求。需要注意的是,必须全面理解用户的各项需求,但又不能全盘接受所有的要求。因为并非所有的用户要求都是合理的。对其中模糊的要求需要澄清,决定是否可以采纳;对于无法实现的要求应向用户做充分的解释,并求得谅解。

需求分析阶段的具体任务大体包括以下几方面。

① 确定系统的要求。即详细定义系统的功能、性能、外部接口、设计限制、软硬支撑环境以及数据库、通信接口方面的需求。

② 确定系统的组成和结构。使用自顶向下逐层分解的结构分析方法(SA方法)对系统进行分解,以确定系统的组成成分和软件系统的构成。

③ 分析系统的数据要求。任何一个软件系统本质上都是信息处理系统,系统必须处理的信息和系统应该产生的信息在很大程度上决定了系统的面貌,对软件设计有深远的影响。因此,分析系统的数据要求是软件需求分析的一个重要任务。数据流图(Data Flow Diagram,DFD)和数据词典(Data Dictionary,DD)是描述数据处理过程的有力工具。DFD从数据传递和加工的角度,以图形的方式描述数据处理系统的工作情况。而数据词典的任务是对DFD中出现的所有数据元素给出明确定义,使DFD中的数据流名字、加工名字和文件名字具有确切的解释。数据流图和数据字典的密切配合,能清楚表达数据处理的要求。

④ 编写需求规格说明书。它是需求分析结果的文档形式,是用户和软件开发者对开发的软件系统的共同理解,相当于用户和开发单位之间的一份技术合同。同时也是以后各阶段工作的基础,是对软件系统进行确认和验收的依据。

(3) 总体设计

总体设计是在需求分析的基础上进行的工作,是软件开发时期的一个阶段,它的根本目的是设计软件系统的结构。总体设计的主要任务有两个。一是设计软件系统结构,也就是要将系统划分成模块,确定每个模块的功能,以及这些模块相互间的调用关系、模块间的接口等。应该把模块组织成良好的层次系统。上层模块调用下层模块,最下层的模块完成最基本、最具体的功能。软件结构一般用层次图或结构图来描述。应用结构化设计方法可从需求分析阶段得到的DFD中产生出系统结构图。总体设计的第二个任务是设计主要的数据结构。这包括确定主要算法的数据结构、文件结构或数据库模式。尤其是对于需要使用数据库的应用领域，分析员应该对数据库做进一步设计，包括模式、子模式、完整性、安全性设计。总体设计阶段的文档是“总体设计说明书”。

通常在总体设计时，采用层次图来描述软件的层次结构，它很适合在自顶向下设计软件的过程中使用。此外，还有其他一些图形表达方法，如 Yourdon 结构图等。图 3.20 为层次图的一个实例。

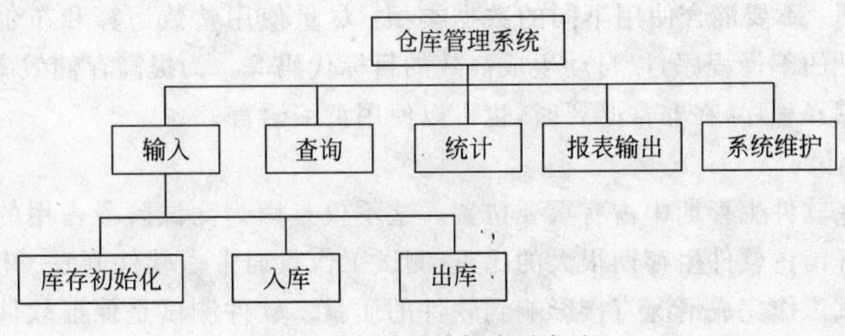

图 3.20 软件结构表示方法

(4) 详细设计

如前所述，总体设计阶段确定了软件系统的总体结构，给出了各个组成模块的功能和模块间的接口，是详细设计阶段的基础。因此，详细设计就是在总体设计的基础上，确定应该怎样具体地实现所要求的系统，直到对系统中的每个模块给出足够的、详细的过程描述，从而在编码阶段可以把整个描述直接翻译成用某种程序设计语言书写的程序。详细设计的结果基本上决定了最终的程序代码的质量。

描述程序处理过程的工具称为详细设计的工具，常用的表示工具有程序流程图、盒图(N-S 图)、PAD 图、过程设计语言(PDL)等。这在前面已经加以介绍。

(5) 软件编码

编码是设计的自然结果，也就是把软件设计的结果翻译成用某种程序设计语言书写的程序。程序的质量主要取决于软件设计的质量。但是，程序设计语言的特性和编码风格也会对程序的可靠性、可读性、可测试性和可维护性产生深远的影响。源程序代码的逻辑简明清晰、易读易懂是好程序的一个重要标准。因此，我们要选用一个合适的程序设计语言。

编写程序时主要应注意以下几个方面。

① 程序内部文档。包括恰当的标识符、适当的注释和程序代码的布局等。选取含义鲜明的名字，使它能正确地提示程序对象所代表的实体。如果使用缩写，那么缩写规则应该一致。注释是程序员和程序读者通信的重要手段，正确的注释有助于对程序的理解。程序清单的布局对于程序的可读性也有很大的影响，利用适当的缩进方式可使程序的层次结构清晰明显。

② 语句构造。每个语句都应该简单而直接，不能为了提高效率而使程序变得过分复杂；不要为了节省空间而把多个语句写在同一行；应尽量避免对复杂条件的测试，避免大量使用循环嵌套和条件嵌套；利用括号使逻辑表达式或算术表达式的运算次序清晰直观。

③ 输入输出。在设计和编写程序时应该考虑有关输入输出的规则，对所有输入数据都进行校验，检查输入项重要组合的合法性，保持输入格式简单；使用数据结束标志，不要求用户指定数据的数目；明确提示交互式输入的请求，详细说明可用的选择和边界值，设计良

好的输出报表。

④ 效率。包括时间效率和空间效率(存储效率)。源程序的效率直接由详细设计阶段确定的算法的效率决定,但是,编码风格也能对程序的执行速度和存储效率产生影响。为了提高程序的时间效率,可以考虑在写程序之前先简化算术和逻辑表达式;仔细研究嵌套的循环,以确定是否有语句可以从内层往外移;尽量避免使用指针和复杂的表;使用执行时间短的算术运算;不要混合使用不同的数据类型;尽量使用整数运算和布尔表达式,使用有良好优化特性的编译程序,以自动生成高效的目标代码等。为提高存储效率,可选用有紧缩存储特性的编译程序,在非常必要时,也可以使用汇编语言。

(6) 软件测试

测试工作在软件生存期中占有重要位置。这不仅是因为测试阶段占用的时间、花费的人力和成本的开销占软件生存期很大的比重(测试工作量通常占软件开发工作量的40%~50%),而且测试工作完成情况直接影响到软件的质量。软件测试是保证软件质量的关键,也是对需求、设计和编码的最终评审。软件测试的目标是找出错误。

软件测试的方法有黑盒法测试和白盒法测试。

① 黑盒测试也称为功能测试或数据驱动测试。它把程序看成是一个黑盒子,不关心程序内部的逻辑,只是根据程序的功能说明来设计测试用例,主要用于测试软件的外部功能。即检查程序是否能适当地接收输入数据并产生正确的输出信息。黑盒法有以下几种:等价分类法、边界值分析法、因果图法、错误推测法等。

② 白盒测试即结构测试,它把程序看成是一个透明的白盒子,也就是完全了解程序的结构和处理过程。这种方法利用程序结构的实现细节来设计测试用例,涉及程序设计风格、控制方法、源语句、数据库细节、编码细节等,这种方法非常重视测试用例的覆盖率。

(7) 软件维护

软件维护是软件交付使用以后对它所作的改变,也是软件生命期的最后一个阶段。如果软件是可测试的、可理解的、可修改的、可移植的、可靠的、有效的和可用的,则说明软件是可维护的。但软件维护的工作量非常大,大型软件的维护成本通常高达开发成本的4倍左右。

软件系统维护工作主要包括以下三个方面:改正性维护、适应性维护和完善性维护。

① 改正性维护。虽然在软件完成后进行了软件测试,但它不能将软件系统的所有错误和问题都一一检查出来并加以处理,因此仍然存在一些潜在的问题。这些潜在的问题就要由软件维护来解决了。因此维护工作是在软件运行中发生异常或故障时进行的。这种故障常常是由于遇到了从未用过的输入数据组合情况或是与其他软件或硬件的接口出现问题。

② 适应性维护。大型软件的开发往往投入了大量的人力物力,使用寿命往往在十年以上。在软件系统的使用过程中,为了使该软件能适应外部环境的变动,人们必须对软件系统进行必要的修改。将这种为适应硬件系统和软件系统的变化而对软件系统所做的修改叫适应性维护。

③ 完善性维护。是为了扩充软件的功能,提高原有软件性能而开展的软件工程活动。例如,用户在使用了一段时间以后,提出了新的要求,希望在已开发的软件基础上加以扩充。

习题

1. 什么是软件？简述软件的分类。

2. 什么是程序设计语言？试述计算机语言的分类以及它们的主要特点。

3. 请说明以下名词的正确含义：

源程序　目标程序　编译程序　汇编程序　程序　进程　虚拟存储器　文件

4. 什么是操作系统？它可分为哪几类？各有什么特点及适用于何种场合？

5. 操作系统的基本功能是什么？它包括哪些基本部分？

6. 试说明你所使用过的操作系统的类型和特点。

7. 在Word 2010中输入本书3.3.3的内容，以文件名EX1.doc存放在自己的U盘上。要求如下。

(1) 页面设置为16开，页边距设成上、下、左、右全部为2cm；

(2) 所有标点符用中文方式，书中的字体、字号按原样设置，书中的图形按原样绘制；

(3) 设置页眉页脚，页眉为“存储管理”，而在页脚中放置页码，并居中；

(4) 首页用WordArt设计一个艺术封面，内容为“南京理工大学”的艺术变形，并写上班级、学号、姓名。

8. 在Excel 2010中输入本书中如图3.11所示的表格，以文件名“学生成绩.xls”存放在自己的U盘中。并进行如下的操作。

(1) 将标题行设置为：仿宋、18磅、粗斜体、合并及居中，且底纹设为黄色；标题与表格之间空一行；

(2) 利用公式，计算学生各门课的总成绩、平均分和所有课的总分；

(3) 总成绩、平均分和总分均保留两位小数；

(4) 将表格(不含标题行)外框设定为最粗实线，内框细实线，表头所在行(第二行)与第一条记录间设定为双线；而且表头文字水平垂直居中，背景为黄色，字体为楷体，颜色为红色；

(5) 生成嵌入式图表，要求图表类型为柱形图，子图表类型为簇状柱形图，图表反映各个同学的总分情况。

9. 试说明你所使用过的图形图像软件有哪些？它们各自有哪些特点？

10. 存储管理的基本任务是什么？

11. 请图示具有基本进程状态的状态转移图，并指出转移原因。

12. 什么是软件危机？什么是软件工程？

13. 在软件开发过程中，为什么强调文档编写？

14. 软件的生存周期是如何划分的？简述各阶段的主要任务。

15. 什么是黑盒测试和白盒测试？各有什么特点？软件测试的目标是什么？

16. 软件维护的主要工作包括哪几个方面？你认为在软件开发过程中应采取什么措施才能提高软件产品的可维护性？

CHAPTER 4

第4章 计算机技术

4.1 数据库系统

4.1.1 数据处理技术的产生与发展

在数据处理中,我们最常用到的基本概念就是数据和信息,信息与数据有着不同的含义。信息是关于现实世界事物的存在方式或运动状态的反映的综合,是客观事物之间相互联系和相互作用的表征,表现的是客观事物运动状态和变化的实质内容,具体说是一种被加工为特定形式的数据,但这种数据形式对接收者来说是有意义的,而且对当前和将来的决策具有明显的或实际的价值。如"2012年硕士研究生将扩招30%",对接收者有意义,使接收者据此作出决策。

数据是用来记录信息的可识别的符号,是信息的具体表现形式,信息则是数据的内涵,是对数据的语义解释。如上例中的数据2012、30%被赋予了特定的语义,它们就具有传递信息的功能。

数据处理是将数据转换成信息的过程,包括对数据的收集、存储、加工、检索、传输等一系列活动。其目的是从大量的原始数据中抽取和推导出有价值的信息,作为决策的依据。可用下式简单的表示信息、数据与数据处理的关系:

信息=数据+数据处理

数据是原料,是输入,而信息是产出,是输出结果。"信息处理"的真正含义应该是为了产生信息而处理数据。

信息在现代社会和国民经济发展中所起的作用越来越大,信息资源的开发和利用水平已成为衡量一个国家综合国力的重要标志之一。在计算机的三大主要应用领域(科学计算、数据处理和过程控制)中,数据处理是计算机应用的主要方面。数据库技术就是作为数据处理中的一门技术而发展起来的。

计算机对数据的管理是指对数据的组织、分类、编码、存储、检索和维护提供操作手段。数据管理技术随着计算机硬件、软件技术和计算机应用范围的发展而不断发展，多年来大致经历了如下三个阶段。

1. 人工管理阶段(20世纪50年代中期以前)

这一阶段计算机主要用于科学计算。硬件中的外存只有卡片、纸带、磁带，没有磁盘等直接存取设备。软件只有汇编语言，没有操作系统和管理数据的软件。数据处理的方式基本上是批处理。

人工管理阶段的特点如下。

(1) 数据不保存

因为当时计算机主要用于科学计算，对于数据保存的需求尚不迫切。

(2) 系统没有专用的软件对数据进行管理

每个应用程序都要包括数据的存储结构、存取方法、输入方式等，程序员编写应用程序时，还要安排数据的物理存储，因此程序员负担很重。

(3) 数据不共享

数据是面向程序的，一组数据只能对应一个程序。多个应用程序涉及某些相同的数据时，也必须各自定义，因此程序之间有大量的冗余数据。

(4) 数据不具有独立性

程序依赖于数据，如果数据的类型、格式或输入输出方式等逻辑结构或物理结构发生变化，必须对应用程序做出相应的修改。

在人工管理阶段，程序与数据之间的关系可用图4.1表示。

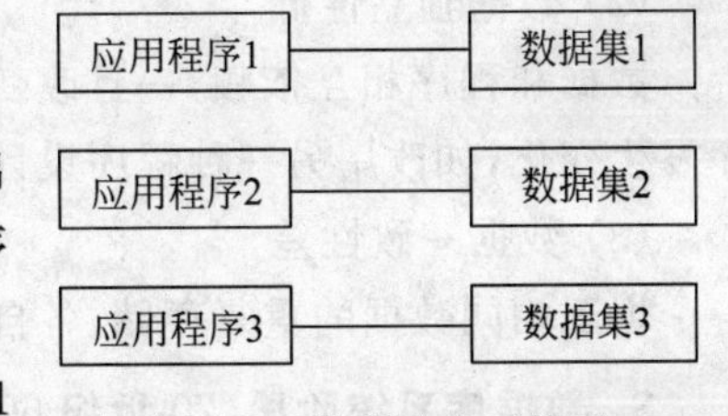

图4.1 数据的人工管理

2. 文件系统阶段(20世纪50年代后期至60年代中期)

这一阶段，计算机不仅用于科学计算，还大量用于信息管理。大量的数据存储、检索和维护成为紧迫的需求。在硬件方面，有了磁盘、磁鼓等直接存储设备。而在软件方面，出现了高级语言和操作系统。操作系统中有了专门管理数据的软件，一般称为文件系统。处理方式有批处理，也有联机处理。

文件管理数据的特点如下。

(1) 数据以文件形式可长期保存下来

用户可随时对文件进行查询、修改和增删等处理。

(2) 文件系统可对数据的存取进行管理

程序员只与文件名打交道，不必明确数据的物理存储，大大减轻了程序员的负担。

(3) 文件形式多样化

有顺序文件、倒排文件、索引文件等，因而对文件的记录可顺序访问，也可随机访问，更便于存储和查找数据。

(4) 程序与数据间有一定独立性

由专门的软件即文件系统进行数据管理，程序和数据间由软件提供的存取方法进行转换，数据存储发生变化不一定影响程序的运行。

在文件系统阶段,程序与数据之间的关系可用图4.2表示。

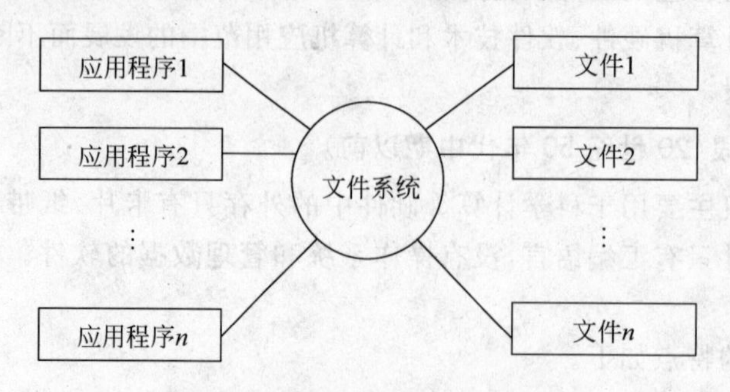

图4.2　数据的文件系统管理阶段

与人工管理阶段相比,文件系统阶段对数据的管理有了很大的进步,但一些根本性问题仍没有彻底解决,主要表现在以下三方面。

(1) 数据冗余度大

各数据文件之间没有有机的联系,一个文件基本上对应于一个应用程序,数据不能共享。

(2) 数据独立性低

数据和程序相互依赖,一旦改变数据的逻辑结构,必须修改相应的应用程序。而应用程序发生变化,如改用另一种程序设计语言来编写程序,也需修改数据结构。

(3) 数据一致性差

由于相同数据的重复存储、各自管理,在进行更新操作时,容易造成数据的不一致性。

3. 数据库系统阶段(20世纪60年代末开始)

20世纪60年代后期,计算机性能得到提高,更重要的是出现了大容量磁盘,存储容量大大增加且价格下降。在此基础上,有可能克服文件系统管理数据时的不足,而去满足和解决实际应用中多个用户,多个应用程序共享数据的要求,从而使数据能为尽可能多的应用程序服务,这就出现了数据库这样的数据管理技术。数据库技术研究的主要问题就是如何科学地组织和存储数据,如何高效地获取和处理数据。目前,数据库技术作为数据管理的主要技术目前已广泛应用于各个领域,数据库系统已成为计算机系统的重要组成部分,是计算机数据管理技术发展的新阶段。

数据库的特点是数据不再只针对某一特定应用,而是面向全组织,具有整体的结构性,共享性高,冗余度小,具有一定的程序与数据间的独立性,并且实现了对数据进行统一的控制。数据库技术的应用使数据存储量猛增,用户增加,而且数据库技术的出现使数据处理系统的研制从围绕以加工数据的程序为中心转向围绕共享的数据来进行,图4.3给出了数据的数据库系统管理示意图。

数据库管理系统将具有一定结构的数据组成一个集合,它主要具有以下几个特点。

(1) 数据的结构化

数据库中的数据并不是杂乱无章、毫不相干的,它们具有一定的组织结构,共属同一集合的数据具有相似的特征。例如,在一个学校的人员数据管理系统中,关于学生信息的若干个记录就有着相同的特征:每个学生记录都记录着系、班级、学号、姓名、年龄、民族等信息,

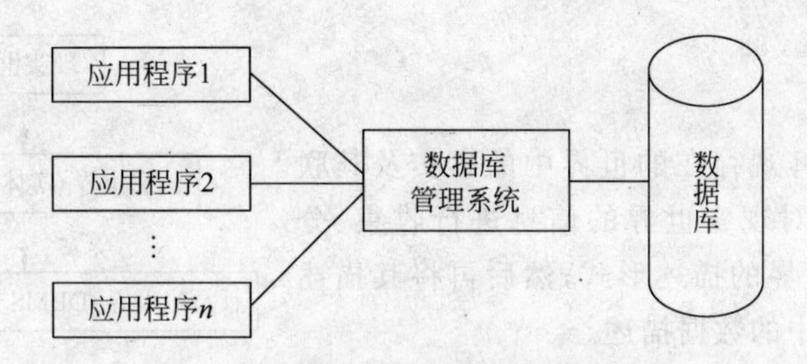

图 4.3 数据的数据库系统管理阶段

而学生成绩记录中记录着每个学生的各种成绩——数学、外语、政治等。

(2) 数据的共享性

在一个单位的各个部门之间，存在着大量重复的信息。使用数据库的目的就是要统一管理这些信息，减少冗余度，使各个部门共同享有相同的数据。在多用户数据库管理系统中，共享性还可以理解为多个用户可以同时使用数据库中的数据，甚至是同一个数据。

(3) 数据的独立性

数据的独立性是指数据记录和数据管理软件之间的独立。数据及其结构应具有独立性，而不应去改变应用程序。

(4) 数据的完整性

数据的完整性是指保证数据库中数据的正确性。可能造成数据不正确的原因很多，但是数据库管理系统应该通过对数据的性质进行检查而管理它们，例如商品的价格不能为负数；人的年龄应介于1～150之间；一场电影的订票数不应超过电影院的座位数等。

(5) 数据的灵活性

数据库管理系统不是把数据简单堆积，它应在记录数据信息的基础上具有多种管理功能，如输入、输出、查询、编辑修改等。

(6) 数据的安全性

一个单位所记录的信息并不是所有的人都有权力查看、修改。应根据用户的职责把他们的权力分成若干等级，不同级别的人对数据库的使用有着不同的权限。数据库管理系统应该确保数据的安全性，防止对数据的非法存取。并可采取一系列措施，实现对被破坏数据库的恢复。

从文件系统管理发展到数据库系统管理是信息处理领域的一个重大变化。在文件系统阶段，人们关注的是系统功能的设计，因此程序设计处于主导地位，数据服从于程序设计；而在数据库系统阶段，数据的结构设计已成为信息系统首先关心的问题。可以肯定的是，随着计算机软硬件的发展，成熟的数据库技术仍将不断地向前发展。特别是近年来，数据库技术和计算机网络技术的发展相互渗透、相互促进，已成为当今计算机领域发展迅速、应用广泛的两大领域。数据库技术不仅应用于事务处理，并且进一步应用到情报检索、人工智能、专家系统、计算机辅助设计等领域。

4.1.2 数据描述

在数据处理中，数据描述涉及许多范畴。数据从现实世界到计算机数据库里的具体表示要经历三个阶段，即现实世界、信息世界和计算机世界的数据描述。这三个阶段的关系如

图4.4所示。

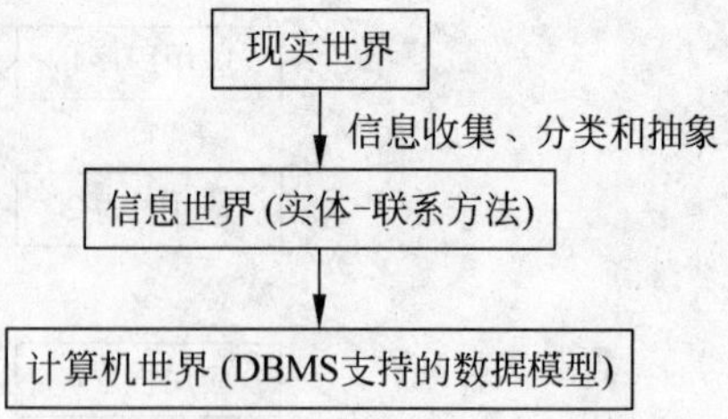

1. 现实世界

现实世界是指客观存在的世界中的事实及其联系。在这一阶段要对现实世界的信息进行收集、分类,并抽象成信息世界的描述形式,然后再将其描述转换成计算机世界中的数据描述。

图4.4 数据处理三阶段的关系

2. 信息世界

信息世界是现实世界在人们头脑中的反映,是对客观事物及其联系的一种抽象描述,一般采用实体-联系方法(Entity-Relationship Approach,E-R方法)表示。在数据库设计中,这一阶段又称为概念设计阶段,常用概念有以下几种。

(1) 实体

客观存在并相互区别的事物称为实体,实体可以是具体的人、事、物,也可以是抽象的概念或联系,例如一个学生、一个教师、一所学校、一门课、一次会议、一堂课、一场球赛等,这里从建立信息结构的角度出发,强调实体是被认识的客观事物,未被认识的客观事物就不可能找出它的特征,也就无法建立起相应的信息结构。

(2) 实体集

性质相同的同类实体的集合叫实体集,如教师、学生、课程等。研究实体集的共性是信息世界的基本任务之一。

(3) 属性

实体的某一特征称为属性。每个实体都有许多特征,以区别于其他实体。如一本书的主要特征是书名、作者名、出版社、出版年月和定价等;一次会议的主要特征是会议名称、会议时间、会议地点、参加对象及参加人数等。特征是在对客观事物进行深入分析的基础上归纳出来的。属性也称为“型”。实体集中实体具有相同的性质,即指的是具有相同的属性(或相同的型)。

(4) 元组

实体的每个属性都有一个确定值.称为属性的值。当某实体有多个属性时,则它们的值就构成一组值,称为元组。实体在信息世界中就是通过元组来表示的。属性的取值有一定的范围,这个范围称为属性域(或值域)。如描述人的年龄属性,可定在1～200的整数范围内;若对于某个具体人的年龄值,可能取值为50。

(5) 实体标识符

唯一标识实体的属性称为实体标识符,例如学号是学生实体的实体标识符。

(6) 联系(Relationship)

实体间的“联系”反映了现实世界中客观事物之间的关联。这种联系是复杂的、多种多样的,但归纳起来可分为三类:即一对一、一对多和多对多。

① 一对一联系(1∶1)

如果对于实体集 A 中的每一个实体,实体集 B 中至多有一个(也可以没有)实体与之联系,反之亦然,则称实体集 A 与实体集 B 具有一对一联系,记为1∶1。

例如,学校里面,一个班级只有一个正班长,而一个班长只在一个班中任职,则班级与班长之间具有一对一联系。

② 一对多联系(1∶n)

如果对于实体集 A 中的每一个实体,实体集 B 中有 n 个实体($n \geqslant 0$)与之联系,反之,对于实体集 B 中的每一个实体,实体集 A 中至多只有一个实体与之联系,则称实体集 A 与实体集 B 有一对多联系,记为 1∶n。

例如,一个班级中有若干名学生,而每个学生只在一个班级中学习,则班级与学生之间具有一对多联系。

③ 多对多联系(m∶n)

如果对于实体集 A 中的每一个实体,实体集 B 中有 n 个实体($n \geqslant 0$)与之联系,反之,对于实体集 B 中的每一个实体,实体集 A 中也有 m 个实体($m \geqslant 0$)与之联系,则称实体集 A 与实体集 B 具有多对多联系,记为 m∶n。

例如,一门课程同时有若干个学生选修,而一个学生可以同时选修多门课程,则课程与学生之间具有多对多联系,如图 4.5 所示。

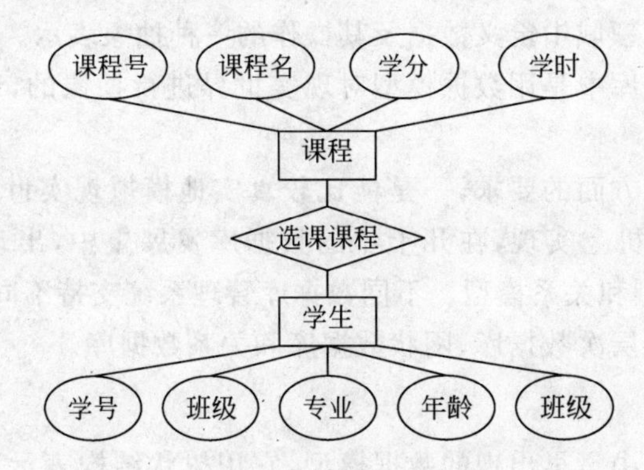

图 4.5　学生选课系统的 E-R 图(m∶n)

3. 计算机世界

这一阶段的数据处理是在信息世界对客观事物的描述基础上做进一步抽象,使用的方法为数据模型的方法,这一阶段的数据处理在数据库的设计过程中也称为逻辑设计。

与信息世界常用概念对应,在计算机世界中涉及的基本概念如下。

(1) 字段

对应与信息世界中的属性,用于标记实体属性的命名单位称为字段,或数据项。字段是数据库中可以命名的最小逻辑数据单位。例如:学生关系有学号、姓名、年龄、性别等字段。

(2) 记录

字段的有序集合称为记录。一般用每一个记录对应描述一个实体,因此记录又可以定义为能够完整地描述一个实体的字段集。例如:对应某一教师的姓名、年龄、性别、职称等。

(3) 文件

同一类型记录的集合称为文件。文件是用来描述实体集的。例如所有学生记录组成一个学生文件。

(4) 关键字

能够唯一标识文件中每个记录的字段或字段集,称为关键字或主码。如在学生实体中的学号可以作为关键字,因为每个学生只有唯一的学号。

计算机世界和信息世界概念的对应关系如表4.1所示。

表4.1 计算机世界和信息世界概念的对应关系表

信息世界	计算机世界	信息世界	计算机世界
实体	记录	实体集	文件
属性	字段	实体标识符	关键字

4.1.3 数据模型

人们经常以模型来刻画现实世界中的实际事物。地图,沙盘,航模都是具体的实物模型,它们会使人们联想到真实生活中的事物,人们也可以用抽象的模型来描述事物及事物运动的规律。这里讨论的数据模型就是这一类模型,它是以实际事物的数据特征的抽象来刻画事物的,描述的是事物数据的表征及其特性。

数据模型是数据库领域中定义数据及其操作的一种抽象表示。数据模型是数据库系统的核心和基础。在数据库中是用数据模型对现实世界进行抽象的,现有的数据库系统均是基于某种数据模型的。

数据模型应满足三方面的要求,一是能比较真实地模拟现实世界;二是容易为人们所理解;三是便于在计算机上实现,在几十年的数据库发展史中,出现了三种重要的数据模型:层次模型、网状模型和关系模型。不同数据库管理系统支持不同的数据模型,并按其支持的数据模型分别叫做层次数据库、网状数据库和关系数据库。

1. 层次模型

层次模型是数据库中最早出现的数据模型,它用树状结构表示数据之间的联系。这种树由结点和连线组成,结点表示现实世界中的实体集,连线表示实体之间的联系。层次模型的特点是:有且只有一个结点无双亲(上级结点),此结点叫根结点;其他结点有且只有一个双亲。在层次模型中双亲结点与子女(下级)结点之间的联系只能表示实体与实体之间一对多的对应关系。图4.6是层次模型的一个实例,表示的是一个教师学生层次数据库。其中系是根结点,树状结构反映的是实体之间的结构,该模型实际存储的数据通过链接指针体现了这种联系。

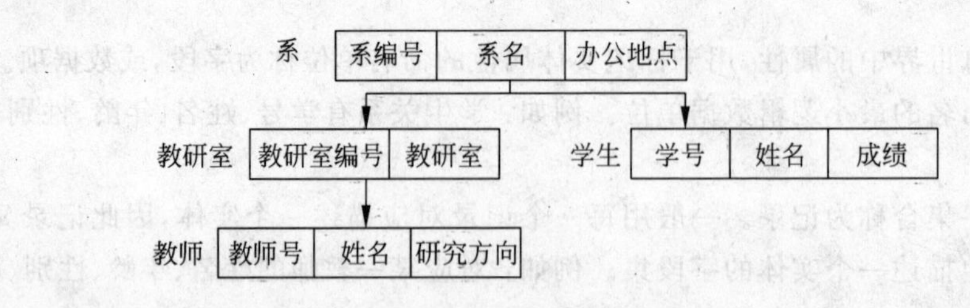

图4.6 教师学生层次

层次模型的优缺点如下。

(1) 层次模型的优点有:模型本身比较简单,操纵命令少,使用容易;实体间联系固定;层次模型可提供一定的完整性支持。

(2) 层次模型的缺点有：现实世界中非层次性的联系实现复杂；插入和删除的限制多；执行命令程序化。

2. 网状模型

网状模型是一种比层次模型更具普遍性的结构，它去掉了层次模型的两个限制，它允许多个结点没有双亲结点，也允许一个结点可以有多于一个的双亲，还允许两个结点之间有多种联系，因此网状模型更能描述现实世界。图 4.7 是一个学生选课数据库的网状模型。学生与选课、课程与选课是一对多的联系。

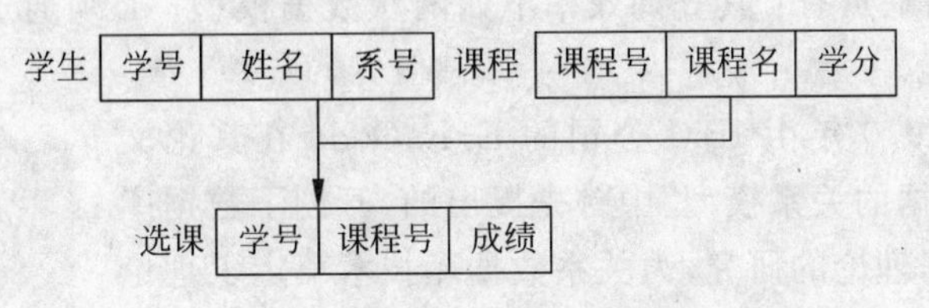

图 4.7　学生选课网状数据模型

网状模型的优缺点如下。

(1) 网状模型的优点有：更为直观地描述现实世界；性能良好存取效率较高。

(2) 网状模型的缺点有：其操纵语言较复杂；数据独立性较差。

层次数据库是数据库系统的先驱，而网状数据库则为数据库在概念、方法、技术上的发展奠定了基础。它们是数据库技术研究最早的两种数据库，而且也曾得到广泛的应用。但是，这两种数据库管理系统存在着结构比较复杂、用户不易掌握、数据存取操作必须按照模型结构中已定义好的存取路径进行、操作比较复杂等缺点，这就限制了这两种数据库管理系统的发展。

3. 关系模型

关系模型与层次模型、网状模型相比有着本质的区别，关系模型的基本思想是把事物与事物之间的联系用二维表格的形式来描述。一个关系可以看成一张二维表，表中的每一行是一个记录，在关系中称为元组，表中的每一列是一个字段，在关系中称为属性。

例如描述高校学生与课程数据库中，可建立三个关系，如表 4.2、表 4.3 和表 4.4 所示。各个表之间是通过相同的字段内容联系起来的。

表 4.2　学生信息表

学号	姓名
20060001	张丽
20060002	李欣
20060003	王兵
20060005	杨阳

表 4.3　课程信息表

课程 ID	课程名称
1	软件工程
2	计算机导论
3	数据库系统
4	操作系统

表 4.4　学生成绩表

学号	课程 ID	成绩
20060001	1	82
20060001	2	78
20060001	3	91
20060002	4	86
20060003	3	77

关系模型的特点如下。

(1) 表格中的每一列都是不可再分的基本属性；

(2) 各列被指定一个相异的名字；

(3) 各行不允许重复;

(4) 行、列的次序无关。

关系模型的优缺点如下。

(1) 关系模型的优点有:关系模型是建立在严格的数学概念基础上,因而关系数据库管理系统能够用严格的数学理论来描述数据库的组织和操作,更为直观地描述现实世界;实体和实体间的联系都用关系表示,查询结果也是关系,因此概念单一数据结构简单清晰;具有更高的数据独立性和安全保密性。

(2) 关系模型的缺点有:其查询效率不如网状数据模型;必须通过对用户的查询请求进行优化以提高性能。

关系模型是在1970年由IBM公司的E. F. Codd在其论文“大型共享数据库数据的关系模型”中首先提出的,开创了数据库关系方法和关系数据理论的研究,为关系数据库技术奠定了理论基础。由于E. F. Codd的杰出贡献,他于1981年获得AC图灵奖。

图4.8 E. F. Codd

20世纪70年代是关系数据库理论研究和开发原型的时代,其间IBM公司推出的System R,使关系数据库从实验室走向了社会。

关系数据库以其严格的数学理论、使用简单灵活、数据独立性强等特点,而被公认为是最有前途的一种数据库管理系统。它的发展十分迅速,目前已成为占据主导地位的数据库管理系统。

自20世纪80年代以来,计算机厂商作为商品数据库管理系统先后推出的dBASE、FoxBase、Oracle、FoxPro、Access等系统都支持关系模型,非关系系统的产品也大都加上了关系接口。

大量的商用关系数据库管理系统的使用,使数据库技术广泛应用到企业管理、情报检索、辅助决策等各个方面,成为实现和优化信息系统和应用系统的基本技术。目前Oracle公司的Oracle数据库系统,因齐全的系统功能已成为世界上最畅销的大众数据库系统,得到迅速发展和广泛应用。

4.1.4 数据库的体系结构

1. 数据库系统的三级结构

数据库系统的结构框架由外部层(单个用户的视图),概念层(全体用户的公共视图)、内部层(存储视图)组成,如图4.9所示。该结构由美国ANSI/X3/SPARC的DBMS研究组制定。

外部层是最接近用户的层次。它是数据库的“外部视图”,是各个用户所看到的数据库。它所表示的是数据库的局部逻辑,是面向单个用户的。

内部层是最接近物理存储的层次。它是数据库的“内部视图”或“存储视图”。它与数据库的实际存储密切相关,可以理解为机器“看到”的数据库。

概念层是介于上述两者之间的层次。它是数据库的“概念视图”,是数据库中所有信息的抽象表示。它既抽象于物理存储的数据,也区别于各个用户所看到的局部数据库。概念视图可以理解为数据库管理员所看到的数据库。

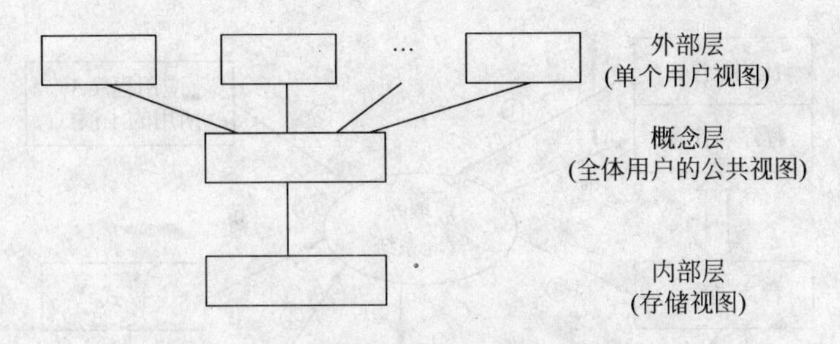

图 4.9　数据库系统的三级结构示意图

数据库系统结构的外部层、概念层和内部层分别对应于数据库模式的外模式、模式和内模式。数据库系统结构分级对于提高数据独立性具有重要意义。在三级结构间存在着两级映射。概念层—内部层映射定义了概念视图与存储的数据库之间的对应。如果存储的数据库的结构发生变化,可以相应地改变概念层—内部层映射,而使概念视图保持不变,即将存储的数据库的变化隔离在概念层之下,不反映在用户面前,因此应用程序可以保持不变,这称做数据的物理独立性。外部层—概念层映射定义了单个用户的外部视图与全局的概念视图之间的对应。如果概念视图发生变化,可以改变外部层-概念层映射,而使用户看到的外部视图保持不变,因此应用程序可以保持不变,这称做数据的逻辑独立性。

2. 数据库管理系统

数据库管理系统是一组管理数据库的软件,它和其他软件一样在操作系统的支持下工作,数据库管理系统的功能包括以下几种。

(1) 定义数据库

DBMS 提供了数据定义语言(Data Definition Language,DDL),用户通过它可以方便地对数据库中的相关内容进行定义。例如,对数据库、表、索引进行定义。

(2) 管理数据库

DBMS 的核心部分,它包括并发控制(即处理多个用户同时使用某些数据时可能产生的问题)、安全性检查、完整性约束条件的检查和执行、数据库的内部维护(例如,索引的自动维护)等。所有数据库的操作都要在这些控制程序的统一管理下进行,以保证数据的安全性、完整性以及多个用户对数据库的并发使用。

(3) 建立和维护数据库

数据库的建立和维护功能包括数据库初始数据的输入、转换功能,数据库的转储、恢复功能,数据库的重新组织功能和性能监视、分析功能等。这些功能通常是由一些实用程序完成的。它是数据库管理系统的一个重要组成部分。

(4) 数据通信

完成联机处理、分时系统及远程处理功能。

3. 数据库系统操作过程

为了体现数据库三级模式的作用,下面以一个应用程序从数据库中读取一个数据记录为例,说明用户访问数据时数据库管理系统的操作过程,同时也具体反映了数据库各部分的作用以及它们之间的相互关系。图 4.10 描述了用户访问数据库中数据的主要步骤。

(1) 应用程序 A 向 DBMS 发出读取数据的请求,同时给出记录名称和要读取的记录的

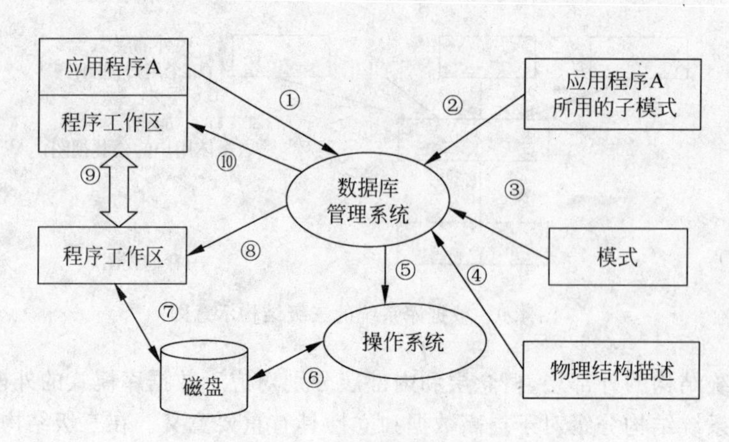

图 4.10 用户访问数据库中数据的过程

关键字值;

(2) DBMS 接到请求之后,利用程序 A 所用的外模式来分析这一请求;

(3) DBMS 调用模式,进一步分析请求,根据外模式和模式之间变换的定义,决定应读入哪些模式记录;

(4) DBMS 通过内模式,将数据的逻辑记录转换为实际的物理记录;

(5) DBMS 向操作系统发出读所需物理记录的请求;

(6) 操作系统对实际的物理存储设备启动读操作;

(7) 读出的记录从保存数据的物理设备送到系统缓冲区;

(8) DBMS 根据外模式和模式的规定,将记录转换为应用程序所需的形式;

(9) DBMS 把数据从系统缓冲区传送到应用程序 A 的工作区;

(10) DBMS 向应用程序 A 发出请求执行的信息。

以上给出了应用程序 A 读取数据库中数据的一般步骤和过程,并体现了三级模式的作用。不同的数据库管理系统其操作细节可能存在差异,但其基本过程大体一致。至于其他的数据操作,如写入数据、修改数据、删除数据等,其步骤会增加或变化,但总体上是十分相似的。

4.1.5 关系数据库

1. 关系代数

关系代数是一种抽象的查询语言,用对关系的运算来表达查询,作为研究关系数据语言的数学工具,是关系数据操纵语言的一种传统表达方式,它是用对关系的运算来表达查询的。

任何一种运算都是将一定的运算符作用于一定的运算对象上,得到预期的运算结果。所以运算对象、运算符、运算结果是运算的三大要素。

关系代数的运算按运算符的不同可分为传统的集合运算和专门的关系运算两类。其中传统的集合运算将关系看成元组的集合,其运算是从关系的“水平”方向即行的角度来进行。而专门的关系运算不仅涉及行而且涉及列。比较运算符和逻辑运算符是用来辅助专门的关系运算符进行操作的。关系代数的运算对象是关系,运算结果亦为关系。关系代数用到的运算符包括四类：集合运算符、专门的关系运算符、比较运算符和逻辑运算符，如表 4.5 所示。

表 4.5 关系代数运算符

运算符		含义	运算符		含义
集合运算符	$\cup$	并	专门关系运算符	$\times$	广义笛卡儿积
	$-$	差		σ	选择
	$\cap$	交		π	投影
				$\bowtie$	连接
比较运算符	$>$	大于	逻辑运算符	$\neg$	非
	$\geqslant$	大于等于		$\wedge$	与
	$<$	小于		$\vee$	或
	$\leqslant$	小于等于			
	$=$	等于			
	$\neq$	不等于			

(1) 传统的集合运算

传统的集合运算是二目运算，包括并、差、交、广义笛卡儿积四种运算。

① 并运算

假设有 n 元关系 R 和 n 元关系 S，它们相应的属性值取自同一个域，则它们的并仍然是一个 n 元关系，由属于关系 R 或属于关系 S 的元组组成，并记为 $R \cup S$。

并运算满足交换律，即 $R \cup S$ 与 $S \cup R$ 是相等的。

[**例 4-1**] 设关系 R 和关系 S 分别如图 4.11 所示，则关系 $R \cup S$ 如图 4.12(a)所示。

关系 R

A	B	C
a	*b*	*c*
d	*e*	*f*
x	*y*	*z*

关系 S

A	B	C
x	*y*	*z*
w	*u*	*v*
m	*n*	*p*

图 4.11 关系 R 和关系 S

A	B	C
a	*b*	*c*
d	*e*	*f*
x	*y*	*z*
w	*u*	*v*
m	*n*	*p*

(a) 关系 $R \cup S$

A	B	C
a	*b*	*c*
d	*e*	*f*

(b) 关系 $R-S$

A	B	C
x	*y*	*z*

(c) 关系 $R \cap S$

图 4.12 关系运算结果

② 差运算

假设有 n 元关系 R 和 n 元关系 S，它们相应的属性值取自同一个域，则 n 元关系 R 和 n 元关系 S 的差仍然是一个 n 元关系，它由属于关系 R 而不属于关系 S 的元组组成，并记为 $R-S$。

差运算不满足交换律，即 $R-S$ 与 $S-R$ 是不相等的。

[**例 4-2**] 设关系 R 和关系 S 分别如图 4.11 所示，则关系 $R-S$ 如图 4.12(b)所示。

③ 交运算

假设有 n 元关系 R 和 n 元关系 S，它们相应的属性值取自同一个域，则它们的交仍然是一个 n 元关系，它由属于关系 R 且又属于关系 S 的元组组成，并记为 $R\cap S$。

交运算满足交换律，即 $R\cap S$ 与 $S\cap R$ 是相等的。

[**例 4-3**] 设关系 R 和关系 S 分别如图 4.11 所示，则关系 $R\cap S$ 如图 4.12 (c)所示。

④ 广义笛卡儿积

设有 m 元关系 R 和 n 元关系 S，则 R 与 S 的广义笛卡儿积记为 $R\times S$，它是一个 $m+n$ 元关系，其中每个元组的前 m 个分量是 R 的一个元组，后 n 个分量是 S 的一个元组。$R\times S$ 是所有具备这种条件的元组组成的集合。

在实际进行组合时，可以从 R 的第一个元组开始到最后一个元组，依次与 S 的所有元组组合，最后得到 $R\times S$ 的全部元组。$R\times S$ 共有 $m\times n$ 个元组。

[**例 4-4**] 设关系 R 和关系 S 分别如图 4.13(a)和图 4.13(b)所示，则关系 $R\times S$ 如图 4.13 (c)所示。

R

A	*B*	*C*
1	2	3
4	5	6
7	8	9

(a) 关系 *R*

S

D	*E*
10	11
12	13

(b) 关系 *S*

A	*B*	*C*	*D*	*E*
1	2	3	10	11
1	2	3	12	13
4	5	6	10	11
4	5	6	12	13
7	8	9	10	11
7	8	9	12	13

(c) 广义笛卡儿积 $R\times S$

图 4.13 广义笛卡儿积运算

(2) 专门的关系运算

专门的关系运算包括选择、投影、连接等运算。

① 选择运算

选择运算是在指定的关系中选取所有满足给定条件的元组，构成一个新的关系，而这个新的关系是原关系的一个子集。选择运算用公式表示为：

$$R[g]=\{\ r|r\in R\ 且\ g(r)为真\ \}$$

或

$$\sigma(R)=\{\ r|r\in R\ 且\ g(r)为真\ \}$$

公式中的 R 是关系名；g 为一个逻辑表达式，取值为真或假。g 由逻辑运算符 ∧ 或 and (与)、∨ 或 or(或)、¬ 或 not(非)连接各算术比较表达式组成；算术比较符有＝、≠、＞、≥、＜、≤，其运算对象为常量、或者是属性名、或者是简单函数。在后一种表示中，σ 为选择运算符。由选择运算的定义可以看出，选择运算在关系中的行的方向上进行运算，从一个关系中选择满足条件的元组。

［**例 4-5**］ 关系 R 如图 4.14 所示。如果要选择籍贯为“北京”且主修课程为“软件工程”的那些元组，则其运算为：

$$\sigma_{籍贯='北京' \wedge 主修课程='软件工程'}(R)$$

运算结果如图 4.15 所示。

姓名	籍贯	学号	主修课程
张欣	北京	20060001	软件工程
李力	江苏	20060002	计算机导论
王兵	上海	20060003	软件工程
张民	陕西	20060004	软件工程
李泞	江苏	20060005	计算机导论

图 4.14 关系 R

姓名	籍贯	学号	主修课程
张欣	北京	20060001	软件工程

图 4.15 $\sigma_{籍贯='北京' \wedge 主修课程='软件工程'}(R)$

② 投影运算(在关系的列的方向上进行选择)

投影运算是在给定关系的某些域上进行的运算。通过投影运算可以从一个关系中选择出所需要的属性成分，并且按要求排列成一个新的关系，而新关系的各个属性值来自原关系中相应的属性值。因此，经过投影运算后，某些列会取消，而且有可能出现一些重复元组。由于在一个关系中的任意两个元组不能完全相同，根据关系的基本要求，必须删除重复元组，最后形成一个新的关系，并给以新的名字。

［**例 4-6**］ 关系 R 如图 4.16 所示。关系 R 在域姓名、学号和主修课程上的投影是一个新的关系，如果新的关系取名为选课，则其运算公式为：

$$选课 = \Pi_{姓名,学号,主修课程}(R) \quad 或者 \quad R[姓名,学号,主修课程]$$

运算结果如图 4.17 所示。

R

姓名	籍贯	学号	主修课程
周末	北京	20100001	软件工程
李莉	江苏	20100002	计算机导论
王兵兵	上海	20100003	软件工程
杨阳	北京	20100005	数据库系统

图 4.16 关系 R

姓名	学号	主修课程
周末	20100001	软件工程
李莉	20100002	计算机导论
王兵兵	20100003	软件工程
杨阳	20100005	数据库系统

图 4.17 选课$=\Pi_{姓名,学号,主修课程}(R)$

从这个例子可以看出，投影运算是在关系的列的方向上进行选择的。当需要取出表中某些列的值的时候，用投影运算是很方便的。

③ 连接运算(Join)

连接运算是对两个关系进行的运算，其意义是从两个关系的笛卡儿积中选出满足给定属性间一定条件的那些元组。

设 m 元关系 R 和 n 元关系 S，则 R 和 S 两个关系的连接运算用公式表示为

$$R \underset{[i]\theta[j]}{\bowtie} S$$

运算的结果为 $m+n$ 元关系。其中：$\bowtie$是连接运算符；θ 为算术比较符；$[i]$与$[j]$分别表示关系 R 中第 i 个属性的属性名和关系 S 中第 j 个属性的属性名，它们之间应具有可比性。这个式子的意思是：在关系 R 和关系 S 的笛卡儿积中，找出关系 R 的第 i 个属性和关系 S

的第 j 个属性之间满足 θ 关系的所有元组。

比较符 θ 有以下三种情况。

当 θ 为"="时,称为等值连接;

当 θ 为"<"时,称为小于连接;

当 θ 为">"时,称为大于连接。

[**例 4-7**] 关系 R 和 S 如图 4.18 和图 4.19 所示。则连接运算 $R \bowtie S$ 的结果如图 4.20 所示。其中连接条件是[3]=[1],[3]和[1]分别表示关系 R 中的第三个属性和关系 S 中的第一个属性。

R

销往城市	销售员	品名	销售量
北京	张欣	D1	2000
江苏	李力	D2	2500
上海	王兵	D1	1500
山东	杨阳	D2	3000

图 4.18　关系 R

S

品名	生产量	订购量
D1	3700	3000
D2	5500	5000
D3	4000	3500

图 4.19　关系 S

销往城市	销售员	品名	销售量	品名	生产量	订购量
北京	张欣	D1	2000	D1	3700	3000
江苏	李力	D2	2500	D2	5500	5000
上海	王兵	D1	1500	D1	3700	3000
山东	杨阳	D2	3000	D2	5500	5000

图 4.20　关系 R 和关系 S 连接运算 $R \bowtie S$ 后的结果([3]=[1])

2. 关系数据库标准语言 SQL

有人把 SQL 读作"S-Q-L",也有人把 SQL 读作"Sequel",需要注意的是,SQL 既不是数据库管理系统,也不是一个应用软件开发语言,它可以作为数据库管理系统或应用软件开发语言的一部分,在用它开发任何一个应用软件时,还都需要用另一种语言来完成屏幕控制、菜单管理和报表生成等功能,因此结构化查询语言(Structured Query Language,SQL)仅是一个标准数据库语言。从对数据库的随机查询到数据库的管理和程序的设计,几乎无所不能,而且书写非常简单,使用方便。

SQL 成为国际标准以后,在数据库以外的其他领域中也开始受到重视和采用。SQL 既可以作为交互式语言独立使用,用作联机终端用户与数据库系统的接口,也可以作为子语言嵌入宿主语言中使用。因此,SQL 在未来的一段相当长的时间内将是关系数据库领域中的一个主流语言,在软件工程、人工智能等领域,也将有很大的潜力。

(1) SQL 标准的发展

1970 年,E. F. Codd 首次明确提出关系数据库技术的概念后,在加利福尼亚圣约瑟的 IBM 研究实验室的工作人员承担了 System R 的开发工作,这个项目是论证在数据库管理系统中实现关系模型的可行性。他们使用了一种称为"Sequel"的语言,这种语言也是由圣约瑟的 IBM 研究实验室开发的。该项目从 1974 年开始至 1979 年结束,期间,"Sequel"被重新命名为 SQL。后来,在该项目中所获取的知识被应用到 SQL/DS 的开发,这是 IBM 开发的第一个可商用的关系数据库管理系统。

由于 System R 在所安装的用户那里受到好评，所以其他厂商开始开发使用 SQL 的关系产品。包括来自 Relational Software 的 Oracle、Data General Corporation 的 DG/SQL，以及 Sybase 公司的 Sybase(1986)。

为了指导 RDBMS 开发，美国国际标准局(ANSI)和国际标准组织(ISO)颁布了一种用于 SQL 关系查询语言(函数和语法)的标准，该标准常称为 SQL-86，它最初是由数据库技术委员会提出的。到了 1989 年又继续对 1986 年的标准进行了扩展，包括了完整性增强特征(Integrity Enhancement Feature，IEF)，人们常称之为 SQL-89。1992 年底，SQL-92 标准颁布，这就是著名的国际标准 ISO/IEC 9075：1992，数据库语言 SQL。1994 年和 1996 年 SQL-92 进行了修正，1999 年 7 月，SQL-99 标准颁布。

目前有许多产品支持 SQL，SQL 已经在大型机和个人计算机系统上得到实现，虽然许多 PC 数据库使用一种按例查询(Query-By-Example，QBE)的接口，它们同时也把 SQL 作为可选项。例如，在 Microsoft Access 中，可以在两个接口之间来回切换，按一下按钮，可以把使用 QBE 接口建立起来的查询用 SQL 的形式显示出来，这一特性可以帮助读者学习 SQL 语法。

目前数据库市场正走向成熟，产品进行重大变革的速度减慢，但它们仍将继续基于 SQL。

(2) SQL 数据库环境及特点

① SQL 数据库环境

图 4.21 是一个简化 SQL 环境，它与 SQL-99 标准是一致的，如图所示包括有数据库及访问数据库的 SQL 用户，它基本上是一个三级结构，但有些术语和传统的关系数据库术语描述有所不同。在 SQL 中，关系模式被称为“基本表”，内模式称为“存储文件”，外模式称为“视图”，元组称为“行”，属性称为“列”。

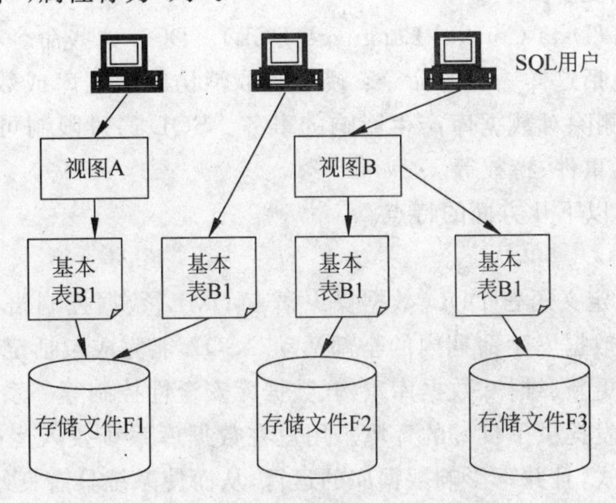

图 4.21 简化的 SQL 环境

- 一个 SQL 数据库是表(Table)的汇集，它用一个或若干个 SQL 模式定义。
- 一个 SQL 表由行集构成，一行(row)是列(column)的序列，每列对应一个数据项。
- 一个表是一个基本表(BaseTable)，或者是一个视图(View)。基本表是实际存储在数据库中的表；而视图由若干个基本表或其他视图构成，它的数据是基于基本表的数据，不实际存储在数据库中，因此它是个虚表。

- 一个基本表可以跨一个或多个存储文件，而一个存储文件可以存放一个或多个基本表。每个存储文件和外部存储器上的一个物理文件对应。
- 用户可以使用SQL语句对视图和基本表进行查询等操作。在用户看来，视图和基本表是一样的，都是关系(即表格)。
- SQL用户可以是应用程序，也可以是最终用户。目前标准SQL允许的宿主语言(允许嵌入SQL语言的程序语言)有FORTRAN、COBOL、PASCAL、PL/I和C语言等。SQL用户也能作为独立的用户接口，供交互环境下的终端用户使用。

② SQL语言功能及特点

SQL语言包括三种类型。

- 数据定义语言(Data Definition Language,DDL)。DDL语言是SQL中用来生成、修改、删除数据库基本要素的部分。这些基本要素包括表、窗口、模式、目录等。在工作数据库中，为了保护数据库结构不遭受意外修改，通常只能有一个或几个数据库管理员可以使用DDL命令。
- 数据操纵语言(Data Manipulation Language,DML)。DML是SQL中运算数据库的部分，它是对数据库中的数据输入、修改及提取的有力工具。DML语句读起来像普通的英语句子，非常容易理解。但是它也可以是非常复杂的，可以包含有复合表达式、条件、判断、子查询等，DML命令是SQL的核心命令，这些命令用来更新、插入、修改和查询数据库中的数据。这些命令可以交互地使用，从而在执行语句后，就能立即得到结果。命令也可以包含在用像C、C++、COBOL等高级语言编写的程序中，嵌入式SQL命令可以使得程序员对报告产生的时机、界面外观、错误处理和数据安全性施加更多控制。
- 数据控制语言(Data Control Language,DCL)。DCL这些命令有助于DBA控制数据库。它们包括这样一些的命令：授予和取消访问数据库或数据库中特定对象的权限，存储和删除对数据库产生影响的事务。SQL通过限制可以改变数据库的操作来保护包括事件、特权等。

SQL语言主要有以下几方面的特点。

- 一体化

SQL语言集数据定义语言DDL、数据操纵语言DML、数据控制语言DCL的功能于一体，用SQL可以实现数据库生命期内的全部活动。SQL能完成包括定义关系模式、插入数据建立数据库、查询、更新、维护、数据库重构、数据库安全性控制等一系列操作要求，这就为数据库应用系统的开发提供了良好的环境。用户在数据库系统投入运行后，还可根据需要随时地逐步地修改模式，且并不影响数据库的运行，从而使系统具有良好的可扩展性。

另外，由于关系模型中实体以及实体间的联系均用关系来表示，这种数据结构的单一性带来了数据操纵符的统一性。由于信息仅仅以一种方式表示，因此，所有的操作(如插入、删除等)都只需要一种操作符，从而克服了非关系系统由于信息表示方式的多样性带来的操作复杂性。

- 两种使用方式，统一的语法结构

SQL有两种使用方式。一种是联机交互使用的方式；另一种是嵌入某种高级程序设计语言(如 FORTRAN,COBOL 等)的程序中,以实现数据库操作。前一种方式下,SQL 为自含式语言,可以独立使用。后一种方式下,SQL 为嵌入式语言,它依附于主语言。前一种方式适用于非计算机专业的人员,后一种方式适用于程序员。这两种方式给了用户灵活选择的空间,提供了极大的方便。但是,尽管方式不同,SQL 语言的语法结构是基本一致的,这就大大改善了最终用户和程序设计人员之间的通信。

• 高度非过程化

在 SQL 中,只要求用户提出目的,而不需要指出如何去实现目的。在两种使用方式中均是如此,用户不必了解存取路径,存取路径的选择和 SQL 语句操作的过程由系统自动完成。

• 语言简洁,易学易用

尽管 SQL 功能极强又有两种使用方式,但由于巧妙的设计,其语言十分简洁,因此容易学习,便于使用。SQL 完成核心功能一共只用了 8 个动词(其中标准 SQL 是 6 个)。表 4.6 列出了表示 SQL 功能的动词。另外,SQL 的语法非常简单,接近英语的口语。

表 4.6　SQL 功能动词

SQL 功能	动　词
数据库查询	SELECT
数据库定义	CREATE,DROP
数据库操纵	INSERT,UPDATE,DELETE
数据库控制	GRANT,REVOKE

3. 关系数据库的安全性和完整性

(1) 安全性

目前,关系数据库的安全性不仅成熟而且已进入实际应用。其主要包括三方面:用户身份标识和鉴别、存储权限控制策略和数据加密技术。

① 用户身份标识和鉴别

用户名和用户口令组成用户身份标识,并由系统进行鉴别,在关系数据库管理系统中,一般通过建立合法用户身份标识表,各用户按照分配到的标识登陆数据库系统。

② 存储权限控制策略

对于数据库中存放的大量数据,不同的用户可存取的数据各有权限,即使是同一组数据不同的用户读写权限也会不同,而这些存储权限就需要一定的控制策略,在实际关系数据库中,通过授权(GRANT)和回收授权(REVOKE)语句实现。

③ 数据加密技术

对于诸如军事、财务、政府等使用的机密数据,除了要有上面两方面措施外,还需使用相应的数据加密技术,建立可靠的数据通道保证数据的安全,具体内容可参阅相关书籍。

(2) 完整性

关系数据库的完整性是指数据的正确性及相容性,即合法用户对数据的增删修改必须符合一定的语义,有时要通过几种完整性约束条件来保证。

基于列的完整性约束,包括静态和动态两种。比如:列类型的定义、取值范围等为静态的,修改列时的触发器等为动态的。基于元组的完整性约束,也包括静态和动态两种。如:各个列之间的关系等为静态的;修改元组中一个或多个列值时的触发器等为动态的。基于关系的完整性约束，包括静态和动态两种，主要是前面提到过的三个关系完整性条件。比如：关系在各个事务中的一致性。

控制完整性一般从三个方面着手，先定义一组完整性约束条件；在用户对数据进行操作时再进行检查；若查出有违背完整性约束条件情况时，立即进行处理。

在具体关系数据库中，一般通过在DDL语句中的参数体现。

4.1.6 常用的数据库管理系统

数据库管理系统（DataBase Management System，DBMS）是一种操纵和管理数据库的大型软件，用于建立、使用和维护数据库。它对数据库进行统一的管理和控制，以保证数据库的安全性和完整性。DBMS是数据库系统的核心组成部分，位于用户和操作系统之间，用户通过DBMS访问数据库中的数据，数据库管理员也通过DBMS进行数据库的维护工作。它可使多个应用程序和用户用不同的方法在同时刻或不同时刻去建立，修改和询问数据库。

按功能划分，DBMS的主要工作通常包括下列6部分。

(1) 模式翻译。提供数据定义语言（DDL）。用它书写的数据库模式被翻译为内部表示。数据库的逻辑结构、完整性约束和物理存储结构保存在内部的数据词典中。数据库的各种数据操作（如查询、修改、插入和删除等）和数据库的维护管理都是以数据库模式为依据的。

(2) 应用程序的编译。把包含访问数据库语言的应用程序，编译成DBMS支持下的可运行的目标程序。

(3) 交互式查询。提供易使用的交互式查询语言如SQL。DBMS负责执行查询命令，并将查询结果显示在屏幕上。

(4) 数据的组织和存取。提供数据在外围存储设备上的物理组织和存储方法。

(5) 事务运行管理。提供事务运行管理及运行日志，事务运行的安全性监控和数据完整性检查，事务的并发控制及系统恢复等功能。

(6) 数据库的维护。为数据库管理员提供软件支持，包括数据安全控制、完整性保障、数据库备份、数据的重新组织功能和性能监视、分析功能等维护工具。

1. 桌面数据库

(1) Access关系数据库管理系统

Microsoft Access for Windows是Microsoft公司推出的面向办公自动化、功能强大的关系数据库管理系统。Access数据文件的后缀名为.mdb，是Access数据库的物理存储方式，是数据库对象的集合。数据库对象包括：表（Table）、查询（Query）、窗体（Form）、报表（Report）、数据访问页（Page）、宏（Macro）和模块（Module）。在任何时刻，Access 2010只能打开并运行一个数据库。但是，在每一个数据库中，可以拥有众多的表、查询、窗体、报表、宏和模块。在Access中可以建立和修改、录入表的数据，进行数据查询，编写用户界面，进行报表打印。

使用Access 2010，追踪、报告和与他人分享数据更为容易，数据也会发挥更大作用。新增的Web数据库允许将数据库发布到Microsoft SharePoint Server 2010中新增的Access Services上，并在组织内共享它们。Access 2010能够使数据得到增强保护，有助于满足数据合规、备份和审核要求，从而增强灵活性和可管理性。借助 Web 数据库，只需通过 Web 浏览器，就能访问到所需要的信息。

Access 2010 提供了六种数据库对象，图 4.22 是 Access 2010 的窗口组成。

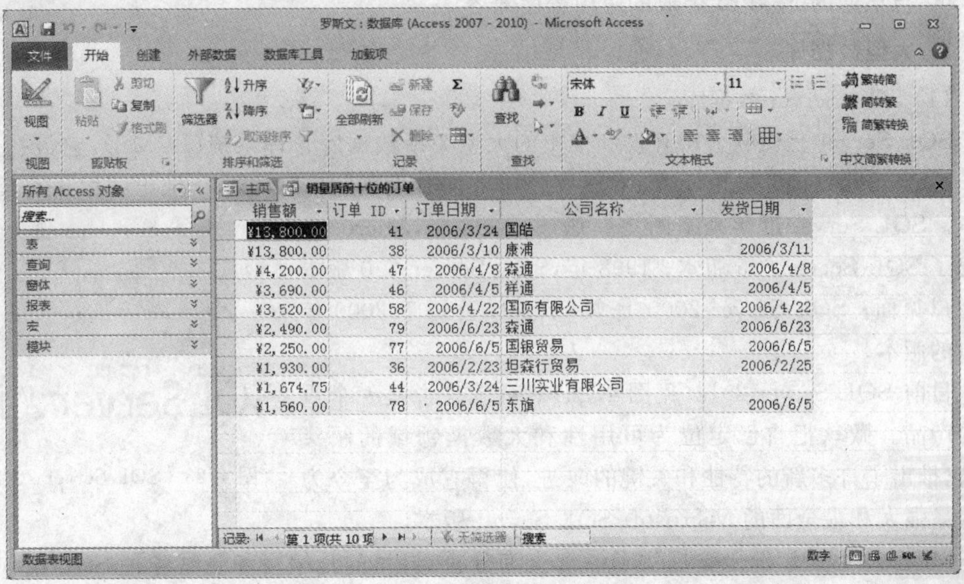

图 4.22 Access 2010 的窗口组成

(2) XBase

XBase 作为个人计算机系统中使用最广泛的小型数据库管理系统，具有方便、廉价、简单易用等优势，并向下兼容 dBASE、FoxBase 等早期的数据库管理系境。它有良好的普及性，在小型企业数据库管理与 WWW 结合等方面具有一定优势，但它难以管理大型数据库。目前 XBase 中使用最广泛的当属微软公司的 Visual FoxPro，它同时还集成了开发工具以方便建立数据库应用系统。

1998 年 Microsoft Visual Studio 6.0 组件发布，它包括 Visual Basic 6.0、Visual C++ 6.0、Visual J++ 6.0 和 Visual FoxPro 6.0 等。VFP6 的推出为网络数据系统使用者及设计开发者带来了极大的方便。

VFP6 不仅提供了更多更好的设计器、向导、生成器及新类，而且以其强健的工具和面向对象的以数据为中心的语言，将客户机/服务器和网络功能集成于现代化的、多链接的应用程序中，并且使得客户机/服务器结构数据库应用程序的设计更加方便简捷，VFP6 充分发挥了 Visual FoxPro 6.0 技术与事件驱动方式的优势。可以说 VFP6 是目前世界流行的小型数据库管理系统中版本最高、性能最好、功能最强的优秀软件之一。

同时中文版 Visual FoxPro 6.0 的发布，将我国微机数据库技术推向了一个新阶段。目前最新版为 Visual FoxPro 9.0，而在学校教学和教育部门考证中还依然沿用经典版的 Visual FoxPro 6.0。

Visual FoxPro 6.0 中文版的主要特性有：

① 用户界面良好。可像 Windows 系统一样操作。

② 具有功能强大的面向对象的编程功能。

③ 可以通过系统提供的各种工具快速创建应用程序。

④ 数据库的操作更方便灵活。

⑤ 可与有些程序实现交互操作。

⑥ 与早期的 FoxPro 生成的应用程序兼容。

2. 大型数据库

(1) SQL Server 数据库

SQL Server 是微软公司开发和推出的大型关系数据库管理系统(DBMS),它最初是由 Microsoft、Sybase 和 Ashton-Tate 三家公司共同开发的,并于 1988 年推出了第一个 OS/2 版本。SQL Server 近年来不断更新版本,1996 年,Microsoft 推出了 SQL Server 6.5 版本;1998 年,SQL Server 7.0 版本和用户见面;SQL Server 2000 是 Microsoft 公司于 2000 年推出的版本。

图 4.23　SQL Server 2012

目前 SQL Server 2012(见图 4.23)对微软来说是一个重要的产品。微软把自己定位为可用性和大数据领域的领头羊,它推出了许多新的特性和关键的改进,使得它成为至今为止的最强大和最全面的 Microsoft SQL Server 版本。

Microsoft SQL Server 提供了一个查询分析器,目的是编写和测试各种 SQL 语句,同时还提供了企业管理器(见图 4.24),主要供数据库管理员来管理数据库。SQL Server 适合中型企业使用。

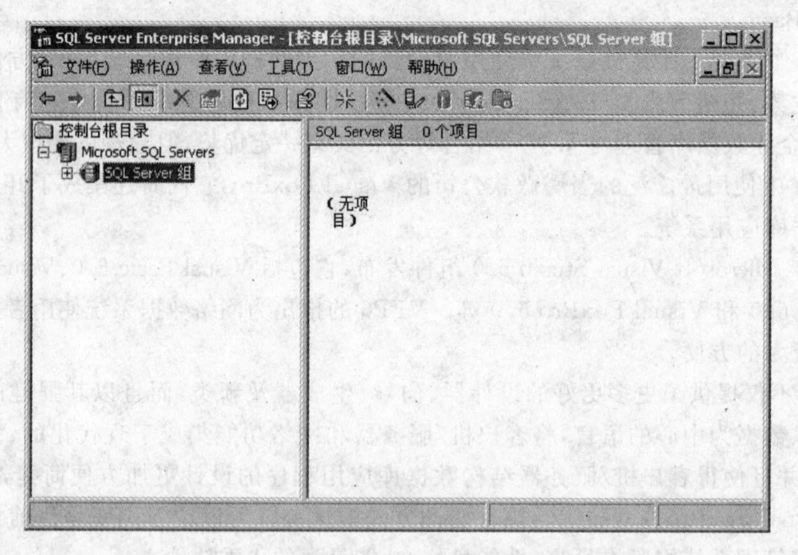

图 4.24　SQL Server 的企业管理器

SQL Server 特点如下:

① 真正的客户机/服务器体系结构。

② 图形化用户界面,使系统管理和数据库管理更加直观、简单。

③ 丰富的编程接口工具,为用户进行程序设计提供了更大的选择余地。

④ SQL Server 与 Windows NT 完全集成,利用了 NT 的许多功能,如发送和接收消

息,管理登录安全性等。SQL Server 也可以很好地与 Microsoft Back Office 产品集成。

⑤ 具有很好的伸缩性,可跨越从运行 Windows 95/98 的膝上型电脑到运行 Windows 7 的大型多处理器等多种平台使用。

⑥ 对 Web 技术的支持,使用户能够很容易地将数据库中的数据发布到 Web 页面上。

⑦ SQL Server 提供数据仓库功能,这个功能只在 Oracle 和其他更昂贵的 DBMS 中才有。

除此之外,SQL Server 2012 还支持 XML(eXtensive Markup Language,扩展标记语言),支持 OLE DB 和多种查询,支持分布式的分区视图,并具备强大的基于 Web 的分析功能。

(2) Oracle 数据库

Oracle 是目前世界上最流行的大型关系数据库管理系统,具有移植性好、使用方便、功能、性能强大等特点,适用于各类大、中、小、微机和专用服务器环境。Oracle 具有许多优点,例如:采用标准的 SQL 结构化查询语言;具有丰富的开发工具;覆盖开发周期的各阶段,数据安全级别为 C2 级(最高级);支持大型数据库;数据类型支持数字、字符、大至 2GB 的二进制数据;为数据库的面向对象存储提供数据支持。

Oracle 1.0 于 1979 年推出,目前最新版本为 Oracle 10i。Oracle 提供了一个叫做 SQL Plus 的命令界面,可以在该窗口中使用 SQL 命令完成对数据库的各种操作,它也可作为查询分析工具使用。Oracle 还提供了一个叫做 DBA Studio 的管理工具,主要供 Oracle 数据库管理员来管理数据库。

Oracle 适合大中型企业使用,在电子政务、电信、证券和银行企业中使用比较广泛。

除 Oracle 和 Microsoft SQL Server 外,还有其他一些大型关系数据库管理系统,如 IBM 公司的 DB2,Sybase 公司的 Sybase 和 Informix 公司的 Informix 等,这些关系数据库管理系统都支持标准的 SQL 语言和微软的 ODBC 接口。通过 ODBC 接口,应用程序可以透明地访问这些数据库。

3. 开源数据库

开源数据库是指开放源代码的数据库。Linux 系统下最受程序员喜爱的三种数据库是 MySQL、PostgreSQL 和 Oracle,其中 MySQL、PostgreSQL 就是开源数据库的优秀代表。开源数据库具有速度快、易用性好、支持 SQL 语言、支持各种网络环境、可移植性、开放和价格低廉(甚至免费)等特点。

(1) MySQL

MySQL 数据库管理系统是 MySQL 开放式源代码组织提供的小型关系数据库管理系统,可运行在多种操作系统平台上,是一种具有客户机/服务器体系结构的分布式数据库管理系统。MySQL 适用于网络环境,可在 Internet 上共享。由于它追求的是简单、跨平台、零成本和高执行效率,因此它特别适合互联网企业(例如动态网站建设),许多互联网上的办公和交易系统也采用 MySQL 数据库。其控制台管理器界面如图 4.25 所示。

MySQL 数据库为数据库管理员提供了 WinMySQLAdmin 管理工具,同时还提供了一个命令行管理工具,可以输入 SQL 语句,进行数据库的各种操作。

另外还有一个 PHPMySQLAdmin 软件,可以用来实现从 Internet 上管理 MySQL 数据库。

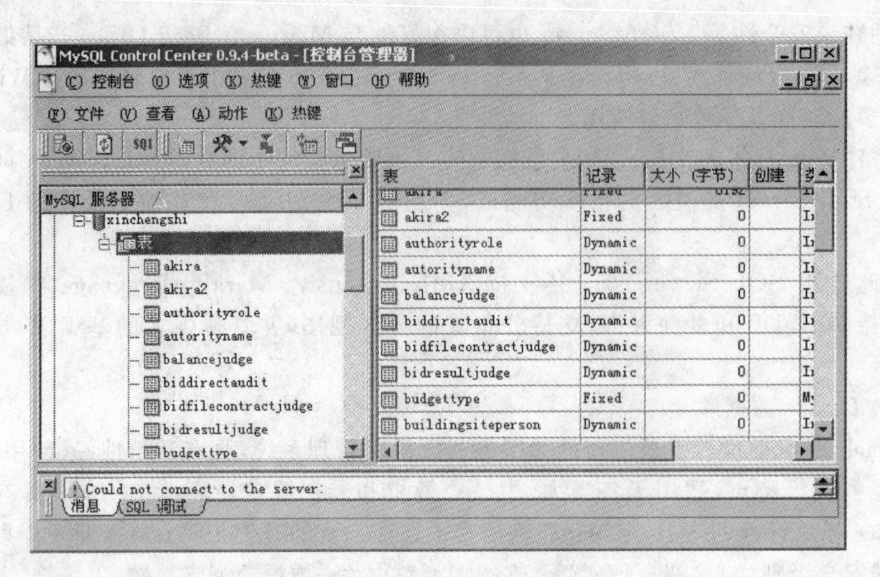

图 4.25 MySQL 的控制台管理器

(2) PostgreSQL

PostgreSQL 是以加州大学伯克利分校计算机系开发的 POSTGRES,现在已经更名为 POSTGRES,版本 4.2 为基础的对象关系型数据库管理系统(ORDBMS)。PostgreSQL 支持大部分 SQL 标准并且提供了许多其他现代特性:复杂查询、外键、触发器、视图、事务完整性、多版本并发控制。同样,PostgreSQL 可以用许多方法扩展,比如,通过增加新的数据类型、函数、操作符、聚集函数、索引方法、过程语言。并且,因为许可证的灵活,任何人都可以以任何目的免费使用,修改和分发 PostgreSQL,不管是私用,商用,还是学术研究使用。

PostgreSQL 是一种相对较复杂的对象关系型数据库管理系统,也是目前功能最强大、特性最丰富和最复杂的开源数据库之一,它的某些特性甚至连商业数据库都不具备。PostgreSQL 主要在 UNIX 或 Linux 平台上使用,目前也推出了 Windows 版本。

4. 新型 Java 数据库

伴随着互联网的发展,一种新型程序设计语言 Java 开始流行开来,使用 Java 语言开发的软件项目也越来越多,许多公司都试图在这一领域大显身手,在 Java 盛行的同时,使用 Java 语言编写的面向对象数据库管理系统也应运而生。下面简单介绍一下 JDataStore。

JDataStore 是 Borland 公司推出的一个纯 java 轻量级关系型数据库。相对于庞大的 Oracle、SQL Server 来说,JDataStore 要小得多,而且对系统的要求也要低,可是它的性能一点也不差。JDataStore 的高性能包括如下一些特性。

(1) 支持 JDBC 和 DataExpress 接口;

(2) 零治理(Zero-Administration)嵌入式关系型数据库;

(3) 支持事务性多用户存取;

(4) 支持灾难恢复;

(5) 能存储串行化的对象、表和其他的文件流;

(6) 提供了一些能被可视化开发工具操作的 Java Bean 组件。

JDataStore 是符合 SQL-92 的数据库,可直接在应用中嵌入,无需外部数据库引擎。通常，我们通过驱动或者 DataExpress 组件来存取数据库。JDataStore 支持大多数的 JDBC 数据类型，包括 Java 对象。

JDataStore 能够把应用中的对象和文件流串行为一个物理文件，以提高方便性和移动性。JDataStore 支持移动脱机应用。使用 DataExpress JavaBean 组件，JDataStore 能异步地从数据源中复制和缓存数据，并把缓存中的数据更新反映到数据库中。

通常，我们使用两种方式来使用 JDataStore，一种是 JDataStore 直接作为服务器来使用，另一种是作为嵌入式数据库使用。比如简单的桌面程序可以用 JDataStore 作为一个嵌入式的数据库来使用。客户端 Java Application 使用 JDBC 或 DataExpress 接口来存取位于本地的数据库文件。如在 PDA 的字典软件，小型的记录系统等。

5. 国产数据库

据中国软件评测中心对国内外数据库的调查结果显示，以东软 OpenBASE 等为代表的国产数据库除了具有自主版权外，在技术方面也已经接近国外先进水平。国产数据库有价格低和实施周期短等优势。相信国产数据库会在各种应用领域的使用越来越广泛。目前，已经获得实际应用的国产数据库主要包括：

(1) 东软公司开发的东软 OpenBASE。

(2) 九江华易软件有限公司开发的华易数据库管理系统 HYSQL。

(3) 人大金仓公司开发的 KingbaseES 金鼎数据库管理系统。

(4) 武汉华工达梦数据库有限公司承担研制的数据库管理系统 DM3。

(5) 北京国信贝斯软件有限公司推出的 iBASE 数据库。

4.1.7 数据库系统及应用新技术

1. 数据库系统

数据库本身不是孤立存在的，而是与其他部分一起构成数据库系统（database system，DBS）。在实际应用中人们面对的是数据库系统，数据库系统由五部分组成：硬件系统、系统软件（包括操作系统、数据库管理系统等）、数据库、数据库应用系统和各类人员。图 4.26 给出了数据库系统的组成示意图。

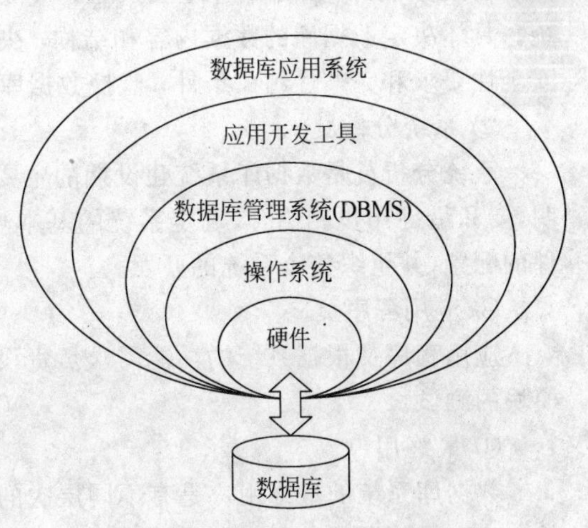

图 4.26 数据库系统组成示意图

(1) 硬件系统

由于一般数据库系统数据量很大，加之 DBMS 丰富的强有力的功能使得自身的体积很大，因此整个数据库系统对硬件资源提出了较高的要求，这些要求是：

① 有足够大的内存以存放操作系统、DBMS 的核心模块、数据缓冲区和应用程序。

② 有足够大的直接存取设备存放数据（例如磁盘），有足够的其他存储设备来进行数据备份。

③ 要求计算机有较高的数据传输能力，以提高数据传送率。

(2) 系统软件

系统软件主要包括操作系统、数据库管理系统、与数据库接口的高级语言及其编译系统,以及以 DBMS 为核心的应用开发工具。操作系统是计算机系统必不可少的系统软件,也是支持 DBMS 运行必不可少的系统软件。数据库管理系统是数据库系统不可或缺的系统软件,它提供数据库的建立、使用和维护功能。

一般来讲,数据库管理系统的数据处理能力较弱,所以需要提供与数据库接口的高级语言及其编译系统,以便于开发应用程序。

以 DBMS 为核心的应用开发工具指的是系统为应用开发人员和最终用户提供的高效率、多功能的应用生成器、第四代语言等各种软件工具。

(3) 数据库

数据库(即物理数据库)是指按一定的数据模型组织并长期存放在外存上的可共享的相关数据集合。

(4) 数据库应用系统

数据库应用系统是为特定应用开发的数据库应用软件。数据库管理系统为数据的定义、存储、查询和修改提供支持,而数据库应用系统是对数据库中的数据进行处理和加工的软件,它面向特定应用。例如,基于数据库的各种管理软件:管理信息系统、决策支持系统和办公自动化等都属于数据库应用系统。

(5) 各类人员

参与分析、设计、管理、维护和使用数据库的人员均是数据库系统的组成部分。他们在数据库系统的开发、维护和应用中起着重要的作用。分析、设计、管理和使用数据库系统的人员主要有数据库管理员、系统分析员、应用程序员和最终用户。

① 数据库管理员(DataBase Administrator,DBA)

数据库是整个企业或组织的数据资源,因此企业或组织应设立专门的数据资源管理机构来管理数据库,数据库管理员则是这个机构的一些人员,负责全面管理和控制数据库系统。具体决定数据库的数据内容和结构;决定数据库的存储结构和存取策略;定义数据的安全性要求和完整性约束条件;监控数据库的使用和运行;数据库的改进和重组。

② 系统分析员

系统分析员是数据库系统建设期的主要参与人员,负责应用系统的需求分析和规范说明,要和最终用户相结合,确定系统的基本功能:数据库结构和应用程序的设计,以及软硬件的配置,并组织整个系统的开发。

③ 应用程序员

应用程序员根据系统的功能需求负责设计和编写应用系统的程序模块,并参与对程序模块的测试。

④ 最终用户

数据库系统的最终用户是有不同层次的,不同层次的用户其需求的信息以及获得信息的方式也是不同的。一般可将最终用户分为操作层、管理层和决策层。他们通过应用系统的用户接口使用数据库。

2. 数据库应用新技术

20 世纪 80 年代以来,数据库技术在管理领域的巨大成功,促进了更多领域对数据库技术需求的迅速增长,这些领域也为数据库应用开辟了新的空间,进一步推动了数据库系统应用技术的研究与发展。

(1) 数据库体系结构的发展

数据库系统运行在计算机系统之上,其体系结构与计算机体系结构密切相关。因此数据库的体系结构也随着它的硬件和软件支撑环境的变化而不断演变。

① 集中式数据库系统。早期的 DBS 以分时操作系统作为运行环境,采用集中式的数据库系统结构,把数据库建立在本单位的主计算机上,且不与其他计算机系统进行数据交互。在这种系统中,不但数据是集中的,数据的管理也是集中的。

② 客户机/服务器结构(C/S)如图 4.27 所示,是一种网络处理系统。有多台用作客户机的计算机和一至多台用作服务器的计算机。客户机直接面向用户,接收并处理任务,将需要 DB 操作的任务委托服务器执行;而服务器只接收这种委托,完成对 DB 的查询和更新,并把查询结果返回给客户机。C/S 结构的 DBS 虽然处理上是分布的,但数据却是集中的,还是属于集中式数据库系统。

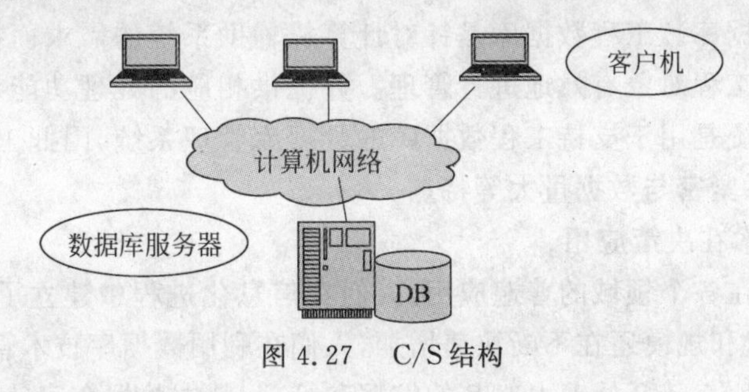

图 4.27　C/S 结构

③ 浏览器/服务器结构(B/S)如图 4.28 所示,由浏览器、Web 服务器、数据库服务器三个层次组成。客户端使用一个通用的浏览器代替了各种应用软件,用户操作通过浏览器执行。

(2) 分布式数据库系统

数据共享和数据集中管理是数据库的主要特征。但面对应用规模的扩大和用户地理位置分散的实际情况,如何处理?分布式数据库(如图 4.29 所示)是其存储的数据可以在多个不同的地理位置存储的数据库。数据库的某一部分在一个位置存储和处理,数据库的其他部分在另外一个或多个位置存储和处理。系统中每个地理位置上的结点实际上是一个独立的 DBS,它包括本地结点用户、本地 DBMS 和应用软件。每个结点上的用户都可以通过网络对其他结点数据库上的数据进行访问,就如同这些数据都存储在自己所在的结点数据库上一样。

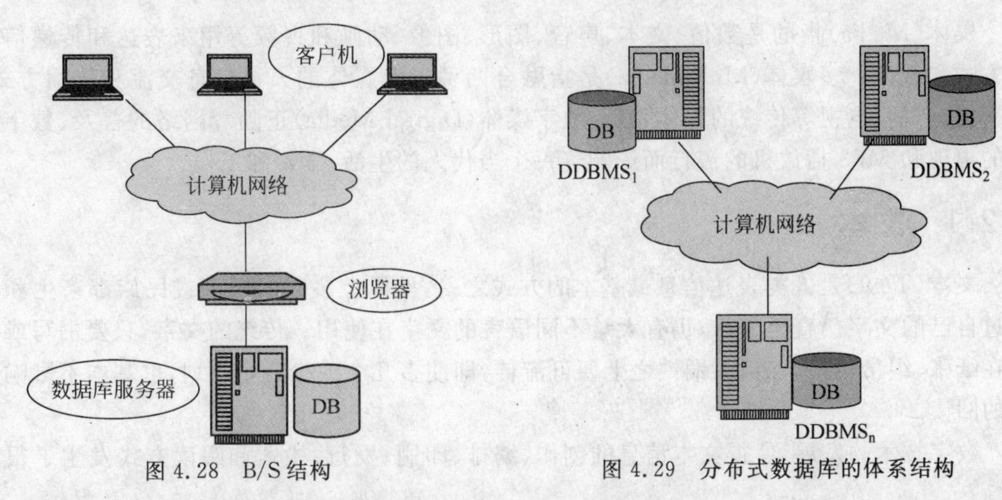

图 4.28　B/S 结构　　　图 4.29　分布式数据库的体系结构

目前,许多大型数据库管理系统都支持分布式数据库,如Oracle、Sybase、达梦Ⅱ号(DM2)等。DM2是国内具有自主知识产权的分布式多媒体数据库,由华中理工大学开发,已经应用在许多系统中。

(3) 并行数据库系统

近年来随着应用领域DB规模的增长,数据库其运行负荷日益加重,对数据库性能要求也越来越高。将并行处理技术应用于数据库系统,对数据库处理效率的提高是十分显著的,同时并行处理技术也很适宜与关系数据库技术相结合,在关系模型中,数据库二维表是元组的集合,数据库操作也是集合操作;在许多情况下对集合的操作可分解为一系列对子集的操作,这些子集操作存在很好的并行性。目前并行数据库的发展得到了广泛应用。

(4) 工程数据库

工程数据库是一种能存储和管理各种工程设计图形和工程设计文档,并能为工程设计提供各种服务的数据库。工程数据库是针对计算机辅助系统的需求而提出的,目的是利用数据库技术对各类工程对象有效地进行管理。并提供相应的处理功能及良好的设计环境。工程数据库管理系统是用于支持工程数据库的数据库管理系统,因此工程数据库具有数据结构复杂、相互关系紧密与数据量大等特点。

(5) 数据库技术在决策应用

随着信息技术在各个领域的普遍应用,人们在信息化进程中建立了数以百万计的数据库系统,同时其数量和规模还在不断快速增加,人们在利用数据库技术管理的同时也意识到这些数据的宝贵,目前,已开始着力对其的挖掘和管理,其中数据仓库就是一个典型应用,并已取得显著成果。数据仓库是面向主题的、集成的、稳定的和随时间变化的数据集合,主要用于决策制定。数据仓库并不是一个新的平台,仍然使用传统的数据库管理系统,但是一个新的概念。数据仓库是一个处理过程,其从历史的角度组织和存储数据,并能集成地进行数据分析。换句话说,数据仓库是一个很大的数据库,存储了运行过程中的所有业务数据。数据库允许各个部门之间共享数据,为企业更快、更好地做出经营决策提供准确的、完整的信息。

4.2 多媒体技术

媒体(Media)指的是数值、文本、声音、图形、图像、动画和视频等用来表达和传递信息的方式和载体。多媒体(Multimedia)是指融合两种以上媒体的人机信息交流和传播方式。与书报、广播、电视等传统的媒体相比,数字媒体(Digital Media)正随着网络的普及、数字电视的出现和MP3播放机的流行而影响着每个当代人的生活、学习和工作。

4.2.1 文本

文本(Text)是人类表达信息最基本的方式之一,世界上多数的国家或民族都产生和发展过自己的文字。直至今日,仍有大量不同语言的文字在使用。传统的文字,只要书写或镌刻在纸张、绢帛、竹木、砖石、铜铁之上便可流传,即使多几个或少几个笔划,也基本不影响后人的阅读。

数字技术的发展,使得文本信息的创作、编排、印刷、发行、检索和阅读方式发生了很大的变化，典型的应用包括无纸化办公、激光照排技术、图书馆的数字化、网上信息搜索等。

文本是计算机表示文字及符号信息的一种数字媒体，实际使用的数字文本有如下几种类型。

(1) 简单文本

简单文本(也称为纯文本)是指只存储文本的内容，不包含格式控制信息的文本。简单文本对应的计算机文件扩展名一般为.txt，其文件由一串字符代码所组成，无任何其他的格式信息和结构信息，Windows 系统附带的“记事本”程序是常用的纯文本编辑器。

(2) 格式文本

格式文本是在简单文本的基础上加入了字体格式、段落格式，并可包含图片、表格、公式等内容，除了正文内容之外，还使用了许多“标记”来描述字符的属性和格式的设置信息，与简单文本相比，格式文本包含的信息更多、表现能力更强。格式文本在存储时，除了文字的编码，还保存了相应的格式控制信息。格式文本文件一般由专用的软件制作，如“.doc”文件是由 Microsoft Word 生成的，“.pdf”文件是由 Adobe Acrobat 生成的，不同软件生成的文档格式互不兼容，并且一般不公开，因此给格式文件的发布造成了不便。

与“.doc”和“.pdf”不同，Rich Text Format(RTF)格式是一种开放的标准。它使用了一些标记(实际上是定义好的、有特定意义的字符)来定义文本内容的格式。因此，RTF 格式文件实际上是文本文件，当被以 RTF 格式打开时，会展现为格式文本。绝大多数文字处理软件均支持 RTF 文件的读写，可以在互不兼容的软件之间作为交换文件格式。

(3) 超文本

超文本(Hypertext)是对传统线性文本(以从头至尾的顺序组织并阅读的文本形式，包括无格式和格式文本)的扩展，能够方便地通过链接、跳转、导航、回溯等操作，来访问一个或多个文档的内容(这些内容甚至可以位于地球上不同的位置)。

超文本典型的用途是通过 Web 浏览器展示的 Web 页面，一个页面上有大量的链接，点击这些链接，可以在不同的页面或网站之间跳转。另外，目前大量的软件帮助文档、多媒体教学系统使用了超文本格式。

超文本内容的格式有公开的规范，目前最常用的是 HTML 和 XML 语言。Microsoft FrontPage 和 Macromedia Dreamweaver 是常用的超文本编辑器。

文本的输入方式有键盘输入、联机手写输入、光学字符识别、条形码、磁卡、IC 卡等。

文本在计算机中的处理过程如图 4.30 所示。

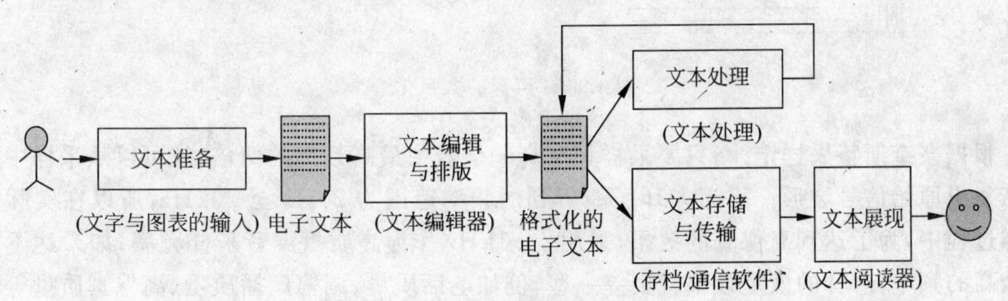

图 4.30 文本在计算机中的处理

4.2.2 数字声音

1. 数字音频的表示

人类接收的声音是以波的形式传输的,多媒体计算机能处理的信息只能是数字信号,我们将多媒体计算机以数字形式进行声音处理的技术,所以叫数字音频技术。

数字音频技术首先需要对模拟信号进行模/数转换得到数字信号,用以进行处理、传输和存储等,输出时进行数/模转换还原成模拟信号。其过程如图4.31所示。将模拟信号转换成数字信号的模数转换包括采样和量化两个过程,如图4.32所示。采样是按照一定的采样频率将时间上连续的模拟信号进行取样,其目的是按特定的时间间隔,得到一系列的离散点。量化就是用数字表示采样得到的离散点的信号幅值。目前,标准的采样频率有三个,即44100Hz(44.1kHz)、22050Hz(22.05kHz)和11025Hz(11.025kHz)。采样频率越高,声音质量越接近原始声音,存储量也就要求越大。

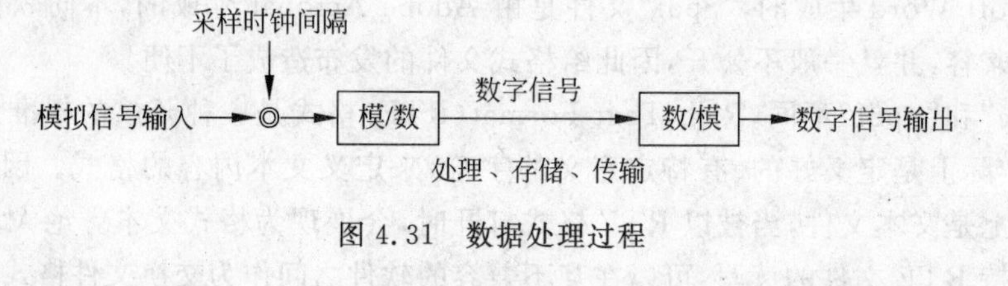

图4.31 数据处理过程

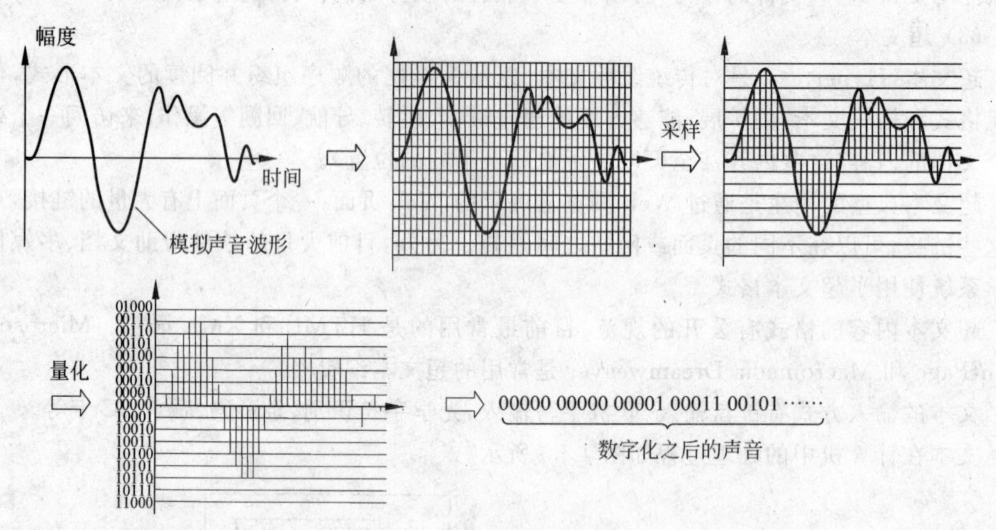

图4.32 声音的数字化

根据奈奎斯特采样定律,只要采样频率高于信号中最高频率的两倍,就可以从采样中完全恢复出原始信号波形。因为人耳所能听到的频率范围为20Hz至20kHz,所以在实际的采样过程中,为了达到高保真的效果,采用44.1kHz作为高质量声音采样频率,如果达不到这么高的频率,声音的恢复效果就要差一些,例如电话质量、调幅广播质量、高保真质量等就是不同的质量等级。一般说来,声音恢复的质量与采样频率、信道带宽都有关系,我们总是希望能以最低的码率得到最好质量的声音。

声音表示的另一个重要的参数就是量化精度,指的是每个声音样本转换成的二进制位的个数，也称为采样位数，有8位和16位之分。8位采样指的是将采样幅度划分为2^8(即256)等份，16位采样划分为2^{16}(即65536)等份，例如，每个声音样本用16位(2字节)表示，测得的声音样本值在0～65535的范围内，它的精度是输入信号幅度的1/65536。采样精度直接影响声音的质量，量化位数越多，声音的质量越高，而需要的存储空间也越大。很显然，用来描述波形特性的垂直单位数量越多，采样越接近原始的模拟波形。

声音表示的第三个参数就是声道数，指的是在存储、传送或播放时相互独立的声音数目。普通电话是单声道的，老式唱片唱机也是单声道的，即只有一个喇叭发声；盒式磁带、普通CD光盘系统是双声道的(也称为立体声)，有两个喇叭发声；而新式的带DTS解码的CD、带AC3解码的DVD光盘及其播放系统(即家庭影院系统)支持5.1、6.1甚至7.1声道，称为环绕立体声。其中的“0.1”是由其他声道计算出来的低音声道，不是独立的声道。

在声音数字化过程中，每个声道的数字化是单独进行的，因此声道数越多，数字化后的声音的数据量会成倍增加。未经压缩，声音数据量可由下式推算：

数据量=(采样频率×每个采样位数×声道数)×时间/8(字节/秒)

例如一分钟声音、单声道、8位采样位数、采样频率为11.025kHz，数据量为每分钟0.66MB；若采样频率为22.05kHz，则数据量每分钟为1.32MB。若为双声道，则每分钟数据量为2.64MB。

这种对声音进行采样量化后得到的声音是数字化声音，最常用的数字化声音的文件格式是Microsoft定义的用于Windows的波形声音文件格式，其扩展名是“.wav”。数字化声音所占的数据量非常大。

CD音频是以16bit、44.1kHz采样的高质量数字化声音，并以CD-DA方式存储在CD-ROM光盘上；可以通过符合CD-DA标准的CD-ROM驱动器播放。

2. 声音的符号化

波形声音可以把音乐、语音都进行数据化并且表示出来，但是并没有把它看成音乐和语音。

对于声音的符号化(也可以称为抽象化)表示包括两种类型。一种是音乐，一种是语音。

(1) 音乐的符号化——MIDI

由于音乐完全可用符号来表示，所以音乐可看做是符号化的声音媒体。有许多音乐符号化的形式，其中最著名的就是MIDI(Musical Instrument Digital Interface)，这是乐器数字接口的国际标准。任何电子乐器，只要有处理MIDI消息的微处理器，并有合适的硬件接口，都可以成为一个MIDI设备。MIDI消息，实际上就是乐谱的数字描述。在这里，乐谱完全由音符序列、定时以及被称为合成音色的乐器定义组成。当一组MIDI消息通过音乐合成器芯片演奏时，合成器就会解释这些符号并产生音乐。很显然，MIDI给出了一种得到音乐声音的方法，关键问题是，媒体应能记录这些音乐的符号，相应的设备能够产生和解释这些符号。这实际上与我们在其他媒体中看到的情况十分类似，例如图像显示，字符显示等都是如此。

与波形声音相比，MIDI数据不是声音而是指令，所以它的数据量要比波形声音少得多。半小时的立体声16位高品质音乐，如果用波形文件无压缩录制，约需300MB的存储空间。而同样时间的MIDI数据大约只需200KB，两者相差1500倍之多。在播放较长的音乐时，MIDI的效果就更为突出。MIDI的另一个特点是，由于数据量小，所以可以在多媒体应用中与其他波形声音配合使用,形成伴奏的效果。而两个波形声音一般是不能同时使用的。对MIDI的编辑也很灵活,在音序器的帮助下,用户可以自由地改变音调、音色等属性,达到自己想要的效果。波形文件就很难做到这一点。当然,MIDI的声音尚不能做到在音质上与真正的乐器完全相似,在质量上还需要进一步提高;MIDI也无法模拟出自然界中其他非乐曲类声音。

(2) 语音的符号化

语音与文字是对应的。波形声音可以记录表示语音,它是不是语音取决于听者对声音的理解。对语音的符号化实际上就是对语音的识别,将语音转变为字符,反之也可以将文字合成语音。

语音指构成人类语音信号的各种声音。在采集和存储上可以与波形声音一样,但由于语音是由一连串的音素组成。"一句话"中包含许多音节以及上下文过渡过程的连接体等特殊的信息,并且语音本身与语言有关,所以要把它作为一个独立的媒体来看待。

多媒体计算机处理声音的组件是声卡,声音卡一般可同时处理数字化声音、合成器产生的声音、CD音频。

3. 声音数据的压缩格式

未经压缩的数字化声音会占用大量的存储空间,例如,一首时长5分钟的立体声歌曲,以CD音质数字化,数据量将是1411.2(kbps)×60(s)×5≈52MB。CD光盘的容量是650MB,所以一张CD光盘只能存放十多首歌曲。

另一方面,声音信号中包含有大量的冗余信息,再加上利用人的听觉感知特性,对声音数据进行压缩是可能的。人们已经研究出了许多声音压缩算法,力求做到压缩倍数高、声音失真小、算法简单、编码/解码成本低。

(1) 压缩率

压缩率(又称为压缩比或压缩倍数)是指数据被压缩之前的容量和压缩之后的容量之比。例如,一首歌曲的数据量为50MB,压缩之后为5MB,则压缩率为10∶1。

(2) MPEG声音压缩算法

MPEG是Moving Picture Experts Group(运动图像专家组)的简写,是一系列运动图像(视频)压缩算法和标准的总称,其中也包括了声音压缩编码(称为MPEG Audio)。MPEG声音压缩算法是世界上第一个高保真声音数据压缩国际标准,并且得到了极其广泛的应用。

MPEG声音标准提供了三个独立的压缩层次:层1(Layer 1)、层2(Layer 2)和层3(Layer 3)。层1的编码器最为简单,输出数据率为384kbps,主要用于小型数字盒式磁带;层2的编码器的复杂程度属中等,输出数据率为256~192kbps,用于数据广播、CD-I和VCD视盘。

层3(MPEG-1 Audio Layer 3)就是现在非常流行的MP3,它的编码器较层1和层2最为复杂,输出数据率为64kbps。MP3格式在16∶1压缩率下可以实现接近CD的音质,所以原来只能容纳十几首未压缩歌曲的CD光盘可以容纳音质相近的200首左右的MP3歌曲。如果提高压缩率,还可以容纳更多。

小体积的MP3音乐在网上流传、在计算机之间复制,使得人们改变了音乐消费方式、MP3播放器大行其道。

MPEG 声音压缩算法是在不断发展的，后来出现了 MPEG-2 和 MPEG-4。MPEG 2 标准在 MPEG-1 的基础上增加了所支持采样频率的数目，扩展了编码器的输出速率范围，并且增加了声道数，支持 5.1 和 7.1 声道，还支持 Linear PCM 和 Dolby AC-3 编码。目前广泛流行的 DVD 影片采用的便是 MPEG-2 声音压缩算法。MPEG-4 声音标准可集成从语音到多通道声音、从自然声音到合成声音，并且增加多种编码方法。

(3) 声音文件格式

① WAV 格式。Microsoft 公司开发的一种声音文件格式，也叫波形(wave)声音文件，被 Windows 平台及其应用程序广泛支持。WAV 格式有压缩的，也有不压缩的，总体来说，WAV 格式对存储空间需求太大，不便于交流和传播。

② WMA 格式。WMA(Windows Media Audio)是 Microsoft 公司专为互联网上的音乐传播而开发的音乐格式，其压缩率和音质可与 MP3 相媲美。如今，可以播放 MP3 音乐的随身听一般都可以播放 WMA 音乐。

③ RealAudio 格式。RealAudio 是由 Real Networks 公司推出的文件格式，分为 RA (RealAudio)、RM(RealMedia，RealAudio G2)、RMX(RealAudio Secured)等三种。它们最大的特点是可以实时传输音频信息，能够随着网络带宽的不同而改变声音的质量。

④ QuickTime 格式。QuickTime 是 Apple 公司推出的一种数字流媒体格式，它面向视频编辑、Web 网站创建和媒体技术平台，QuickTime 支持几乎所有主流的个人计算平台，可以通过互联网实现实时的数据传输和回放。

4.2.3 数字图像

图像(Image)是由大量的不同颜色的点来表示信息的。与文本相比，图像的信息量更大，所以也是多媒体领域研究的重点。

1. 图像的数字化

数字图像有三个主要来源。①现有图片经图像扫描仪生成数字图像；②使用数码相机或数字摄像机将自然景物、人物等拍摄为数字图像；③使用计算机绘图软件生成数字图像。

前两者实际的工作原理是相同的，即将模拟图像进行数字化。图像的数字化大体可以分为以下四步，如图 4.33 所示。

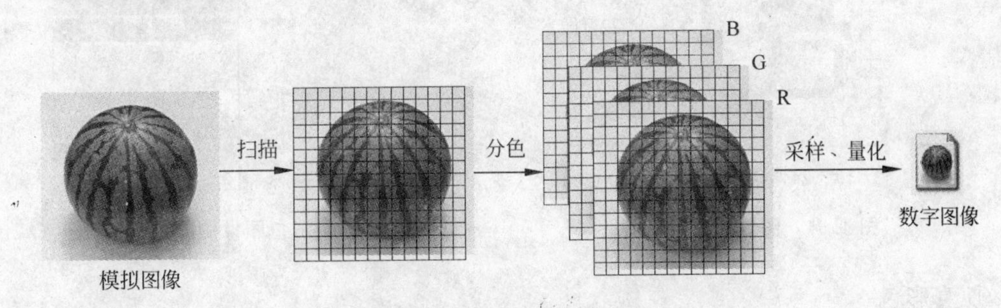

图 4.33 图像的数字化过程

(1) 扫描。将画面划分为 $M \times N$ 个网格，每个网格称为一个采样点，每个采样点对应于生成后图像的像素。一般情况下，扫描仪和数码相机的分辨率是可调的，这样可以决定数字化后图像的分辨率。

(2) 分色。将彩色图像采样点的颜色分解为 R、G、B 三个基色。如果不是彩色图像(如灰度或黑白图像),则不必进行分色。

(3) 采样。测量每个采样点上每个颜色分量的亮度值。

(4) 量化。对采样点每个颜色分量的亮度值进行 A/D 转换,即把模拟量使用数字量来表示。一般的扫描仪和数码相机生成的都是真彩色图像。

将上述方法转换的数据以一定的格式存储为计算机文件,即完成了整个图像数字化的过程。

2. 图像的基本要素

一幅图像可以看成由许多的点组成的,图像中的单个点称为像素(pixel),每个像素都有一个表示该点颜色的像素值。根据不同情况,彩色图像的像素值是矢量,由 RGB 三基色分量值组成,灰度图像的像素只有一个亮度分量。

(1) 图像的分辨率

一幅图像的像素是成行和列排列的,像素的列数称为水平分辨率、行数称为垂直分辨率。整幅图像的分辨率是由"水平分辨率×垂直分辨率"来表示的。

分辨率是度量一幅图像的重要指标如图 4.34,对于同样的表达内容,分辨率越高,图像越清晰,细节的表达能力越强。例如,使用 100 万像素和 200 万像素的数码相机拍摄相同的景物(焦距、光圈等设置相同),分别生成分辨率为 1024×768 和 1600×1200 的数码相片,后者将比前者更清晰。

(2) 图像的像素深度

像素深度是指图像中每个像素所用的二进制位数,因为这个二进制数用来表示颜色,所以也称为颜色深度。图像的像素深度越深,所使用的二进制数的位数越多,能表达的颜色数目也越多。伪彩色图像的颜色索引表如图 4.35 所示。

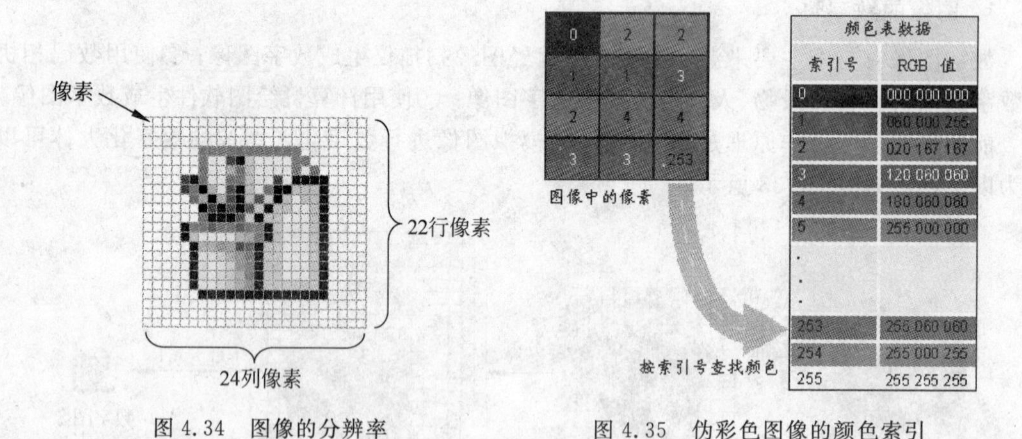

图 4.34 图像的分辨率

图 4.35 伪彩色图像的颜色索引

① 真彩色

如果一幅图像的像素深度为 24 位,分为三个 8 位来表示 R、G、B 基色色量,可以表示的颜色数为 $2^8\times2^8\times2^8=16\ 777\ 216=2^{24}$ 种,也称为 24 位颜色,即真彩色(或称为全彩色)。

② 灰度图像

灰度图像是指只有灰色的图像。灰色是介于白色和黑色之间的过渡色,灰色的特点是

其 R、G、B 分量值相同。因此,在黑色(RGB 分量均为 0)和白色(RGB 分量均为 255)之间(包括黑色和白色),共有 256 个不同等级的灰色(称为 256 级灰度)。256 级灰度需要 8 个比特(一个字节),即 256 级灰度图像中使用一个字节来表示每个像素。

③ 黑白图像

这是最简单的位图图像。黑白图像包含的颜色仅仅有黑色和白色两种。为了理解计算机怎样对单色图像进行编码,可以考虑把一个网格叠放到图像上。网格把图像分成许多单元,每个单元相当于计算机屏幕上的一个像素。对于黑白图像,每个单元都标记为黑色或者白色,如果标记为黑色,则在计算机中用 0 表示,否则用 1 表示,因此,网格中的每一行用一串 0 和 1 表示。

(3) 图像的数据量

如果图像未经压缩处理,一幅图像的数据量可按下面的公式进行计算:

图像数据量=水平分辨率×垂直分辨率×像素深度

例如一幅分辨率为 640×480 的黑白图像的数据量为 640×480÷8=38 400B;

一幅分辨率为 640×480 的灰度图像的数据量为 640×480×8÷8=307 200B;

一幅分辨率为 1024×768 的真彩色图像数据量是:1024×768×24(位)÷8=2 359 296B。

通过以上的计算,我们知道位图图像文件所需的存储容量都很大,如果在网上传输,所需的时间也较长。为了减少存储空间和传输时间,可以使用压缩和抖动技术。抖动技术是因特网的 WWW 页面减少图像大小的常用技术,它根据人类眼睛对颜色和阴影的分辨率,通过两个或多个颜色组成的模式产生附加的颜色和阴影。如果是 256 色图像,我们不能简单将其转换为 16 色图像,这样效果不好,而使用抖动技术产生的 16 色图像其效果会更好。

3. 图像的压缩

由于数字图像中的数据相关性很强,即数据的冗余度很大,因此对图像进行大幅度的数据压缩是完全可行的。并且,人眼的视觉有一定的局限性,即使压缩后的图像有一定的失真,只要限制在一定的范围内,也是可以接受的。

图像的数据压缩有两种类型:无损压缩和有损压缩。无损压缩是指压缩以后的数据进行还原,重建的图像与原始的图像完全相同。常见的无损压缩编码(或称为压缩算法)有行程长度编码(RLE)和霍夫曼(Huffman)编码等。有损压缩是指将压缩后的数据还原成的图像与原始图像之间有一定的误差,但不影响人们对图像含义的正确理解。

图像数据的压缩率是压缩前数据量与压缩后数据量之比:

压缩率=压缩前数据量/压缩后数据量

对于无损压缩,压缩率与图像本身的复杂程序关系较大,图像的内容越复杂,数据的冗余度就越小,压缩率就越低;相反,图像的内容越简单,数据的冗余度就越大,压缩率就越高。对于有损压缩,压缩率不但受图像内容的复杂程度影响,也受压缩算法的设置影响。

图像的压缩方法很多,不同的方法适用于不同的应用领域。评价一种压缩编码方法的优劣主要看三个方面:压缩率、重建图像的质量(对有损压缩而言)和压缩算法的复杂程度。

4. 图像的格式

(1) BMP 图像格式

BMP 是 Bitmap 的缩写,一般称为“位图”格式,是 Windows 操作系统采用的图像文件存储格式。位图格式的文件一般以“. bmp”和“. dib”为扩展名,后者指的是设备无关位图(Device Independent Bitmap)。在 Windows 环境下所有的图像处理软件都支持这种格式。压缩的位图采用的是行程长度编码(RLE),属于无损压缩。

(2) GIF 图像格式

GIF 是 Graphics Interchange Format 的缩写,是美国 CompuServe 公司开发的图像文件格式,采用了 LZW 压缩算法(Lemple-Zif-Wdlch),属于无损压缩算法,并支持透明背景,支持的颜色数最大为 256 色。最有特色的是,它可以将多张图像保存在同一个文件中,这些图像能按预先设定的时间间隔逐个显示,形成一定的动画效果,该格式常用于网页制作。

(3) TIFF 图像格式

TIFF 是 Tagged Image File Format 的缩写,这种图像文件格式支持多种压缩方法,大量应用于图像的扫描和桌面出版方面。此格式的图像文件一般以“. tiff”或“. tif”为扩展名,一个 TIFF 文件中可以保存多幅图像。

(4) PNG 图像格式

PNG(Portable Network Graphic)是企图替代 GIF 和 TIFF 文件格式的一种较新的图像文件存储格式。PNG 使用了 LZ77 派生的无损数据压缩算法。PNG 格式支持流式读写性能,适合于在网络通信过程中连续传输、逐渐由低分辨率到高分辨率、由轮廓到细节地显示图像。

(5) JPEG 图像格式

JPEG 格式是由 JPEG 专家组(Joint Photographic Experts Group)制定的图像数据压缩的国际标准,是一种有损压缩算法,压缩率可以控制。JPEG 格式特别适合处理各种连续色调的彩色或灰度图像(如风景、人物照片),算法复杂度适中,绝大多数数码相机和扫描仪可直接生成 JPEG 格式的图像文件,其扩展名有“. jpeg”、“. jpg”和“. jpe”等。

(6) JPEG 2000 图像格式

JPEG 2000 采用了小波分析等先进技术,能提供比 JPEG 更好的图像质量和更低的码率,且与 JPEG 保持向下兼容。JPEG 2000 既支持有损压缩,也支持无损压缩。JPEG 2000 最大的特色是在一幅图像中同时支持两种压缩率,即可为图像中的重点区域使用较低的压缩率,其他部分使用较高的压缩率。使用这种方法可以达到文件大小和图像质量上更完美的平衡。

(7) ICO 和 CUR 图像格式

ICO 格式的图像称为图标(Icon)文件,用来定义程序、文档和快捷方式的图标。同一个 ICO 文件中可以包含 16×16、32×32、48×48 等多种分辨率和多种颜色数的图标,用于在不同的场合显示。ICO 和 CUR 图像的数据量都是很小的。

上面列举的是一些常用的通用图像格式,绝大多数的图像处理软件都直接支持。另外,还有一些专用的格式,如 PhotoShop 软件的 PSD 格式、Corel Photo-Paint 软件的 CPT 格式、Picture Publisher 软件的 PPF 格式等,这些格式的图像文件一般只能用相应的软件打开,因为其中包含了不能被其他软件所识别的信息。

5. 矢量图像

矢量图像采用的则是计算的一种方法,是由一串可重构图像的指令构成的。也就是说,它记录的是生成图像的算法。图像的重要部分是结点,相邻结点之间用特性曲线连接,曲线由结点本身就有的角度特性经过计算得出。我们在创建矢量图片的时候,可以用不同的颜色来画线和图形,然后计算机将这一串线条和图形转换为能重构图像的指令。计算机只存储这些指令,而不是真正的图像。

但是,矢量图像有几个优点。首先,由于矢量图像保存的只是结点的位置和曲线颜色的算法,因此矢量图像的存储空间比位图图像小。矢量图像的存储空间依赖于图像的复杂性,每条指令都需要存储空间,所以,图像中的线条、图形、填充越多,所需要的存储空间就越大。

矢量图像的第二个优点是:使用矢量图像软件,可以方便地修改图像。可以把矢量图像的一部分当作一个单独的对象,单独加以拉伸、缩小、变形、移动和删除。因此矢量图像比较灵活,富于创造性。

矢量图像的第三个优点是:矢量图像可以随意放大或缩小,图像质量不会失真,特别是在打印时,这一优势更加突出。

包含矢量图像的文件的扩展名为:.wmf,.dxf,.mgx 和.cgm。矢量图像软件指的是绘画软件,而且通常情况下,是一个和位图图像软件不同的软件包。流行的矢量图像软件包有 Micrographx Designer、CorelDRAW 和 FreeHand。图 4.36 是 CorelDRAW 的窗口组成。

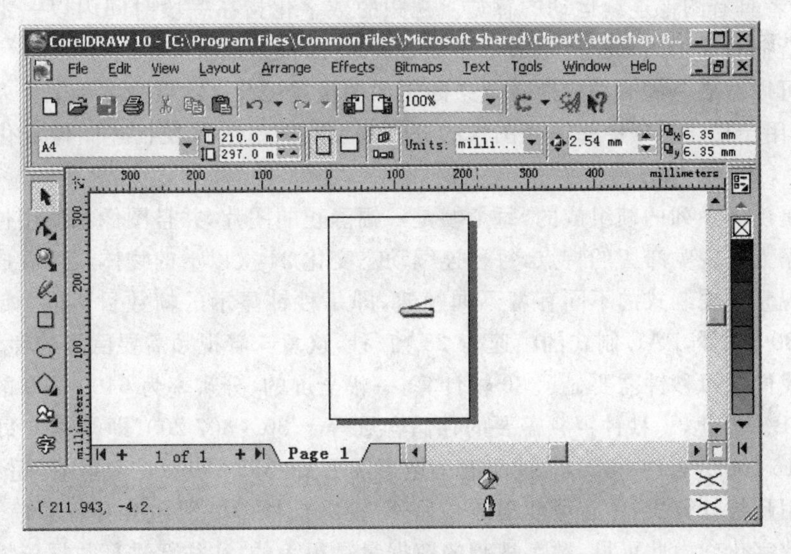

图 4.36 CorelDRAW 的窗口组成

通常,用矢量图像软件来画一个图像时,可以使用画图工具来创建图形或物体。例如可以使用带填充的画圆工具来画一个圆,并填充以颜色。创建这个圆的数据可以用一条指令进行记录。使用画图工具,可以创建如填充矩形或圆的几何物体。通过连接不同的点,可以创建不规则图形的外轮廓。通过改变图形的位置、大小和颜色可以将画出的图形组合成一个图像。同时绘图软件会相应地调整指令。由于矢量图像每次显示时都要重新计算生成,所以矢量图像速度较慢。图 4.37(a)所示的是一幅矢量图,其中的叶片、花瓣和花蕊都是使用轮廓线条描述再加上适当的填充效果形成的,所以它们在数据上是相互独立的,具有很高的可编辑性。在矢量图编辑软件中,只需鼠标简单拖动便可将这些花拆散(如图 4.37(b)所示)。若要修改叶片的形状、花瓣的颜色、轮廓线的粗细、层次的前后关系,所需的操作也很简单。

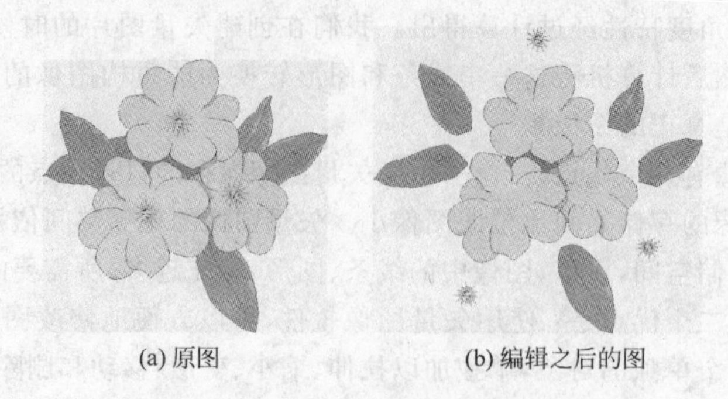

(a) 原图　　(b) 编辑之后的图

图 4.37　矢量图的编辑

4.2.4 数字视频

1. 视频的概念

视频源于电视技术,它由连续的画面组成。这些画面以一定的速率连续地投射在屏幕上,使观察者具有图像连续运动的感觉。视频的数字化指在一段时间内以一定的速度对视频信号进行捕获并加以采样后形成数字化数据的处理过程。

视频可以看成是配有相应声音效果的图像的快速更替。数字视频用三个基本参数来进行描述,即用于描述视频中每一帧图像的分辨率、颜色深度,以及描述图像变化速度的图像更替率。

视频是由一系列的帧组成的,每个帧是一幅静止的图片,并且图像也使用位图文件形式表示。根据人眼视觉滞留的特点,每秒连续动态变化 24 次以上的物体就可看成是平滑连续运动的。视频根据制式的不同有着不同帧速,即每秒钟显示的帧数目不同,如 NTSC 制式的帧速为 30 帧/秒,PAL 制式的帧速为 25 帧/秒,这意味着视频需要巨大的存储空间。

假设我们按每秒钟需要显示 30 帧计算,一幅全屏的、分辨率为 640×480 的 256 色图像有 307 200B。因此,一秒钟视频需要的存储容量等于 30×307 200(即帧速×每幅图像的数据量=9 216 000B,大约 9MB)。两小时的电影需要 66 355 200 000 个字节,超过 66GB! 甚至只有使用超级计算机,才有可能播放。另外,视频信号中一般包含有音频信号,音频信号同样需要数字化。由此可见,数字视频的数据量是很大的,往往要进行数据压缩。

2. 计算机视频

计算机视频是指通过计算机存储、传输、播放的视频内容。因为计算机是数字的,所以计算机视频从开始就是数字化的。

根据创建的方法、内容的形式和用途的不同,计算机视频可分为以下几类。

(1) 电影或录像剪辑

如果计算机安装了 DVD/CD 驱动器和相应的播放软件,便可以播放 VCD 和 DVD 电影光盘。在计算机的硬盘上,可以存放完整的电影文件或电影片段。

人们可以将数码摄像机拍摄的录像内容通过 1394(Firewire)接口导入为计算机视频文件。也可以使用摄像头由 USB 接口录制实时的视频内容。如果计算机中安装了视频采集卡,可以将模拟电视信号、模拟录像带的内容转换为数字视频文件。

上述的电影或录像内容,可以使用通用的视频播放软件以 24～30 帧/秒的正常速度进行播放，还可以进行回退、快进、暂停、循环播放等操作。

(2) 计算机动画

计算机动画指的是通过二维或三维软件建模、渲染生成的视频片段，其内容不是拍摄的自然景观或人物，而是人工创造出来的。

现在，计算机动画与电影、录像之间的界限越来越模糊，电影创作和后期制作过程中越来越多地使用了计算机动画。

(3) 交互式视频

交互式视频指的是画面上有菜单、按钮等交互元素，用户可以通过鼠标或键盘操作来控制播放流程或改变画面内容。交互式视频往往集成了文本、录像、动画、图片、声音等诸多媒体素材，主要应用在多媒体教学课件中。

目前，交互式视频的创建工具主要有 Micromedia 公司的 Authorware、Director 和 Flash，以及 Corel 公司的 R. A. V. E. 等。

(4) 网络电视与视频点播

宽带网络和流媒体技术的发展使得通过网络收看电视节目成为可能。视频点播(Video On Demand，VOD)是指用户可以根据自己的需要选择节目，与传统的被动地收看电视相比有了质的飞跃。

网络电视在娱乐、远程教育、网络视频会议、远程监控、远程专家会诊等领域有着广阔的应用前景。

3. 常用视频压缩格式

数字视频的数据量是非常大的。例如，一段时长为1分钟，分辨率为640×480的录像(30帧/分，真彩色)，未经压缩的数据量为：

640×480(像素)×3(字节/像素)×30(帧/分钟)×60(秒/分钟)＝1 658 880 000字节＝1.54吉字节。

如此大的数据量，无论是存储、传输还是处理都有很大的困难，所以对视频数据进行压缩势在必行。由于视频信息的每个画面内部有很多信息冗余，视频信息中画面内容有很强的信息相关性，相邻帧的内容又有高度的连贯性，再加上人眼的视觉特性，人眼的视觉灵敏度有限，允许画面有一定失真，所以数字视频的数据可成几百倍地压缩。

国际标准化组织和各大公司都积极参与视频压缩标准的制定，并且已推出大量实用的视频压缩格式。

(1) AVI格式

AVI英文全称为 Audio Video Interleaved，即音频视频交错格式。是将语音和影像同步组合在一起的文件格式，这种视频格式的文件以“.avi”为扩展名。它对视频文件采用有损压缩方式，但压缩比较高，因此尽管画面质量不是太好，但其应用范围仍然非常广泛。AVI支持256色和RLE压缩。AVI信息主要应用在多媒体光盘上，用来保存电视、电影等各种影像信息。

AVI于1992年被 Microsoft 公司推出，随 Windows 3.1 一起被人们所认识和熟知。所谓“音频视频交错”，就是可以将视频和音频交织在一起进行同步播放。这种视频格式的优点是可以跨多个平台使用，其缺点是体积过于庞大，而且更加糟糕的是压缩标准不统一，最普遍的现象就是高版本 Windows 媒体播放器播放不了采用早期编码编辑的 AVI 格式视频,而低版本 Windows 媒体播放器又播放不了采用最新编码编辑的 AVI 格式视频,所以我们在进行一些 AVI 格式的视频播放时常会出现由于视频编码问题而造成的视频不能播放或即使能够播放,但存在不能调节播放进度和播放时只有声音没有图像等一些莫名其妙的问题,如果用户在进行 AVI 格式的视频播放时遇到了这些问题,可以通过下载相应的解码器来解决。是目前视频文件的主流。这种格式的文件随处可见,比如一些游戏、教育软件的片头,多媒体光盘中,都会有不少的 AVI。

(2) DV-AVI 格式

DV(Digital Video Format)是由索尼、松下、JVC 等多家厂商联合提出的一种家用数字视频格式,目前流行的数码摄像机就是使用这种格式记录视频数据的。可以通过计算机的 IEEE 1394 接口(也称为 Firewire 火线接口)将保存在数码摄像机 DV 磁带上的视频内容传输到计算机中,也可以将计算机中编辑好的视频数据回录到数码摄像机的 DV 磁带上。这种视频格式的文件扩展名一般也是“. avi”,所以人们习惯将其称为 DV-AVI 格式。

(3) MOV 格式

MOV 是美国 Apple 公司开发的一种视频格式(以. mov 为文件扩展名),默认的播放器是 QuickTime Player。此格式具有较高的压缩比和较完美的视频清晰度,且具有较好的跨平台性,即不仅能支持 Mac OS,同样也能支持 Windows 操作系统。

MOV 格式的视频文件也可以采用不压缩或压缩的方式,其压缩算法包括 Cinepak、Intel Indeo Video R3. 2 和 Video 编码。其中 Cinepak 和 Intel Indeo Video R3. 2 算法的应用和效果与 AVI 格式中的应用和效果类似。而 Video 格式编码适合于采集和压缩模拟视频,并可从硬盘平台上高质量回放,从光盘平台上回放质量可调。这种算法支持 16 位图像深度的帧内压缩和帧间压缩,帧率可达每秒 10 帧以上。

(4) MPEG 格式

MPEG(Moving Picture Experts Group,运动图像专家组)格式是运动图像压缩算法的国际标准,它采用了有损压缩方法从而减少运动图像中的冗余信息。该专家组建于 1988 年,专门负责为 CD 建立视频和音频标准,成员都是视频、音频及系统领域的技术专家。及后,他们成功将声音和影像的记录脱离了传统的模拟方式,建立了 ISO/IEC 1172 压缩编码标准,并制定出 MPEG 格式,令视听传播方面进入了数码化时代。因此,大家现时泛指的 MPEG-X 版本,就是由 ISO(International Organization for Standardization)所制定而发布的视频、音频、数据的压缩标准。

MPEG 标准的视频压缩编码技术主要利用了具有运动补偿的帧间压缩编码技术以减小时间冗余度,利用 DCT 技术以减小图像的空间冗余度,利用熵编码则在信息表示方面减小了统计冗余度。这几种技术的综合运用,大大增强了压缩性能。MPEG 标准主要有以下五个,MPEG-1、MPEG-2、MPEG-4,另外 MPEG-7 与 MPEG-21 一直在研发。

① MPEG-1。制定于 1992 年,它是针对 1.5Mbps 以下数据传输率的运动图像及其伴音而设计的国际标准。也就是通常所见到的 VCD 光盘的制作格式。这种视频格式的文件扩展名包括“. mpg”、“. mpe”、“. mpeg”及 VCD 光盘中的“. dat”文件等。

② MPEG-2。制定于 1994 年,设计目标为高级工业标准的图像质量以及更高的传输率。这种格式主要应用在 DVD/SVCD 的制作方面,同时在一些 HDTV(High Definition TV,高清晰电视)和高质量视频编辑、处理中被应用。这种视频格式的文件扩展名包括

“.mpg”、“.mpe”、“.mpeg”、“.m2v”及DVD光盘上的“.vob”文件。

③ MPEG-4。制定于1998年，MPEG-4是为了播放流式媒体而专门设计的，它可利用很窄的带宽，通过帧重建技术来压缩和传输数据，以求使用最少的数据获得最佳的图像质量。利用MPEG-4的高压缩率和高的图像还原质量可以把DVD里面的MPEG-2视频文件转换为体积更小的视频文件。经过这样处理，图像的视频质量下降不大但体积却可缩小几倍，可以很方便地用CD-ROM来保存DVD上面的节目。另外，MPEG-4在家庭摄影录像、网络实时影像播放也大有用武之地。MPEG-4最有吸引力的地方在于它能够生成接近于DVD画质的小体积视频文件。这种视频格式的文件扩展名包括“.asf”、“.mov”、“.divx”和“.avi”等。

④ MPEG-7。它的由来是1+2+4=7，因为没有MPEG-3、MPEG-5、MPEG-6，于1996年10月开始研究。确切来讲，MPEG-7并不是一种压缩编码方法，其正规的名字叫做多媒体内容描述接口，其目的是生成一种用来描述多媒体内容的标准，这个标准将对信息含义的解释提供一定的自由度，可以被传送给设备和电脑程序，或者被设备或电脑程序查取。MPEG-7并不针对某个具体的应用，而是针对被MPEG-7标准化了的图像元素，这些元素将支持尽可能多的各种应用。建立MPEG-7标准的出发点是依靠众多的参数对图像与声音实现分类，并对它们的数据库实现查询，就像我们今天查询文本数据库那样。可应用于数字图书馆，例如图像编目、音乐词典等；多媒体查询服务，如电话号码簿等；广播媒体选择，如广播与电视频道选取；多媒体编辑，如个性化的电子新闻服务、媒体创作等。

⑤ MPEG-21。MPEG在1999年10月的MPEG会议上提出了“多媒体框架”的概念，同年的12月的MPEG会议确定了MPEG-21的正式名称是“多媒体框架”或“数字视听框架”，它以将标准集成起来支持协调的技术以管理多媒体商务为目标，目的就是理解如何将不同的技术和标准结合在一起需要什么新的标准以及完成不同标准的结合工作。

(5) DivX格式

DivX是一项由DivXNetworks公司发明的如图4.38所示，类似于MP3的数字多媒体压缩技术。DivX基于MPEG-4标准，可以把MPEG-2格式的多媒体文件压缩至原来的10%，更可把VHS格式录像带格式的文件压至原来的1%。通过DSL或Cable Modem等宽带设备，它可以让你欣赏全屏的高质量数字电影。

图4.38　DivX

由于DivX是从MPEG-4衍生出的另一种视频编码标准，也称为DVDrip格式，它采用了MPEG-4的压缩算法同时又综合了MPEG-4与MP3等方面的技术，使用DivX压缩技术对DVD盘片的视频图像进行高质量压缩，同时用MP3或AC3对音频进行压缩，然后再将视频与音频合成并加上相应的外挂字幕。其画质接近DVD，但体积只有DVD的几分之一。无论是声音还是画质都可以和DVD相媲美。同时它还允许在其他设备(如安装机顶盒的电视、PocketPC)上观看。由于DivX后来转为了商业软件，其发展受到了很大限制，表现相对欠佳，在竞争中处于了劣势。

(6) ASF格式

ASF格式(Advanced Streaming Format，高级流格式)是Microsoft为Windows 98所

开发的串流多媒体文件格式,这是一种包含音频、视频、图像以及控制命令脚本的数据格式。

ASF是一个开放标准,它能依靠多种协议在多种网络环境下支持数据的传送。同JPG、MPG文件一样,ASF文件也是一种文件类型,但它是专为在IP网上传送有同步关系的多媒体数据而设计的,所以ASF格式的信息特别适合在IP网上传输。ASF文件的内容既可以是我们熟悉的普通文件,也可以是一个由编码设备实时生成的连续的数据流,因此ASF既可以传送人们事先录制好的节目,也可以传送实时产生的节目,ASF是微软公司Windows Media的核心,用户可以直接使用Windows自带的媒体播放器(Windows Media Player)对其进行播放。由于使用了MPEG-4的压缩算法,所以压缩率和图像的质量都很不错。

(7) WMV格式

WMV(Windows Media Video)也是Microsoft公司推出的一种采用独立编码方式并且可以直接在网上实时观看视频节目的视频压缩格式。WMV是在"同门"的ASF(Advanced Stream Format)格式升级延伸来的。在同等视频质量下,WMV格式的文件可以边下载边播放,因此很适合在网上播放和传输。

WMV不是仅仅基于微软公司的自有技术开发的。从第七版(WMV-7)开始,微软公司开始使用它自己非标准MPEG-4 Part2。但是,由于WMV第九版已经是SMPTE的一个独立标准(421M,也称为VC-1),所以WMV的发展已经不像MPEG-4那样是一个它自己专有的编解码技术。现在VC-1专利共享的企业有16家(2006年4月),微软公司也是专利共享企业中的一家。但微软的WMV还是很有影响力的。

WMV格式的主要优点包括:本地或网络回放、可扩充的媒体类型、部件下载、流的优先级化、多语言支持、环境独立性、丰富的流间关系以及扩展性等。

(8) RM格式

RM(RealMedia)格式是Real Networks公司所制定的音频视频压缩规范。用户可以使用RealPlayer或RealOnePlayer对符合RealMedia技术规范的网络音频视频资源进行实况转播并且RealMedia可以根据不同的网络传输速率制定出不同的压缩比率,从而实现在低速率的网络上进行影像数据实时传送和播放。

RM的另一个特点是用户使用RealPlayer或RealOnePlayer播放器可以在不下载音频视频内容的条件下实现在线播放。另外,RM作为目前主流网络视频格式,它还可以通过其RealServer服务器将其他格式的视频转换成RM视频并由RealServer服务器负责对外发布和播放。RM和ASF格式可以说各有千秋,通常RM视频更柔和一些,而ASF视频则相对清晰一些。

RM格式一开始就定位在视频流应用方面,也可以说是视频流技术的始创者。它可以在用56K Modem拨号上网的条件下实现不间断的视频播放,当然,其图像质量和MPEG-2,DivX等相比有一定差距,毕竟要实现在网上传输不间断的视频是需要很大带宽的。

当然RM格式是Real公司对多媒体世界的一大贡献,也是对于在线影视推广的贡献。它的诞生,也使得流文件为更多人所知。这类文件可以实现即时播放,即先从服务器上下载一部分视频文件,形成视频流缓冲区后实时播放,同时继续下载,为接下来的播放做好准备。这种"边传边播"的方法避免了用户必须等待整个文件从Internet上全部下载完毕才能观看的缺点,因而特别适合在线观看影视。

(9) RMVB格式

RMVB是一种由RM格式延伸出的新视频格式，它的先进之处在于打破了RM格式平均压缩采样的方式，在保证平均压缩比的基础上合理利用比特率资源，设定了一般为平均采样率两倍的最大采样率值。将较高的比特率用于复杂的动态画面(歌舞、飞车、战争等)，而在静态画面中则灵活地转为较低的采样率，合理地利用了比特率资源，使RMVB在牺牲少部分你察觉不到的影片质量情况下最大限度地压缩了影片的大小，最终拥有了近乎完美的接近于DVD品质的视听效果。可谓体积与清晰度“鱼与熊掌兼得”。

相对于DVDrip格式，RMVB视频也有较明显的优势，在相同压缩品质的情况下，RMVB的文件更小。不仅如此，RMVB视频格式还具有内置字幕和无需外挂插件支持等独特优点。使用RealOnePlayer 2.0以上版本可以对RMVB格式的视频文件进行播放。

4. 数字视频的编辑和播放软件

数字视频编辑软件的功能主要有：

(1) 视频捕捉。将来自摄像机、电视机、影碟机的视频内容输入计算机，数字化并压缩为计算机文件。

(2) 视频剪辑。该功能将多种素材截取、拼接。

(3) 格式转换。即支持多种视频压缩标准，可以生成多种压缩率、分辨率的视频文件，并可以将静态照片转换为幻灯片播放效果的视频内容。

(4) 添加菜单、字幕和各种切换特技。

(5) VCD、DVD影碟制作和刻录。

目前，常用的视频编辑软件有Windows XP附件的Movie Maker、Adobe Premiere、Ulead Media Studio Pro、Ulead Video Studio(又称“会声会影”)、Final Cut Pro和Vegas Video等。

常用的视频播放软件有Windows Media Player(媒体播放器)、RealPlayer、RealOne Player、CyberLink PowerDVD、WinDVD、QuickTime Player和国产软件“超级解霸”等。这些软件大多数都支持众多的视频格式文件，同时支持CD、VCD、DVD等音频视频盘片的播放，功能上各有千秋。

4.2.5 多媒体技术的研究内容及应用前景

1. 多媒体技术的研究内容

(1) 多媒体数据压缩、解压算法的研究

在多媒体计算机系统中要表示、传输和处理声文图信息，特别是数字化图像和视频要占用大量的存储空间，因此高效的压缩和解压缩算法是多媒体系统运行的关键。因此，数据压缩技术是一个非常重要的内容。

(2) 多媒体数据存储技术

高效快速的存储设备是多媒体系统的基本部件之一，光盘系统是目前较好的多媒体数据存储设备，它又分为只读光盘(CD-ROM)、一次写多次读光盘(WORM)，可擦写光盘(writable)。

(3) 多媒体计算机硬件平台及软件平台

多媒体计算机系统基础是计算机系统，它一般有较大的内存和外存(硬盘)，并配有光驱、音频卡、视频卡、音像输入输出设备等,而多媒体计算机软件平台是专门设计支持多媒体功能的操作系统或者是在原有操作系统基础上进行扩充,如扩充一个支持音频视频处理的多媒体模块以及各种服务工具等。

(4) 多媒体开发和创作工具

为了便于用户编程开发多媒体应用系统,一般在多媒体操作系统之上提供了丰富的多媒体开发工具,如动画制作软件 Macromind Director、3Dstudio 以及多媒体节目创作工具 Tool Book,Authorware 等,这些都是交互式创作工具。

(5) 多媒体数据库

和传统的数据管理相比,多媒体数据库包含着多种数据类型,数据关系更为复杂,需要一种更有效的管理系统来对多媒体数据库进行管理。

(6) 超文本和超媒体

超文本或超媒体是管理多媒体数据信息一种较好的技术,它本质上采用的是一种非线性的网状结构组织块状信息。

(7) 多媒体系统数据模型

多媒体系统数据模型是指导多媒体软件系统(软件平台、多媒体开发工具、创作工具、多媒体数据库等)开发的理论基础。

(8) 多媒体通信与分布式多媒体系统

多媒体技术和网络技术、通信技术的结合出现了许多令人鼓舞的应用领域,如可视电话、电视会议、视频点播以及以分布式多媒体系统为基础的计算机支持协同工作(CSCW)系统(远程会诊、报纸共编等),这些应用很大程度地影响了人类生活工作方式。

2. 多媒体技术的应用前景

多媒体技术是一种实用性很强的技术,它一出现就引起许多相关行业的关注,由于其社会影响和经济影响都十分巨大,相关的研究部门和产业部门都非常重视产品化工作,因此多媒体技术的发展和应用日新月异,发展迅猛,产品更新换代的周期很快。多媒体技术及其应用几乎覆盖了计算机应用的绝大多数领域,而且还开拓了涉及人类生活、娱乐、学习等方面的新领域。多媒体技术的显著特点是改善了人机交互界面,集声、文、图、像处理一体化,更接近人们自然的信息交流方式。

多媒体技术的典型应用包括以下几个方面。

(1) 教育和培训

利用多媒体计算机的特性和功能开展培训、教学工作,激发学生的学习兴趣,寓教于乐,形成图文并茂、丰富多彩的人机交互方式,效果良好。

(2) 咨询和演示

在销售、导游或宣传等活动中,使用多媒体技术编制的软件(或节目),能够图文并茂地展示产品、游览景点和其他宣传内容,使用者可与多媒体系统交互,获取感兴趣的对象的多媒体信息。

(3) 娱乐和游戏

影视作品和游戏产品制作是计算机应用的一个重要领域。多媒体技术的出现给影视作品和游戏产品制作带来了革命性变化,由简单的卡通片到声文图并茂的逼真实体模拟,画面、声音更加逼真,趣味性娱乐性增加。随着 CD-ROM 的流行,价廉物美的游戏产品将倍受人们欢迎，对启迪儿童的智慧，丰富成年人的娱乐活动大有益处。

(4) 管理信息系统(MIS)

目前MIS系统在商业、企业、银行等部门等已得到广泛的应用。多媒体技术应用到MIS中可得到多种形象生动、活泼、直观的多媒体信息，克服了传统MIS系统中数字加表格那种枯燥的工作方式，使用人员通过友好直观的界面与之交互获取多媒体信息，工作也变得生动有趣。多媒体信息管理系统改善了工作环境，提高了工作质量，有很好的应用前景。

(5) 视频会议系统

随着多媒体通信和视频图像传输数字化技术的发展，计算机技术和通信网络技术的结合，视频会议系统成为一个最受关注的应用领域，与电话会议系统相比，视频会议系统能够传输实时图像使与会者具有身临其境的感觉，但要使视频会议系统实用化必须解决相关的图像压缩、传输、同步等问题。

(6) 计算机支持协同工作

多媒体通信技术和分布式计算机技术相结合所组成的分布式多媒体计算机系统能够支持人们长期梦想的远程协同工作。例如远程会诊系统可把身处两地(如北京和上海)的专家召集在一起同时异地会诊复杂病例；远程报纸共编系统可将身处多地的编辑组织起来共同编辑同一份报纸。CSCW的应用领域将十分广泛。

(7) 视频服务系统

诸如影片点播系统、视频购物系统等视频服务系统具有广泛的用户，也是多媒体技术的一个应用热点。

4.3 计算机安全技术

随着计算机技术的不断发展，信息资源对于国家和民族的发展、人们的工作和生活都变得至关重要，信息已经成为国民经济和社会发展的战略资源，信息安全问题已成为影响科学发展、国家利益的重大关键问题，一定程度上将制约国家的发展和稳定，同时与其相关的社会、道德、政治与法律问题也随之而来。如何保障计算机系统的安全，是计算机安全技术的研究领域。

4.3.1 计算机安全概述

计算机安全涉及众多的因素，其理论基础也包含诸多方面。

1. 什么是信息安全

信息安全是指对信息资源实施保护，以防止信息资源被泄漏、修改、破坏。具体来讲，信息安全包括以下几个层面。

(1) 信息安全理念。良好的监控、完善的记录、定期检查/检测。

(2) 信息安全观点。网络安全具有整体性、网络安全需要规划、网络安全是动态的。

(3) 信息安全机制。加密机制、数字签名机制、访问控制机制等。

(4) 物理安全。对网络与信息系统的物理装备的保护。

(5) 运行安全。对网络与信息系统的运行过程和运行状态的保护。

(6) 数据安全。对信息在数据收集、处理、存储、检索、传输等过程中的保护。

(7) 内容安全。防止信息的内容对系统造成威胁。

2. 安全威胁

安全威胁主要来自于各种失误、出错、病毒、攻击以及软件和硬件设计的后门。

对系统构成安全威胁的几个方面如下。

(1) 人为预谋犯罪。

(2) 主动型攻击。篡改/破坏程序和数据、冒充、拒绝服务、恶意否认、病毒。

(3) 被动型攻击。窃听、信息分析、非法访问/调用。

(4) 职员无意失职。

(5) 编程错误、误操作、无意损坏、无意泄密。

(6) 电子系统故障。

(7) 硬件/软件故障、网络故障、电源空调环境故障。

(8) 自然灾害。

(9) 利用计算机犯罪。

(10) 计算机病毒。

4.3.2 数据加密技术

密码学的起源可能要追溯到人类尝试通信的时候,由于社会的进步,特别是由于政治、军事发展的需要,人们不得不使用一些手段和方法来保护通信内容。

数据加密技术使得发送方可以对数据进行伪装(加密),即使这些数据被窃取,非法用户得到的也只是一堆杂乱无章的垃圾数据,不能获得任何信息。而合法用户通过解密处理,可以将这些数据还原为原始数据。

任何一个加密系统都是由明文、密文、加密算法和密钥四个部分组成的。

明文是原文数据(或原始数据);

密文是加密伪装后的数据;

加密算法是加密所采取的变换方法;

密钥是用于控制数据加密、解密过程的字符串。

加密技术在网络中应用一般采用两种类型:"对称式"加密法和"非对称式"加密法。

1. 对称式加密法

这种方法就是加密和解密使用同一密钥。这种密码技术也称为单钥或常规密码技术。在公钥密码技术出现之前,它是唯一的加密类型。

图4.39是对称密码系统模型,显示了对称密码的加密解密过程。其中,M是明文,发送者将明文转换为人们不能直接理解的无规则和无意义的密文C。加密器利用密钥K作用于明文,产生密文C。密钥K独立于明文,对于相同的明文,不同的密钥产生不同的密文。密文经过传输到达接收方。在接收方,使用解密器和相同的密钥K,密文C就能够恢复成最初的明文M。

对于分析者来说,虽然可以得到密文C,却不能得到通过安全信道传输的密钥K。对称式加密法的优点是:安全性高,加密速度快。缺点是:密钥的管理是一个难题。尤其是在网络上传输加密文件时,很难做到在绝对保密的安全通道上传输密钥;另外,在网络上无法

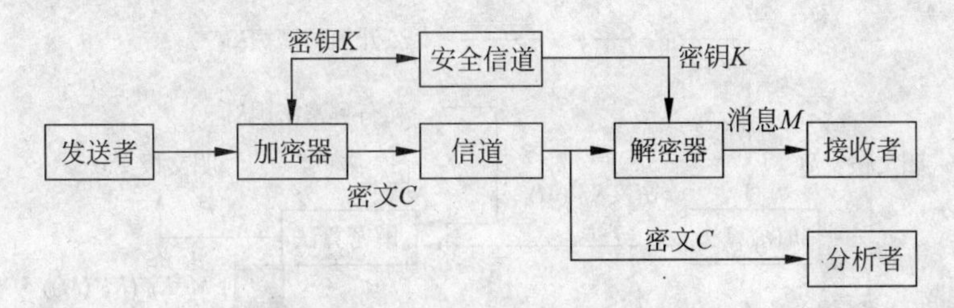

图 4.39　对称密码系统模型

解决消息确认和自动检测密钥泄密的问题。

［**例 4-8**］　恺撒(Caesar)密码加密。

凯撒密码(Caesar cipher)的加密方法主要用于英语文本,将明文中的每个字母用字母表中该字母后第 k 个字母来替换,把字母“a”约定排在字母“z”之后。如果 $k=3$,对应关系如下图:

a---->d	A---->D
b---->e	B---->E
…………	…………
z---->c	Z---->C

因此,k 的值可以看作密钥。在 $k=3$ 时,如果要对明文“I love you. ”进行加密,得到的密文为“Loryh brx. ”。尽管密文看起来像乱码,但如果你知道是用凯撒密码加密的,因为密钥值只有 25 个,所以破译者不用很长时间就可以破解它。

凯撒密码的一种改进方法是单码代替密码(monoalphabetic cipher),按照规则的方式进行替换,只要每个字母都有一个唯一的替换字母,任一字母都可用另一字母替换,则有 26! 种可能的密钥,这样密码就较难破译了。

2. 非对称式加密法

非对称式加密法也称公钥密码加密法。这一加密方法的最大特点是采用两个密钥将加密和解密分开。一个密钥公开,作为加密密钥,叫做公钥(Public Key);一个为用户专用,作为解密密钥,叫做私钥(Private Key),两个密钥必须配对使用才有效。通信双方无需事先交换密钥就可进行保密通信。要从公钥或密文分析出明文或私钥,在计算上是不可行的。若以公钥作为加密密钥,私钥作为解密密钥,则可实现多个用户加密的消息只能由一个用户解读;反之,以私钥作为加密密钥,公钥作为解密密钥,则可实现由一个用户加密的消息可使多个用户解读。前者可用于保密通信,后者可用于数字签名。

在公开密钥算法中,加密/解密是整个算法方案的核心。假设小张要和小李通信,见图 4.40。这时小张和小李没有共享密钥,小李是报文的接收方,拥有两个密钥,一个是任何人,包括破译者,都可得到的公钥(Public Key),另一个是只有小李本人知道的私钥(Private Key)。我们使用符号 K_B^+ 和 K_B^- 来分别表示小李的公钥和私钥。为了与小李通信,小张首先应取得小李的公钥,然后用这个公钥和一个众所周知的加密算法加密她要传递给小李的报文 m;即小张计算 $K_B^+(m)$,$K_B^+(m)$ 必须是唯一的。小李接收到小张的加密报文后,用其私钥和一个众所周知的解密算法解密小张加密报文,即小李计算 $K_B^-(K_B^+(m))$,$K_B^-(K_B^+(m))$ 必须是唯一的,并且等于 m。

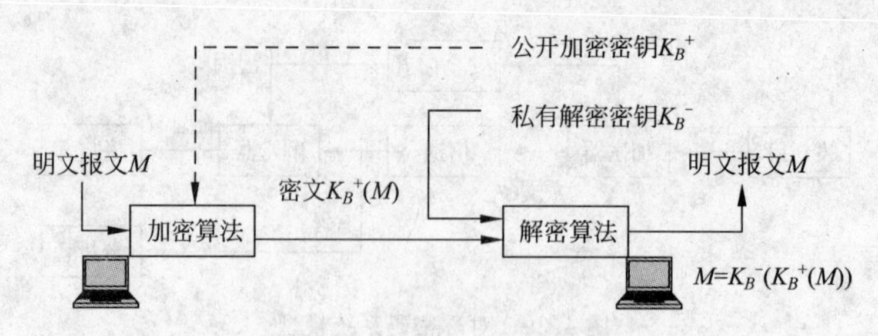

图 4.40　非对称式加密法模型

由此可见,小张可以使用小李公开可用的密钥给小李发送机密信息,他们任何一方都无需分发任何密钥!

[**例 4-9**]　RSA 公开密钥密码算法。

公开密钥体系中最有代表性的算法为 RSA 算法(RSA algorithm,取创立人 Ron Rivest,Adi Shamir 和 Leonard Adleman 的首字母命名)。首先来分析 RSA 的工作原理,RSA 算法产生一对密钥,一个人可以用密钥对中的一个加密消息,另一个人则可以用密钥对中的另一个解密消息。同时,任何人都无法通过公钥确定私钥,也没有人能使用加密消息的密钥解密。只有密钥对中的另一把可以解密消息。

RSA 有两个主要部分:

(1) 选择公钥和私钥。

(2) 确定加密和解密算法。

在选择公钥/私钥之前,必须执行如下步骤:

(1) 选择两个大素数 p 和 q。

(2) 计算 n 和 z,$n=pq$,$z=(p-1)(q-1)$。

(3) 选择一个小于 n 的数 e,且使 e 和 z 没有(非 1 的)公因数,称 e 与 z 互素。

(4) 找到一个数 d,使得 ed-1 可以被 z 整除。

(5) 公钥 $K_B^+(m)$ 就是二元组(n,e);其私钥 K_B^- 就是二元组(n,d)。

假设小张要和小李通信,具体过程说明如下。

小张利用公开的加密钥(n,e)进行加密,设小张要给小李发送明文报文为 m,$m<n$。产生的密文为:$c = m^e \bmod n$(mod 为模运算,即取余数);

小李需要用他的私钥(n,d)进行解密,对收到的密文报文 c 解密,$M = c^d \bmod n$,M 就等于 m;

进一步,假设小李选择 $p=5$ 和 $q=7$;

计算 $n=pq=35$,$z=(p-1)(q-1)=24$;

选择 $e=5$,$e < n$,e 和 z 没有(非 1 的)公因数,即 e 与 z 互素;

选择 $d=29$,ed-1 可以被 z 整除,即 $5\times29-1$ 可以被 24 整除;

公钥 $K_B^+(m)$ 就是二元组$(n,e)=(35,5)$;其私钥 K_B^- 就是二元组$(n,d)=(35,29)$。

小张利用公开的加密钥$(n,e)=(35,5)$,加密过程如下。

设小张要给小李发送明文报文为 $m=25$,$m<n$。利用公式. $c = m^e \bmod n$,计算出:$c=$ 255 mod 35=30;

小李需要用他的私钥$(n,d)=(35,29)$解密过程如下:

对收到的密文报文 $c=30$ 解密，利用公式 $M=c^d \bmod n$，计算出：$c=30^{29} \bmod 35=25$。

注意：选择的 p 和 q 值越大，RSA 越难以攻破，但是执行加密和解密所用的时间也越长。就目前的计算机水平 n 取 1024 位是安全的，2048 位是绝对安全的。RSA 实验室推荐公司使用 1024 位的密钥。

4.3.3　数据签名技术

数字签名(digital signature)是数据的接收者用来证实数据的发送者确实无误的一种方法，这种签名所起的作用与纸面上的亲笔签名是一致的。它具有如下的性质。

(1) 必须能够证实是作者本人的签名以及签名的日期和时间；

(2) 在签名时必须能对内容进行鉴别；

(3) 签名必须能被第三方证实以便解决争端。

数字签名主要是通过加密算法和证实协议而实现的，下面举例说明。

小张向小李传送信息，为了保证信息传送的保密性、真实性、完整性和不可否认性，需要对要传送的信息进行加密和数字签名，其传送过程如下：

(1) 小张准备好要传送的明文信息。

(2) 小张对明文信息进行加密(EK1)运算，得到一个信息摘要 Abstrat。

(3) 小张用自己的私钥($SK^{XiaoZhang}$)对信息摘要进行加密得到小张的数字签名 $SK^{XiaoZhang}$(Abstrat)，并将其附在明文信息上，即得 $SK^{XiaoZhang}$(Abstrat)+Text。

(4) 小张随机产生一个加密密钥 EK2，并用 EK2 对要发送的信息进行加密，形成密文 Secret Text=EK2(Text)。

(5) 小张用小李的公钥(PK^{XiaoLi})对刚才随机产生的加密密钥 EK2 进行加密，将加密后的加密密钥(PK^{XiaoLi}(EK2))连同密文(Secret Text=EK2(Text))一起传送给小李。

(6) 小李收到小张传送过来的密文和加密密钥，先用自己的私钥(SK)对加密密钥进行解密，得到 SK^{XiaoLi}(PK^{XiaoLi}(EK2))=EK2。

(7) 小李然后用 EK2 对收到的密文进行解密 $EK2^{-1}$(EK2(Text))=Text，得到明文信息 Text，然后将 EK2 作废。

(8) 小李用小张的公钥($PK^{XiaoZhang}$)对小张的数字签名进行解密 $PK^{XiaoZhang}$($SK^{XiaoZhang}$(Abstrat))，得到信息摘要 Abstrat。

(9) 小李用相同的 EK1 对收到的明文再进行一次 EK1 运算，得到一个新的信息摘要 $Abstrat^{new}$。

(10) 小李将收到的信息摘要和新产生的信息摘要进行比较，如果一致，即 Abstrat=$Abstrat^{new}$，说明收到的信息没有被修改过。$SK^{XiaoZhang}$(Abstrat)只有小张能产生，小张也不能抵赖，说该签名不是他签的。

数字签名的应用涉及法律问题。一些国家已经制定了数字签名法。

4.3.4　计算机病毒

计算机病毒是一段计算机程序代码，它被嵌入在正常的计算机程序中，它能破坏计算机功能，影响计算机正常使用，病毒通常能自我复制。计算机病毒的特征主要有：隐蔽性、传染性、潜伏性、破坏性以及可触发运行性。

计算机病毒的主要危害包括：对数据信息的直接破坏、占用磁盘空间、抢占系统资源、影响计算机运行速度、计算机病毒错误与不可预见的危害、计算机病毒给用户造成严重的心理压力。

1. 计算机病毒的分类

按照病毒的传染方式分类如下。

(1) 引导型病毒。引导型病毒是指寄生在磁盘引导区或主引导区的计算机病毒。在引导系统的过程中侵入系统，驻留内存，监视系统运行，伺机传染和破坏。如大麻病毒、小球病毒等。引导型病毒的执行框图见图4.41(a)。

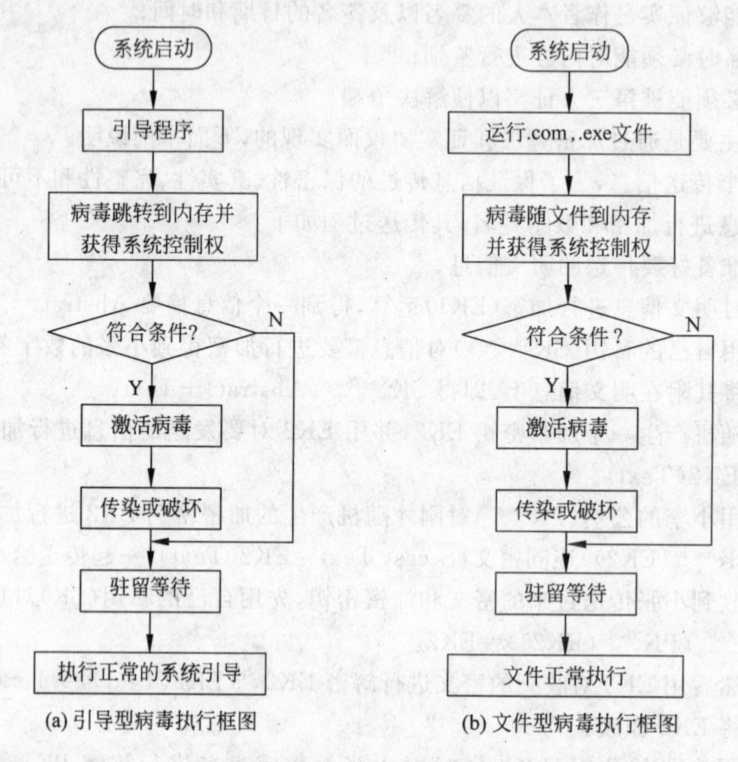

图 4.41 病毒执行框图

(2) 文件型病毒。文件型病毒是指能够寄生在文件中的计算机病毒。这类病毒可以感染可执行文件或数据文件。当这些文件被执行时，病毒程序也跟着被执行。如宏病毒。文件型病毒的执行框图见图4.41(b)。

(3) 复合型病毒。复合型病毒兼具有引导型病毒和文件型病毒的特性。这种病毒扩大了病毒程序的传染途径，既感染磁盘的引导记录，又感染可执行文件。当染有此种病毒的磁盘用于引导系统或调用执行染毒文件时，病毒都会被激活。由于这个特性，此种病毒具有相当程度的传染力，一旦发作，后果十分严重。如Flip病毒、新世纪病毒等。

2. 病毒实例分析

(1) CIH病毒

CIH病毒是一种文件型病毒，感染Windows 95/98环境下PE格式的EXE文件。病毒的危害主要表现在病毒发作后，硬盘数据全部丢失，甚至主板上的BIOS中的原内容会被彻底破坏，主机无法启动。

(2) 宏病毒

所谓“宏病毒”，是利用软件所支持的宏命令编写成的具有复制、传染能力的宏。宏病毒是一种新形态的计算机病毒，也是一种跨平台的计算机病毒，可以在 Windows 9X、Windows NT/2000、OS/2 和 Macintosh System 7 等操作系统上执行。

(3) 网络病毒

网络病毒专指在网络上传播、并对网络进行破坏的病毒；网络病毒也指 HTML 病毒、E-mail 病毒、Java 病毒以及与因特网有关的病毒等。

3. 计算机病毒的检测

(1) 异常情况判断

计算机工作时，如出现下列异常现象，则有可能感染了病毒。

① 屏幕出现异常图形或画面，这些画面可能是一些鬼怪，也可能是一些下落的雨点、字符、树叶等，并且系统很难退出或恢复。

② 扬声器发出与正常操作无关的声音，如演奏乐曲或是随意组合的、杂乱的声音。

③ 硬盘不能引导系统。

④ 磁盘读/写文件明显变慢，访问的时间加长。

⑤ 磁盘可用空间减少，出现大量坏簇，且坏簇数目不断增多，直到无法继续工作。

⑥ 磁盘上的文件或程序丢失。

⑦ 系统引导变慢或出现问题，有的出现“写保护错”提示。

⑧ 系统经常死机或出现异常的重启动现象。

⑨ 原来运行的程序突然不能运行，总是出现出错提示。

⑩ 连接的打印机不能正常启动。

(2) 计算机病毒的检测手段

① 特征代码法

实现步骤为：

- 采集已知病毒样本。
- 在病毒样本中，抽取特征代码。
- 打开被检测文件，在文件中搜索病毒特征代码。

② 校验和法

对正常文件的内容计算其校验和，并将该校验和写入文件中或写入别的文件中保存。在使用文件时，定期地对文件现在内容计算出校验和，并与原来保存的校验和比较，查看两者是否一致，从而可以发现文件是否被感染。

③ 行为监测法

监测是否有程序试图改变计算机系统中的一些关键数据。

4. 计算机病毒的发展趋势

未来的计算机病毒将更加智能化，其破坏力和影响力将不断增强，计算机病毒防治工作将成为信息系统安全的重要因素。

(1) 原有病毒的不断变形；

(2) 与 Internet 和 Intranet 紧密地结合,利用一切可以利用的方式进行传播;

(3) 所有的病毒破坏性大大增强;

(4) 所有的病毒扩散极快,不再追求隐藏性,而更加注重欺骗性;

(5) 利用系统漏洞将成为病毒有力的传播方式。

4.3.5 防火墙技术

"防火墙"在网络系统中是一种用来限制、隔离网络用户的某些工作的技术,安全系统对外部访问者(例如,通过 Internet 连接的访问者)可以通过防火墙技术来实现安全保护。

防火墙可以被定义为:限制被保护网络与互联网之间,或其他网络之间信息访问的部件或部件集。防火墙实际上是一种保护装置,防止非法入侵,以保护网络数据。在互联网上防火墙服务于多个目的。

(1) 限定访问控制点。

(2) 防止侵入者侵入。

(3) 限定离开控制点。

(4) 有效地阻止破坏者对计算机系统进行破坏。

总之,防火墙在互联网中是分离器、限制器、分析器。防火墙通常是一组硬件设备配有适当软件的网络的多种组合。在互联网中,防火墙的物理实现方式是多种多样的。用于限制外部访问的方法很多,每一种都必须权衡安全性与访问的方便性之间的得失。

最安全的解决方案是"隔离",即用不连到网络上的专用机器进行所有外部的连接。但这种非常安全的方案却极不方便,因为任何希望进行外部访问的人都必须使用专用机器。

防火墙最简单采用的是"包过滤"技术如图 4.42 所示,用它来限制可用的服务,限制发出或接收可接收数据包的地址。通常外部访问是由具有各种安全级的网络提供的,通过使用一个易于配置的包过滤路由器能够完成过滤功能,这种方法只需一个放置在外部世界和网络之间的包过滤路由器即可。它是一种简单、相对成本低的解决方案,但在需要某些合理的安全要求时却能力有限。如果系统需要提供更多的控制和灵活性的过滤,可以通过基于主机的系统实现。

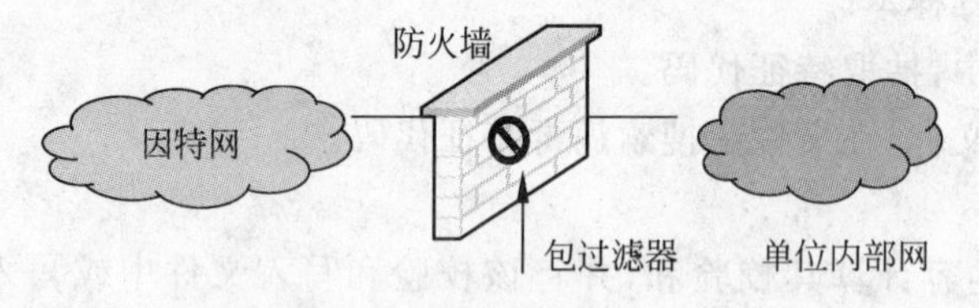

图 4.42 防火墙中的包过滤

防火墙在互联网中,对系统的安全起着极其重要的作用,但对于系统的安全问题,还有许多问题防火墙无法解决,防火墙还存在许多缺陷。

(1) 由于很多网络在提供网络服务的同时,都存在安全问题。防火墙为了提高被保护网络的安全性,就限制或关闭了很多有用但又存在安全缺陷的网络服务,从而限制了有用的网络服务。

(2) 由于防火墙通常情况下只提供对外部网络用户攻击的防护。而对来自内部网络用户的攻击只能依靠内部网络主机系统的安全性能。所以,防火墙无法防护内部网络用户的攻击。

(3) 互联网防火墙无法防范通过防火墙以外的其他途径对系统的攻击。

(4) 因为操作系统、病毒的类型，编码与压缩二进制文件的方法等各不相同。防火墙不能完全防止传送已感染病毒的软件或文件。所以防火墙在防病毒方面存在明显的缺陷。

总之，随着网络的发展，应用的普及，各种网络安全问题不断地出现，作为一种被动式防护手段的防火墙，网络的安全问题不可能只靠防火墙来完全解决。

4.3.6 信息安全技术应用

1. U盾

外形像U盘，U盾是用于网上银行电子签名和数字认证的工具如图4.43所示，它内置微型智能卡处理器，采用1024位非对称密钥算法对网上数据进行加密、解密和数字签名，确保网上交易的保密性、真实性、完整性和不可否认性，它包含有嵌入式处理器与数字证书等，嵌入式处理器负责进行数据加密/解密和数字签名处理，采用1024位非对称RSA加密算法，它为用户产生一个私钥(唯一序列号)。

图4.43　U盾

U盾使用前需把权威机构(CA中心)颁发的数字证书下载到U盾中，数字证书包含有客户身份信息及相应的公钥。U盾在使用网上银行进行交易时的两个作用：

(1) 使用U盾中的数字证书进行用户身份认证。

(2) 借助嵌入式处理器对交易数据进行数字签名，确保信息不被篡改和交易不可抵赖。

拥有U盾，办理网上银行业务时，不用再担心黑客、假网站、木马病毒等各种风险，U盾可以保障用户的网上银行资金安全，办理网上银行对外支付业务时，使用登录密码和支付密码的客户，需要保护好卡号和密码，需要确保登录网上银行的电脑安全可靠，定期更新杀毒软件，及时下载补丁程序，不随便打开来路不明的程序、游戏、邮件，保持良好的上网习惯；当然如不能完全做到，也不用担心，只要登录卡号、登录密码、U盾和U盾密码不同时泄露给一个人，就可以放心安全地使用网上银行。

2. 入侵检测(Intrusion Detection)

入侵检测是主动保护系统免受攻击的一种网络安全技术，是对网络入侵行为的检测。它通过收集和分析网络行为、安全日志、审计数据、其他网络上可以获得的信息以及计算机系统中若干关键点的信息，检查网络或系统中是否存在违反安全策略的行为和被攻击的迹象。入侵检测作为一种积极主动的安全防护技术，提供了对内部攻击、外部攻击和误操作的实时保护，在网络系统受到危害之前拦截和响应入侵。因此被认为是防火墙之后的第二道安全闸门，在不影响网络性能的情况下能对网络进行监测。

入侵检测通过执行以下任务来实现：监视、分析用户及系统活动；系统构造和弱点的审计；识别反映已知进攻的活动模式并向相关人士报警；异常行为模式的统计分析；评估重要系统和数据文件的完整性；操作系统的审计跟踪管理，并识别用户违反安全策略的行为。

入侵检测是防火墙的合理补充，帮助系统对付网络攻击，扩展了系统管理员的安全管理能力(包括安全审计、监视、进攻识别和响应),提高了信息安全基础结构的完整性。它从计算机网络系统中的若干关键点收集信息,并分析这些信息,看看网络中是否有违反安全策略的行为和遭到袭击的迹象。入侵检测被认为是防火墙之后的第二道安全闸门,在不影响网络性能的情况下能对网络进行监测,从而提供对内部攻击、外部攻击和误操作的实时保护。

对一个成功的入侵检测系统来讲,它不但可使系统管理员时刻了解网络系统(包括程序、文件和硬件设备等)的任何变更,还能给网络安全策略的制定提供指南。更为重要的一点是,它应该管理、配置简单,从而使非专业人员非常容易地获得网络安全。而且,入侵检测的规模还应根据网络威胁、系统构造和安全需求的改变而改变。入侵检测系统在发现入侵后,会及时作出响应,包括切断网络连接、记录事件和报警等。

4.3.7 信息安全策略及风险管理

要保证计算机系统的安全,首先要确立保证安全的策略,这就是:预防为主,对症下药,消除隐患。

随着时间的推移,各种新的破坏手段不断出现,层出不穷。为此,系统要对症下药,发现一个问题解决一个问题,这就是所谓治疗。治疗是通过增加系统的管理功能,监控系统的运行状态,在一定范围内对被发现的不正常活动予以禁止,因此,具有极大的被动性。为了掌握主动权,就必须采取一系列的预防措施,通过健全的系统安全功能,使系统得到有效的保护。

1. 加强管理保证系统安全

(1) 加强计算机安全立法。近年来计算机犯罪日益增加,特别是在经济领域中的计算机犯罪非常严重,要约束计算机犯罪首先是立法。

(2) 制定合理的安全管理措施。法律并不能从根本上杜绝犯罪,法律制裁只能是一种外在的补救措施,提供一种威慑,而且法律总有一个的界线,所以,除了进一步加强立法外,还必须从管理的角度采取措施,增加网络系统的自我防范能力。

① 应该对网络中的各用户及有关人员加强职业道德、事业心、责任心的培养教育以及技术培训。

② 要建立完善的安全管理体制和制度,要有与系统相配套的有效的和健全的管理制度,起到对管理人员和操作人员的鼓励和监督的作用。

③ 管理要标准化、规范化、科学化。例如,对数据文件和系统软件等系统资源的保存要按保密程序、重要性复制三到五份不等的备份,并分散存放,分派不同的保管人员管理,系统重地要做到防火、防窃;要特别严格控制各网络用户的操作活动;对不同的用户,终端分级授权,禁止无关人员接触使用终端设备。要制定预防措施和恢复补救办法,杜绝人为差错和外来干扰,要保证运行过程有章可循,照章办事。

2. 采用安全保密技术,保证系统安全

对于不同性质、不同类型、不同应用领域的系统,应采取不同的安全保密技术。

(1) 实行实体访问控制。做好计算机系统的管理工作,严格防止非工作人员接近系统,这样可以避免入侵者对系统设备的破坏,如安装双层电子门,使用磁卡身份证等。

(2) 保护网络介质。网络介质要采取完好的屏蔽措施,避免电磁干扰,对系统设备、通信线路应定期做好检查、维修，确保硬件环境安全。

(3) 数据访问控制。通过数据访问控制，保证只有特许的用户可以访问系统和系统的各个资源，只有特许的成员或程序才能访问或修改数据的特定部分。

(4) 数据存储保护。数据都存储在磁盘上，因此，首先要做好磁盘的安全保管；其次对于磁盘上的数据要根据重要性制作三至五个备份，以便网络系统损坏时能及时进行数据恢复；第三，要实行数据多级管理，如把文件分为绝密级、机密级、秘密级和普通级，然后分给不同的用户实现；第四，将数据加密后存储。

数据加密后再存储，这样即使磁盘丢失，窃取者也很难明白数据的真正意义，从而达到安全的功效。

(5) 计算机病毒防护。计算机病毒如同一场瘟疫在民间各地迅速蔓延，由于其具于传染性、潜伏性、可触发性和破坏性，所以，一旦出现在网络中，破坏性非常大。对计算机病毒的防护工作应该作为对系统进行安全性保护的一项重要内容来抓。

对付计算机病毒必须以预防为主，所以，应采取消除传染源，切断传播途径、保护易感源等措施，增强计算机对病毒的识别和抵抗力。为此，系统应具有建立程序特征值档案的功能，系统能够对计算机内存进行严格的管理，系统还应该具有中断向量表恢复功能，使计算机病毒不能进入系统；切断传染源，一旦病毒入侵，系统能够迅速做出反应，阻止病毒进行破坏的任何企图和恢复被病毒破坏的系统。

(6) 数据通信加密。采用数据加密技术，采用各种算法对通信中数据加密。网络通信中的加密包括结点加密、链路加密、端对端加密等。对窃听者来说即使采用搭线窃听等非法手段浏览数据，甚至修改数据都很难达到目的，使数据具有通信安全保障。

(7) 通信链路安全保护。广域网中通信链路是引起泄密的主要原因，因而应该选取保密性好的通信线路、通信设备。如选取屏蔽性好的电缆，光纤是较好的选择对象。又如一些重要的信息网络不要采用无线电来传输，以免电磁窃听等。除以上所述之外，还可采用局域网络的各种安全措施。

3. 安全风险管理

任何网络系统都存在着和面临着各种对安全产生影响与威胁的风险。风险管理包括物质的、技术的、管理控制及过程的一些活动，通过这些活动来试图得到合算的安全性解决办法，实现最有效的安全防护。一个风险管理程序主要包括四个基本内容。

(1) 风险评估

风险评估也称风险分析，它是进行风险管理的基础。风险评估用于估计威胁发生的可能性以及由于系统易于受到攻击的脆弱性，并研究由此而引发潜在损失的分析步骤。其最终目的是帮助选择安全防护措施并将风险降低到可接受的程度。

(2) 安全防护措施的选择

安全防护措施的选择是风险管理中一项重要的功能，安全防护是用来减轻相应的威胁的。选择安全防护措施时，管理者应了解哪些方面或区域是最可能引起损失或被伤害的。通过安全防护要能够得到比实现和维护它们时所用费用更多的回报，它必须是节省费用的。

安全防护的方法包括：

① 减少威胁的产生。

② 降低威胁产生后造成的影响。

③ 恢复。

(3) 确认和鉴定

确认是用以证明系统所选择的安全防护或控制是合适的、运行是正常的一种技术。鉴定是指对操作、安全性纠正或对某种行为终止的官方授权。

(4) 应急措施

应急措施是指系统在发生突发事件时,保证系统能继续处理事物的能力,如容错技术的应用。

习题

1. 数据管理技术的发展经历了哪几个阶段?请简述各个阶段与计算机技术的发展关系。
2. 数据库技术的主要特点是什么?它与传统的文件系统有何本质的区别?
3. 试述关系数据库语言的特点。
4. 描述波形音频和MIDI音乐的区别。
5. 解释分辨率和颜色深度是怎样影响图形文件大小的。
6. 多媒体数据为什么可以压缩?视频标准有哪些?
7. 简述数据加密和解密的工作原理是什么。
8. 什么样的计算机程序称为计算机病毒?计算机病毒具有哪些特征?
9. 保障信息安全有哪些基本技术?信息安全策略有哪些?

CHAPTER 5

第5章 计算机科学

5.1 概述

计算机科学是研究计算机及其周围各种现象和规律的科学，亦即研究计算机系统结构、程序系统(即软件)、人工智能以及计算本身的性质和问题的学科。计算机科学是一门包含各种各样与计算和信息处理相关主题的系统学科，从抽象的算法分析、形式化语法等，到更具体的主题如编程语言、程序设计、软件和硬件等。

计算机科学是在数学和电子科学基础上发展起来的新兴学科，它既是一门理论性很强的学科，又是一门实践性很强的学科，分为理论计算机科学和实验计算机科学两个部分。后者常称为“计算机科学”而不冠以“实验”二字。前者有其他名称，如计算理论、计算机理论、计算机科学基础、计算机科学数学基础等。

几十年来计算机学科自身发展的实践表明，一方面，围绕着一些重大的背景问题，各分支学科取得了一系列重要的理论和技术成果，推动了计算机科学向深度和广度发展；另一方面，由于发展了一大批成熟的技术并成功地应用于各行各业，更多的人是把这门科学看成是一种技术。事实上，理论和技术是计算机科学两个互为依托的侧面。计算机科学的理论绝大多数属于技术理论。虽然，目前整体上理论研究滞后于技术开发，但随着学科研究和应用的不断深化，理论的重要性地位将愈来愈突出，而技术则渐渐退居为次要的位置。研究表明，像新一代计算机体系结构，软件工程，并行计算与处理，计算语言学，人工智能等许多方面的难题，并不是技术问题，而恰恰是理论问题。这些难题基本上都与某些数学理论或工具之间存在着密切的联系，它们的解决将对计算机科学的发展产生极其深远的影响。

计算机科学并不完全排斥工程的方法。相反，计算机科学在发展中广泛采用了其他学科行之有效的工程方法。如在软件开发中认识到并采用首先开发工具和环境，进而开发软件的方法；在计算机的设计中，目前广泛使用标准组件的方法;在软件的设计和质量检查中广泛使用软件测试方法和技术,标准化技术等。同时应当注意,计算机科学与其他一些学科是相联系的,每个学科从细微的不同的观点研究计算。例如,计算机工程是电气工程的一个分支,它集中于把科学理论和设计原理应用于新的计算技术的发展。信息技术和信息系统管理领域从企业的角度研究计算,致力于信息的有效使用和计算机技术对政府和商业部门的支持。尽管这些领域的历史背景非常不同,但在学科之间的划分通常并不明显。从事电路设计研究的计算机科学家可以使用的方法与计算机工程师使用的方法相似,从事网络的信息技术管理人员可以使用的方法与计算机科学家使用的方法相似。

当然,计算机科学从一开始就以一种与其他学科发展方式很不相同的方式发展。这种方式就是抽象描述与具体实现相分离的方式,即在计算机科学的发展中,对大量的、各种有深度的问题的处理采用了将理论上解决问题的抽象描述计算方法、算法和技术的内容与具体解决问题的细节、具体实现计算的技术内容相分离。这样做人们可以更深入地探讨一些已经出现的技术问题的内在规律。这在计算机科学各个分支学科的发展中不胜枚举。例如,对数据结构中各种表的数据处理我们已经建立了一套理论方法。在实际工作中,结合具体问题,一个表究竟是用数组表示,还是用链表等其他数据结构表示,在抽象描述阶段是不必关心的。而在实现阶段,我们虽然可以自己选定具体的表示形式,但是具体操作则完全是在理论方法的指导下完成的。

计算机科学发展的另一个重要的特点几乎在学科的各个方向和各个层面,一旦研究工作走向深入,研究内容具有比较复杂的特点,人们首先是发展相应的计算模型和数学工具,然后依靠计算模型和数学工具将研究工作推向深入。例如,网络协议、程序设计语言、程序语义、并发控制、计算机系统结构、人工智能等。应该指出的是,这里所讲的计算模型不是指计算数学中的数值分析方法或计算方法。

大半个多世纪以来,计算机科学对人类社会的影响是极其深刻的。首先,它开拓了人类认识自然、改造自然的新资源,特别是计算机的出现使人类从此有了自动化、信息化和一定智能化的强大工具,以开发利用信息资源,把它转化为知识产品,促使物质生产水平和社会劳动生产率空前提高,开创了信息时代的新纪元。以计算机为核心对信息资源的开发和利用,使物质资源和能量资源的效益得以更加充分、高效地发挥,人们能以合适的物质和能量创造出高质量产品,其增值来源于信息和知识。

其次,计算机的出现,由于其自动、高速进行大量运算的能力和计算的精确性,致使过去科学家穷毕生精力无法办到的事,如今在短短几小时,甚至几分钟内即可变成现实,并能获得单纯依靠理论与实验难以得到的结果。从而出现了计算物理学、计算化学、计算生物学、计算力学等新兴学科,同时,由计算机科学技术与其他学科的融合,出现了人工智能、计算机图形学等交叉学科,随着计算机应用的不断拓广与深入,以及计算机科学技术的不断发展,必将出现更多的新兴交叉学科,因此计算机和计算机科学技术的出现,在理论与实验两大传统手段外,又增添了人类发展科学技术的新手段,即计算手段。

最后,计算机提供了人类创造文化的新工具,文化是人的行为以及体现在思想、言语、行动、制作中的成果的总体式,是人类创造的社会精神财富和物质财富的总和。计算机及其使用已成为人类必需的文化内容,成为与语文和数学等同等重要的基础知识。计算机的出现,为人类创造文化提供了新的现代化工具。它改变了人们创造文化的活动方式、方法和性质;

拓宽了文化活动的领域；丰富了文化的内容；提高了质量；革新了传播手段；改善了学习条件；增强了传播能力，使之达到了前所未有的水平。

总之，计算机科学不仅促进了各行各业的发展，而且影响和改变着人类的生存方式和生活习惯，它使人类步入信息化社会，极大地影响和改变着人们的价值观念和对许多事物的认识。例如，当网络技术日益成熟，互联网络走入千家万户的今天，我们应该意识到联网意味着走向技术、文化观念等方面的统一和趋同。

5.2 计算机科学体系

5.2.1 计算机科学知识组织结构及其演变

计算机科学中的理论部分在第一台数字计算机出现以前就已存在。计算机科学根植于电子工程、数学和语言学，是科学、工程和艺术的结晶，并发展出自己的方法与术语。计算机科学的发展及其知识组织结构的演变在时间上可划成以下几个独立的阶段：

20 世纪 30 年代至 50 年代末为计算机科学发展的早期，数字计算机产生后，计算技术（即计算机设计技术与程序设计技术）和有关计算机的理论研究开始得到发展。这方面构成了现在所说的理论计算机科学。20 世纪 40 年代机电的与电子的计算机出现后，计算机科学研究方向主要集中在计算模型、计算机设计、高级语言和科学计算等方面。应用主要是大量的科学计算，与数学关系密切，使大量从事数学研究的人员转行进入计算机科学领域。他们不仅在数量上占有绝对优势，而且在工作中也处于主动地位。就当时的情况来看，具有坚实的数学基础，懂得一些电子学，逻辑和布尔代数，很容易掌握计算机原理和设计的方法。如果还掌握了一些程序设计的技术，那么他完全可以进入学科前沿。在学科发展的早期，数学、电子学、高级语言和程序设计是支撑计算机科学发展的主要专业知识基础。

20 世纪 60 年代至 70 年代是计算机科学蓬勃发展的时期，面对学科发展中遇到的许多重大问题，如怎样实现高级语言的编译系统，如何设计各种新语言，如何提高计算机运算速度和存储容量，如何设计操作系统，如何设计和实现数据库管理系统，如何保证软件的质量等问题，发展了一大批理论、方法和技术。如形式语言与自动机理论，形式语义学（主要是外延的方法），软件开发方法学（程序设计方法学和软件工程等），算法理论，高级语言理论，并发程序设计，大、中、小型计算机与微型计算机技术，程序理论等。这一时期的发展有两个显著特点。

其一是学科研究和开发渗透到社会生活的各个方面，广泛的应用需求推动了学科持续高速发展；

其二是经过大量的实践，人们开始认识到软件和硬件之间有一个相互依托，互为借鉴以推动计算机设计和软件发展的问题。

与此同时，人们也开始认识到计算机理论和工程技术方法两者缺一不可，且常常是紧密地结合在一起的。在此二十年里，计算机原理、编译技术、操作系统、高级语言与程序设计、数据库原理、数据结构与算法设计，以及逻辑成为学科的主要专业知识基础。

从 20 世纪 80 年代起，针对集成电路芯片可预见的设计极限和一些深入研究中所遇到的困难，如软件工程、计算模型、计算语言学、大规模复杂问题的计算与处理、大规模数据存储与检索、人工智能、计算可视化等方面出现的问题,人们开始认识到学科正在走向深化。除了寄希望于物理学中光电子计算技术研究取得突破,成倍提高机器运算速度外,基于当前的条件,人们更加重视理论和技术的研究。这方面的努力推动了计算机体系结构、并行与分布式算法、形式语义学、计算机基本应用技术、各种非经典逻辑及计算模型的发展,从而推出了并行计算机、计算机网络和各种工作站,并带动了软件开发水平和程序设计方法、技术的提高。尤其值得一提的是,在图形学和图像处理这两个相对独立的方向上,不仅科研而且实际应用均取得了长足的进步。这两个方向的迅速发展不仅使计算机的各种应用变得更易于为社会接受,而且随着计算机硬件和数据库技术的进步,使计算机应用触及了一些以前被认为是较为困难的领域,并引发了计算几何、多媒体技术、虚拟现实等计算可视化方向的发展。

正当学科处于高速发展的时候,基于并行软件开发方法学、计算语言学、人工智能、超大规模计算机网络的控制与信息安全以及硬件芯片设计中遇到的困难和极限,人们开始对一些基本问题进行反思。如计算概念能突破图灵计算模型定义的范围吗?什么是智能计算机的理论基础?逻辑能成为智能计算机的基础吗?如果能,那么什么逻辑能成为智能计算机的基础?软件开发方法学中遇到的程序语言的动态语义问题和计算语言学中的语义、语用问题本质上是相同的问题,它们都是关于语言的成分如何定值和解释的问题。基于目前的芯片技术,如何设计高性能的计算机系统?如何将并行算法的研究与体系结构相分离?于是,基础理论研究重新引起人们更多的重视。

围绕着学科遇到的问题,新一代计算机体系结构、高性能计算与通信系统、各种计算模型(包括非图灵计算模型)、形式语义学(主要是内涵的方法)、并行算法设计与分析,以及各种非经典逻辑系统成为专家关注的重点。然而,由于长期以来理论的研究滞后于技术的发展,技术和工程应用的发展速度开始受到制约。在研究工作的方法上也开始广泛借鉴其他学科的知识,如从脑神经系统的生理结构与思维功能得到启发产生了神经网络与神经元计算。

经过一段时间的探索之后,人们开始认识到:目前高性能计算机设计的主要问题仍然是计算机体系结构新技术。在体系结构的设计和开发中,必须针对用户需求的特点和要求,同时考虑软件和硬件的具体配置,平衡软硬件的复杂性;在软件的开发中,算法(特别是并行算法)的设计应该与体系结构相分离,而程序的设计应该与具体机器无关。在并行计算机系统和网络计算机系统上开展应用的关键是首先开发各种并行算法和分布式算法。软件研究的重点是软件开发方法论。在软件开发方法论的研究中,软件开发各阶段的研究和不同用途、不同性质的软件开发需要各种计算模型和数学理论的支持。软件开发环境的核心是软件开发工具、高素质的软件开发工程师以及先进的软件工程思想、方法、技术和规范。计算机在各行各业的具体应用应该由计算机科学专业人员与具体学科的专业人员合作开展工作,两者之间既有分工,又有合作,才能更好地将先进的计算机技术引入到应用中去。

在计算机科学的研究与发展中,无论计算机科学在发展中产生了多少新的研究与发展方向,我们应该清醒地认识到,推动计算机科学发展的主要动力在于社会广泛的应用需求。发展计算机科学各个分支学科方向主要的目的有两个。一个是针对各种实际问题应用背景的特点,希望能够不断地制造出性能更好的计算机系统,包括硬件和软件。为此,必须首先发展软硬件开发的思想、理论、方法、技术和工具;另一个是针对计算机在各行各业中的各类具体应用，为了在计算机系统上更有效地进行科学计算和事务处理，也必须首先发展支持计算机具体应用的各种共性思想、共性理论、共性方法和共性技术。我们还应该清醒地认识到，无论是哪一方面，发展一个学科的思想、理论、方法和技术必定有赖于支持该学科发展的公共知识体系。

学科的发展和重大突破离不开学科核心知识组织结构中各分支学科的发展和支持，它们是现代计算机科学人员所必需的专业基础知识。从知识组织的层次结构和方法论的角度观察，当前学科的重点研究几乎都与计算理论（包括算法理论）、体系结构、高等逻辑和形式语义学的内容密切相关。从目前的学科的整体发展情况来看，计算模型与体系结构，软件开发方法学与计算机应用技术是学科未来发展的主要方向，而计算理论（包括算法理论）、体系结构、高等逻辑与形式语义学是支撑学科未来主要发展方向的四大核心专业知识基础。

如同 20 世纪 50 年代数学研究所需的核心专业基础知识从老三基（高等代数、数学分析（含几何、分析和函数论）与微分方程）向新三基（抽象代数、泛函分析与拓扑学）过渡转移发生变化一样，计算机科学未来发展所需要的核心专业基础也正在发生转移。这是一个不以人的意志转移的客观规律，是学科发展的大趋势，应该引起计算科学教育界和师生严肃认真的对待。

总之自 20 世纪 40 年代电子计算机问世以来，计算机科学一直处于高速发展的过程中。而且，在可以预见的未来，这种发展速度还将会保持下去。今天的计算机科学与 10 年前相比，已经有了很大的差别，不说具体的内容，仅就其重要的思想、方法和核心概念就超过 63 件。除了学科知识的变化外，近几年来，计算机学科方法论的内容也逐渐丰富并被人们重视。因此，计算机学科方法论的内容也需要在教学中给予充分的体现。

5.2.2　计算机科学的教育

1. 学科知识体系的演变发展

一方面，计算机学科的快速发展使得学科的教育已经完全不能通过跟踪流行系统的变化来跟踪学科的发展，更不能以流行的系统来确定教学内容，有限的在校学习时间与不断增长的知识的矛盾十分突出。另一方面，经过几十年的发展，本学科正在逐步走向深入，这给计算机学科的教育既提出了新的要求，也提供了新的思路。

目前，计算机学科中，理论研究和系统实践都表现出强烈的“构造性”和“能行性”特征，并逐渐被学科的科学工作者所认识和重视。另外，从问题的抽象描述到具体实现，以及从研究对象的表示形式到相应的处理方法，都要求较强的计算思维能力，而计算思维能力在较大的程度上是以思维方式的数学化为支撑的。所以，在思维方式的数学化上的良好训练是非常必要的。其表现形式为，学科在向纵深发展的过程中，已经在一定的程度上将早期的比较基础的程序技术和电子技术变成了学科的一种实现手段和表现形式。这一点将会随着光计算、生物计算技术以及今后将出现的其他计算技术的发展而变得更清楚。因此，计算机科学的教育应更多地关心问题的抽象表示和抽象层次上的变换。

随着 21 世纪的到来，计算学科的教学知识体系也快速地发生着巨大的变化，从计算机学科发展早期的数学、电子学、高级语言和程序设计等专业基础知识，到在 20 世纪下半叶的数据结构、计算机原理、编译技术、操作系统等专业课程的变化，再到目前的并行设计、分布技术、网络技术和软件工程，在今后的计算机教育中，加强基础是首要的，其基本的教育原理是"抽象第一",并在较高的层次上进行实践。

计算机学科的教育,需要努力摆脱以外延发展为主的专业(职业)型教育方式,坚决地走内涵发展的道路。

所谓走内涵发展的道路,归纳起来主要包括以下几方面的含义。首先,按照学科根本特征的要求,需要加强基础理论的教育,并由此而强化"计算思维能力"的培养;其次,通过选择最佳的知识载体,循序渐进地传授包括基本问题求解过程和基本思路在内的学科方法论的内容,而将一些流行系统和工具作为学习过程中的实践环境和扩展的内容来处理;最后,在强调基础的同时,也要注意随着学科的发展,适时、适当地提升教学中的一些基础内容,以满足学科发展的要求。

2. 学科的课程体系

完整的计算机科学的课程由三部分组成:奠定基础的基础课程,涵盖知识体系大部分核心单元的主干课程,以及用来完备课程体系的特色课程。

(1) 学习模式

不同的入门途径可充分体现课程特点。

程序设计优先的入门模式是相对稳定的课程体系,由于程序设计通常是学习后续课程所必需的技能,因此程序设计优先的入门模式具有一定优点。程序设计优先基于函数式程序设计,形成了函数优先的入门模式。它使用更抽象的方式来思考,所有入门者都处于同一起跑线上接受新的思维方式。

但从计算机科学作为一门学科的角度看,程序设计优先的入门模式会推迟对学科的了解,过度把精力集中在细节上而不是在学科的概念性、思维性的一些基础上,同时程序设计只是关注编码,很少涉及设计、分析和测试,因此程序设计优先的入门模式也有它的缺点。在面向对象技术被广泛采用后,程序设计优先的入门模式分成了传统的命令优先模式和对象优先模式。对象优先的入门模式强调面向对象程序设计的原则,并使之延续到算法、基本数据结构、软件工程等后续课程。它包含了大量比传统语言多得多的复杂细节。

面向算法的算法优先入门模式描述基本算法概念和结构的是一种伪语言,而不是一种特定的执行语言,可以不必过多关注程序实现的细节,有利于以后的学习和尽早了解计算机学科。

面向机器的硬件优先入门模式从模型机的电路、寄存器出发建立硬件基础,再继续进行高级程序设计等其他内容的学习。

(2) 课程组织形式

计算机科学课程的组织形式大致可以分为两类,一类是主题的模式,另一类是系统的模式。

以主题的模式组织的课程,大致按领域划分相应的课程,即一个领域大致对应一门课,如算法和复杂性、计算机体系结构、操作系统等。当然也有由一、两个领域对应一门课,如操作系统和网络计算、人工智能和信息管理等。

系统模式则是基于某些软件系统而组织的课程,如数据库系统、管理信息系统、编译系统、操作系统等,它们从各领域中抽取相关的知识单元,组成课程。

(3) 核心课程

核心课程包含了基础课程和主干课程中最重要的内容。表5.1列出了计算机科学与技术学科核心课程，特色课程是根据核心课程所包含的知识单元的深度，进一步反映发展、反映学科前沿进展的课程。

表5.1 计算机科学与技术学科核心课程

序号	课程名称	总学时	序号	课程名称	总学时
1	计算机导论	16＋16	10	编译原理	48＋8
2	程序设计基础	48＋16	11	软件工程	48＋16
3	离散数学	80	12	计算机图形学	24＋16
4	算法与数据结构	32＋16	13	计算机网络	48＋16
5	汇编语言	32＋8	14	人工智能	32＋8
6	微型机系统与接口	54＋16	15	数字逻辑	56＋8
7	操作系统	64＋16	16	计算机组成原理	64＋8
8	数据库系统原理	40＋8	17	计算机体系结构	40＋8
9	面向对象建模技术	32＋8	18	计算机网络安全	32

5.3 计算机与人类社会

日新月异的计算机技术使人们越来越难于预料未来。想当年，首次载人登月的太空飞船上采用的计算机，其性能也不及今天最普通的微型计算机。有朝一日，计算机性能会比目前的快一百亿倍，这些真难以想象，更无法估计。

计算机技术革命在当今世界发展中发挥着重要的作用。在计算机产业带给人类社会巨大的效益和便利时，同时也正在使我们社会过去的许多差异变得模糊，甚至于向社会原则提出了挑战。智能行为的出现和智能体本身的出现之间的不同是什么？在法律领域中，有关软件可以被拥有的程度以及伴随着所有权的权利和责任问题产生了。在伦理学界，个人面临着向他们行为所基于的传统规范提出挑战的众多抉择。对于政府，问题是关于计算机技术和它的应用应该规范到什么程度。并且，对于整个社会，大量的有关新的计算机应用是否代表了新的自由或新的限制的问题出现了。为了判断政府或者公司是否应当被允许开发包括有关公民或顾客的信息的大型整合数据库，社会成员必须对数据库技术的能力、限制和衍生有一个基本的了解。这些问题都很重要，逐步成为人们关注的重点。

5.3.1 计算机与环境

1. 计算机与社会环境

计算机科学技术的发展，拉近了人类的距离，Internet 已把人们连在了一起，人类共同拥有地球。因而保护地球，保护环境，也是计算机产业的从业人员所必须重视的一个方面。计算机产业曾经被认为是一个洁净的工业，它在制造中产生相对较小的污染。但随着计算机数量的急剧增加，也给世界带来了许多问题。其中能源消耗是一个主要问题，由于计算机运行时产生热量但又需要较低的工作温度，因此需要额外的电能。这对能源的消耗产生了间接影响。使用低能耗设备、屏幕保护程序和长时间离开计算机前关掉显示器就是节能的好办法。

尽快考虑处理废旧软盘、大量废弃的计算机和外设也是当务之急，否则将会对环境产生不利影响。

当计算机刚开始普及的时候,人们就在议论所谓"无纸办公"的问题,但事实是在计算机普及之后,纸的用量却增加了许多。用户应当注意节省纸张,在文档资料打印前应当尽可能做好编辑工作。使用可回收墨盒的激光打印机不仅对环境有益还可以节省成本。总之,无论是计算机的生产企业还是用户,都应为"绿色信息产业"做贡献。

2. 计算机与个人环境

计算机通常会从两个方面对健康产生负面影响,已被大部分人所认同。首先,计算机的显示器会产生辐射。其次,日复一日地使用计算机有损健康,引起眼睛的疲劳和压迫损伤。但只要采取必要的预防措施,上述问题还是可以避免的。

(1) 辐射的危险

阴极射线管显示器会发出低强度的电磁场,这种电磁场同许多疾病有些关系。由于有严格的辐射法规,许多制造商都设计出了辐射很低的符合标准的新型显示器。但用户使用计算机时仍应该注意不要离显示器太近。因为那里的电磁场强度最高。如果使用的是液晶显示器则可以避免辐射。

(2) 计算机视觉综合症

许多长时间使用计算机的人都抱怨视线模糊和眼睛疲劳。这些问题大都是由长时间近距离的注视造成的。造成眼睛疲劳的其他因素还包括较暗的光线和显示器的闪烁及单色显示器的光化学变化,严重的会导致轻度的色盲。显示器的闪烁也是造成眼睛疲劳和头痛的一个原因。计算机视觉综合症的典型症状是眼睛疲劳,比如眼睛干、眼睛发炎、视线模糊和头痛。要使用品质好的显示器保护眼睛,同时每工作一段时间后应让眼睛放松,比如做眼保健操或远眺,这对于眼睛从疲劳中恢复是有好处的。

(3) 其他损伤

在敲击键盘的过程中,腕部活动受到了限制,会导致腕部紧张,从而引发多种损伤。其中最常见的是腕管综合征,导致刺痛、麻木和疼痛,甚至手术。使用人机工程学键盘有利于减少或防止腕管综合征发生的危险。腕托(图5.1)也可以起到保护腕部的作用。由于不合理的工作场所设计,经常会使人感到腰酸背痛,头颈僵直,这对于健康也是很不利的,应尽量使用人机工程学座椅,良好的姿势可避免背部、颈部及肩部酸痛。另外,注意显示器安放的高度、距离等也均应适宜。

图5.1 腕托

5.3.2 计算机与道德

作为哲学一个分支的道德学是一定社会调整人与人之间以及个人和社会之间的关系的行为规范的总和,它以善与恶、正义与非正义、诚实与虚伪等道德概念来评价人与人的各种行为和调整人与人之间的关系,通过各种形式教育人们,逐渐形成一定的习惯。道德行为就是主要基于伦理价值而建立的道德原则、行事方法。

1. 计算机科学技术专业人员的道德准则

由计算机在人类的生活中发挥着越来越重要的作用,作为计算机科学技术专业人员在本专业领域的处世行事中都会遇到由于计算机的使用而带来的一些特殊的道德问题。这些问题大到涉及国家机密,小的也可涉及网上信誉。因此使用计算机的人都倾向于回避这些理论问题。计算机专业人员更愿意建立一套道德行为实用准则。为了给计算机专业人员建立一套道德准则。美国计算机学会(ACM)对其成员制定了一个有24条规范的《ACM道德和职业行为规范》,其中最基本的几条准则也是所有专业人员应该遵循的。这些准则是:

(1) 为社会进步和人类生活的幸福做贡献。

(2) 尊重别人的隐私权,不应该伤害他人。

(3) 要公平公正地对待别人。

(4) 要尊重别人的知识产权。

(5) 使用别人的知识产权应征得别人同意并注明。

(6) 尊重国家、公司、企业等特有的机密。

俗称“最难防范的人是内部有知识的雇员”。程序员、系统分析员、计算机设计人员以及数据库管理员等计算机专业人员有很多机会可以接触到计算机系统的核心问题,因此系统的安全防范在很大程度上取决于计算机专业人员的道德素质。因此,计算机专业人员除了遵循基本道德准则外还应遵循以下专业道德准则。

专业道德准则包含几个方面,其中最重要的方面是资格和职业责任。

资格要求专业人员应该跟上行业的最新进展。由于计算机行业涵盖了众多发展迅速的领域,同时没有一个人在所有领域都是行家里手。这就要求专业人员应尽力跟上所属的领域进展并且在碰到自己不熟悉的东西时向其他专家学习。

职业责任提倡将工作做得尽可能好,即尽心尽职地做好工作,同时确保每一个程序尽可能的正确,能保守公司的秘密。

计算机专业人员有机会接触公司最大的财产,就是数据及操作这些数据的设备。而专业人员也具有使用这些财产的知识,同时大多数公司没有可用于检查它们的计算机专业人员行为的资源。要保持数据的安全和正确,公司在一定程度上依赖于计算机专业人员的道德。

2. 计算机用户的道德

用户或许没有想到坐在一台个人电脑前会产生道德问题,但事实的确如此。比如,几乎每一个计算机用户迟早都会碰到关于软件盗版的道德困惑。其他的道德问题还包括色情内容和对计算机系统的未经授权的访问等。

(1) 反对软件盗版

对于计算机用户来说,最迫切要解决的道德问题之一就是计算机程序的复制。

有些程序是免费提供给所有人的,这种软件被称为自由软件,用户可以合法地拷贝或下载自由软件。这种软件之所以免费是因为创作这些软件的人乐意所有的人免费得到它们。

另一种类型的软件叫做共享软件,共享软件具有版权,它的创作者将它提供给所有的人拷贝和试用。作为回报,如果用户在试用后仍想继续使用这个软件,软件的版权拥有者有权要求用户登记和付费。此后共享软件提供者会向登记用户提供软件升级和修正。

然而,大部分软件都是有版权的软件,软件盗版包括非法复制有版权的软件,有关法律禁止对有版权软件不付费的拷贝和使用。

大多数软件公司允许对他们的软件做一个备份,以备在以后磁盘或文件被破坏时恢复使用。大多数软件都可在硬盘上拷贝或安装以便于使用。许多软件出版商允许将软件拷贝到用户台式计算机或笔记本电脑。但是,用户不应该复制软件送给他人或出售。如果软件是装在某所大学计算机实验室中的计算机上的,则不能不付费就复制到另一所大学的计算机系统上使用。

现在,由于计算机和 Internet 的逐渐普及和各种各样的信息的多渠道发布(包括杂志上的文章、文字作品、书的摘录、网络作品等),用户更应养成负责而有道德地使用这些信息,无论自己的作品是对这些信息的直接引用还是只引用了大意,都应当在引文或参考文献中注明出处,指出作者的姓名、文章标题、出版地点和日期等。

拥有多台计算机的机构,如大学或研究所,可以以较低的单台价格为所有计算机购买软件。这种称为场所许可的协议是用户同软件出版商达成的一种合同;这个合同允许在机构内部对软件进行多份复制使用。但是,将复制品带到其他机构使用就违反了合同。

编写一个软件需要很长的时间和很多人的努力。通常,从项目的启动到开始取得销售收入需要 2～3 年或更长的时间,软件盗版增加了软件开发及销售的成本并且抑制了新软件的开发。因此盗版从总体上来说于人于己都是不利的。每个人都因为软件盗版而受到损失。

(2) 不进行未经授权的计算机访问

有些计算机爱好者喜欢将自己的计算机技能发挥得淋漓尽致。有时他们试图进入那些计算机系统进行未经授权的访问。实际上未经授权的计算机访问是一种违法的行为。

“黑客”用来指对计算机系统进行未经授权的计算机访问,显然,一个修改或破坏医院记录系统关键数据的“黑客”很可能会对别人的生命安全构成威胁。“闯入者”被用来指计算机犯罪。无论是否造成危害,闯入行为都是错误的,因为它违反了“尊重别人隐私”的道德准则。

(3) 使用公用及专用网络时应自律

随着在线信息服务、公用网络(如 Internet)和 BBS 服务的增长,在线公布资料已成为现实。最具爆炸性的问题就是通常被称为计算机色情的制造和传播。

目前 Internet 上存在着很多问题,因为它没有统一的管理机构,也没有能力强化某些规则或标准。Internet 是一个开放的论坛,即它不可能受到检查。只要还没有限制从网上获取资料的方法,这个问题就不可能获得彻底解决,只能靠成年人去保护未成年人,使他们不受计算机色情危害,不去访问那些有色情内容的网站。目前,专营店出售那些可以对网址进行选择及屏蔽的过滤软件。当然,最重要的还是用户的自律,不要在网上制造和传播这类东西。

3. 程序员的责任

即使最道德的程序员也会编写出有错误的程序。大多数复杂的程序有太多的条件组合,要测试程序的每一种条件组合是不可行的。在有些情况下,这种测试需要花几年的时间;其他情况下,没有人会考虑测试所有可能性。所有有经验的程序员都知道程序无论大小都会有错误。程序员的责任在于确定这些错误是不可避免的还是程序员的疏忽造成的。

程序员的责任这个问题经常出现在法庭上。

我们可以考虑以下这种情况。在较低的能见度下,飞机用计算机来导航。这种情况很常见。控制飞机的空中交通控制系统也是一个计算机系统,目前在大型机场使用。飞机坠毁了。在每个软件包中都发现了一个小错误。如果飞机是同塔台中的一个人而不是计算机打交道，这个错误就不会出现。如果空中交通控制程序是同飞行员联系，这个错误也不会发生。两个错误都被判定为是不可避免的。造成生命和财产损失的责任到底在哪儿？

那些尽责地为生命攸关的控制系统编写程序的程序员经常会做一些犯了致命错误的噩梦。他们通常要求对工作进行好几个层次的同级复查以确保已尽了最大的努力来排除程序的错误。

5.3.3 计算机与法律

1. 新的法律问题

计算机已经开辟了一些原来不大可能的职业，比如涉及因特网法律的律师。对于因特特网商务交易及在线行销来说，数字签名（个人密码以及出于安全目的的不可破译的代码）、第三方证明人（确认签名者的身份）以及电子水印（嵌入文件的电子代码）现在都是必要的。这三项已成了依法判决的根据，因为常用的扫描签字很容易被复制、剪切和粘贴。

因为因特网没有地理界限。由于文件是电子形式而非物质形式的，因此会遇到一些前所未有的法律问题。法律还没有跟上技术的发展。与管理个人信息流动的能力相比，技术的发展要快。只要点一下鼠标，任何人在任何时候都能轻易地获取数量巨大的私人信息及经过保护的数据。信贷记录、司机的驾驶执照、财产记录、犯罪历史、购物清单，在因特网上还可以得到一些其他类型的信息。孩子们处在成人资料泛滥的威胁之中，电子邮件已经导致了诽谤、歧视和骚扰以及对个人隐私受侵犯的申诉。

20年前根本就不会考虑的事情现在变得很普遍并正在制造各种问题。计算机以及新的网络已经改变了我们的生活方式。

2. 知识产权

知识产权是关于人类在社会实践中创造的智力劳动成果的专有权利，指“权利人对其所创作的智力劳动成果所享有的专有权利”，一般只在有限时间期内有效。各种智力创造比如发明、文学和艺术作品，以及在商业中使用的标志、名称、图像以及外观设计，都可被认为是某一个人或组织所拥有的知识产权。随着科技的发展，为了更好地保护产权人的利益，知识产权制度应运而生并不断完善。

计算机软件是人类知识、智慧和创造性劳动的结晶，软件产业是知识和资金密集型的新兴产业。由于软件开发具有开发工作量大、周期长，而生产（复制）容易、费用低等特点，因此，长期以来，软件的知识产权得不到尊重，软件的真正价值得不到承认，靠非法窃取他人软件而牟取商业利益成了信息产业中投机者的一条捷径。因此，软件知识产权保护已成为亟待解决的一个社会问题，是我国软件产业健康发展的重要保障。

为保护计算机软件著作权人的利益，调整计算机软件的开发、传播和使用中发生的利益关系，鼓励计算机软件的开发与流通，促进计算机应用事业的发展，软件知识产权保护问题变得越来越重要。我国对软件知识产权（知识产权）的重视程度也日益增加，依照《中华人民共和国著作权法》的规定，已在1991年5月24日国务院第83次常务会议上通过了《计算机软件保护条例》（以下简称《软件保护条例》），并于2001年对《软件保护条例》及《中华人民共和国著作权法》进行了补充修改，对网络和数字化条件下的软件知识产权（知识产权）保护予以规范。

当然软件知识产权的保护仅仅依靠法律和行政手段是不行的,要想充分保护好作者的软件知识产权,除了借助法律和行政手段外,必要的技术手段也是必不可少的。

《软件产品管理办法》也已于2000年10月8日起施行。软件产品是指向用户提供的计算机软件、信息系统或设备中嵌入的软件,或在提供计算机信息系统集成、应用服务等技术服务时提供的计算机软件。国产软件是指在我国境内开发生产的软件产品。进口软件是指在我国境外开发,以各种形式在我国生产、经营的软件产品。

软件产品的开发、生产、销售、进出口等活动应遵守我国有关法律、法规和标准规范。任何单位和个人不得开发、生产、销售、进出口含有以下内容的软件产品。

(1) 侵犯他人知识产权的;

(2) 含有计算机病毒的;

(3) 可能危害计算机系统安全的;

(4) 含有国家规定禁止传播的内容的;

(5) 不符合我国软件标准规范的。

《软件保护条例》中规定,中国公民和单位对其开发的软件,不论是否发表,不论在何地发表,均享有著作权。凡未经软件著作权人同意发表其作品,或将他人开发的软件当作自己的作品发表,或非经合作者同意,将与他人合作开发的软件当作自己单独完成的作品发表,或未经软件著作权人或者其合法受让者的同意,修改、翻译、注释其软件作品,或者复制、部分复制其软件作品,或者向公众发行、展示其软件的复制品等,均属侵权行为。此外,我们也可以通过专利法和商业秘密法对计算机软件实施保护。

当然,对于自由软件及共享软件,使用者是可以自由地下载、运用、复制、分发、学习及修改的。

3. 发明专利权

专利权是发明创造人或其权利受让人对特定的发明创造在一定期限内依法享有的独占实施权,是知识产权的一种,是由国家专利主管机关根据国家颁布的专利法授予专利申请者或其权利继受者在一定的期限内实施其发明以及授权他人实施其发明的专有权利。世界各国用来保护专利的法律是专利法,专利法所保护的是已经获得了专利权、可以在生产建设过程中实现的技术方案。各国专利法普遍规定,能够获得专利权的发明应当具备新颖性、创造性和实用性。

中国的《专利法》已经于1984年3月颁布,一般说来,计算机程序代码本身并不是可以申请发明专利的主题,而是著作权法的保护对象。不过,同设备结合在一起的计算机程序可以作为一项产品发明的组成部分,同整个产品一起申请专利。此外,一项计算机程序无论是否同设备结合在一起,如果在其处理问题的技术设计中具有发明创造,在不少国家里,这些与计算机软件相关的发明创造可以作为方法发明申请专利,很多有关地址定位、虚拟存储、文件管理、信息检索、程序编译、多重窗口、图像处理、数据压缩、多道运行控制、自然语言翻译、程序编写自动化等方面的发明创造已经获得了专利权。

在我国,不少有关将汉字输入计算机的发明创造也已经获得了专利权。一旦这种发明创造获得了国家专利主管机关授予的专利权,在该专利权有效期内,其他人在开发计算机程序时就不能擅自实施这种发明创造,否则将构成侵害他人专利权的行为。

4. 不正当竞争行为的制止权

如果一项软件的技术设计没有获得专权,而且尚未公开,这种技术设计就是非专利的技术秘密,可以作为软件开发者的商业秘密而受到保护。一项软件的尚未公开的源程序清单通常被认为是开发者的商业秘密。有关一项软件的尚未公开的设计开发信息,如需求规格、开发计划、整体方案、算法模型、组织结构、处理流程、测试结果等都可被认为是开发者的商业秘密。

对于商业秘密,其拥有者具有使用权和转让权,可以许可他人使用,也可以将之向社会公开或者去申请专利。不过,对商业秘密的这些权利不是排他性的。任何人都可以对他人的商业秘密进行独立的研究开发,也可以采用反向工程方法或者通过拥有自己的泄密行为来掌握它,并且在掌握之后使用、转让、许可他人使用、公开这些秘密或者对这些秘密申请专利。然而,根据我国1993年9月颁布的《反不正当竞争法》,商业秘密的拥有者有权制止他人对自己商业秘密从事不正当竞争行为,这里所称的不正当竞争行为包括:以不正当手段获取他人的商业秘密,使用以不正当手段获取到的他人的商业秘密,接受他人传授或透露的商业秘密的人(例如商业秘密拥有者的职工、合作者或经商业秘密拥有者许可使用的人)违反事前约定,滥用或者泄露这些秘密。一项信息成为商业秘密的前提在于其本身是秘密。一项商业秘密一旦被公开就不再是商业秘密。为了保护商业秘密,最基本的手段就是依靠保密机制,包括在企业内建立保密制度、同需要接触商业秘密的人员签订保密协议等。

5. 商标权

商标权是商标专用权的简称,是指商标主管机关依法授予商标所有人对其注册商标受国家法律保护的专有权。商标注册人依法支配其注册商标并禁止他人侵害的权利,包括商标注册人对其注册商标的排他使用权、收益权、处分权、续展权和禁止他人侵害的权利。商标是用以区别商品和服务不同来源的商业性标志,由文字、图形、字母、数字、三维标志、颜色组合或者上述要素的组合构成。

对商标的专用权也是软件包权力人的一项知识产权。所谓商标是指商品的生产者为了与他人的商品区别而专门设计的标志,一般来说为文字、图案等。如“IBM”、“HP”、“方正”、“WPS”、“OS/2”,他们或为企业标志或为软件名称,其通常经商标管理部门获准注册、在其有效期内,未经注册人认可的使用都构成对他人商标的侵犯。世界上大多数国家都以商标法保护商标注册者的专用权,我国已于1982年8月颁发商标法。

6. 相关法律法规

近年来随着计算机产业的飞速发展,在这样的经济、技术和社会背景下我国也制定了一系列的法律法规:

1990年7月,颁布了《中华人民共和国著作权法》。

1991年6月,颁布了《计算机软件保护条例》。

1992年4月6日,颁布了《计算机软件著作权登记办法》。

1992年9月25日,颁布了《实施国际著作权条例的规定》。

1992年9月4日,修订、颁布了《中华人民共和国专利法》。

1993年2月21日,修订、颁布了《中华人民共和国商标法》。

1994年关于执行《商标法》及其实施细节若干问题的补充规定。

1993 年 9 月 2 日,通过了《中华人民共和国反不正当竞争法》。

2001 年 10 月,修订、颁布了《计算机软件保护条例》。

我国已加入了 WTO,在知识产权保护方面将进一步和国际接轨,相关的法规条例将进一步完善,从而加强知识产权意识,当然在尊重他人权利的同时,也要注意增强自我保护意识。

5.4 计算机文化与教育

5.4.1 计算机文化

在人类几千年的文明发展史中,能称做"文化"的事物是很多的。语言文字的诞生使人类逐渐形成具有民族特色的各种各样的文化,不同的语言文字必然产生不同的文化。反之,若使用共同的语言文字则总可以找到共同的文化,因此"语言文字"被人们公认是一种最基础的"文化"。

所谓文化,通常有两种理解。第一种是一般意义上的理解。认为只要是能对人类的生活方式产生广泛而深刻影响的事物都属于文化。例如,"饮食文化"、"茶文化"、"酒文化"、"电视文化"和"汽车文化"等。第二种是严格意义上的理解,认为应当具有信息传递和知识传授功能,并对人类社会的生产方式、工作方式、学习方式及生活方式能产生广泛影响的事物才能称为文化。例如,语言文字的应用、计算机的日益普及和网络的迅速发展,即属于这一类。它们都具有广泛性、传递性、教育性及深刻性等属性。

世界正在经历由 a 到 b 的转变,即原子(atom) 时代向比特(bit)时代的变革,计算机科学与技术的进步在其中无疑起着关键性的作用。经过 50 多年的量变,计算机技术的应用领域几乎无所不在,成为人们工作、生活、学习不可或缺的重要组成部分,并由此形成了独特的计算机文化。

所谓计算机文化,就是人类社会的生存方式因使用计算机发生根本性变化而产生的一种崭新文化形态,这种崭新的文化形态可以体现为:

(1) 计算机理论及其技术对自然科学、社会科学的广泛渗透表现的丰富文化内。

(2) 计算机的软、硬件设备,作为人类所创造的物质设备丰富了人类文化的物质设备品种。

(3) 计算机应用介入人类社会的方方面面,从而创造和形成的科学思想、科学方法、科学精神、价值标准等成为一种崭新的文化观念。

计算机文化作为当今最具活力的一种崭新文化形态,加快了人类社会前进的步伐,它所产生的思想观念、所带来的物质基础条件以及计算机文化教育的普及有利于人类社会的进步、发展。同时,计算机文化也带来了人类崭新的学习观念。面对浩瀚的知识海洋,人脑所能接受的知识是有限的,我们根本无法"背"完,电脑这种工具可以解放我们"背"的繁重的记忆性劳动,人脑应该更多地用来完成"创造"性劳动。

计算机文化代表一个新的时代文化,它已经将一个人经过文化教育后所具有的能力由传统的读、写、算上升到了一个新高度:即除了能读、写、算以外还要具有计算机运用能力(信息能力)。而这种能力可通过计算机文化的普及得到实现。

计算机文化来源于计算机技术，正是后者的发展，孕育并推动了计算机文化的产生和成长；而计算机文化的普及，又反过来促进了计算机技术的进步与计算机应用的扩展。

当人类跨入二十一世纪时，又迎来了以网络为中心的信息时代。作为计算机文化的一个重要组成部分，网络文化已成为人们生活的一部分，深刻地影响着人们的生活，同样，也给我们带来了前所未有的挑战。信息时代是互联网的时代，娴熟地驾驭互联网将成为人们工作生活的重要手段。在信息时代造就了微电子、数据通信、计算机、软件技术四大产业时，围绕网络互连，实现电脑、电视、电话的“三合一”。“三合一”包含两层意思。一是计算机网、电视网、电话网三网合一，三种信号均通过网际网传输；二是终端设备融为一体。这是目前人们广泛关注的技术，它的实现能极大地丰富计算机文化的内涵，让每一个人都能领略计算机文化的无穷魅力，体味着计算机文化的浩瀚。

今天，计算机文化已成为人类现代文化的一个重要的组成部分，完整准确地理解计算科学与工程及其社会影响，已成为新时代青年人的一项重要任务。否则将无法适应信息社会的学习、工作与竞争的需要，就会被信息社会所淘汰。也可以说，缺乏信息方面的知识与能力就是信息社会中的“文盲”。

5.4.2　计算机教育

1. 计算机能力是未来生存的需要

所谓计算机能力是指利用计算机解决问题的能力，如文字处理能力、数据处理和分析能力、各类软件的使用能力、资料数据查询和获取能力、信息的归类和筛选能力等。在信息社会中，不具备计算机能力的人可能会在日常生活中遇到各种各样的问题，例如在浩瀚的信息中找不到自己需要的信息；更无法从信息中归纳、整理出自己需要的内容等。

一些专家学者指出：“多媒体”和“信息高速公路”已成为工业化时代向信息时代转变的两个重要杠杆，正以惊人的速度改变人们的工作、学习、思维、交往乃至生活。美国信息学家尼格洛庞帝在《数字化生存》一书中指出计算机将渗透到来来生活的每一个细微的方面。可见放弃计算机将不能很好地衣、食、住、行，尽早地培养计算机能力将会极大地提高综合素质以及在社会中的生存能力。

2. 计算机教育对思维的作用

思维品质高低主要由人的观察能力，记忆能力、操作能力、分析能力和解决问题能力的高低来体现。那么计算机教育起着什么作用呢？

(1) 计算机教育有助于培养创造性思维。由于在计算机程序设计的学习中算法描述语言既不同于自然语言，也不同于数学语言，其描述的方法也不同于人们通常对事物的描述，因此在用程序设计解决实际问题中，摒弃了大量其他学科中所形成的常规思维模式，比如在累加运算中使用了有别于数学但又源于数学的语句 X＝X＋A、在编程解决问题中所使用的各种方法和策略(搜索算法、穷举算法、分治策略)都打破了以往的思维方式，极具新鲜感，能大大地激发人的创造欲望。

(2) 有助于发展抽象思维。计算机教育中的程序设计是以抽象思维为基础的。要通过程序设计解决实际问题，必须先考虑恰当的算法，通过分析研究，归纳出规律，然后再用计算机语言描述出来。而其中使用猜测、判断、归纳、推理等思维方法，将一般规律经过高度抽象的思维过程表述出来，形成计算机程序。有资料表明，善于编程的人，其抽象思维能力要优于不会编程的人。

(3) 计算机是一门操作性很强的学科,通过上机操作,使手、眼、心、脑并用而形成强烈的专注,使大脑皮层高度兴奋,而将所学的知识快速吸收容易产生一种成就感,能更大地激发求知欲,从而培养出勇于进取的精神和独立探索的能力。

3. 计算机教育对其他学科的影响

作为现代教育,计算机教育决非仅仅停留在掌握基础知识和基本技能上,更为重要的是,计算机科学利用最新的科技手段、现代化的研究方法研究原有的问题。

例如利用计算机辅助证明数学中一些古老的问题(如四色问题)就是对数学教育的补充和完善。又如程序设计所常采用的分割法、穷举搜索、归纳算法和各种解决问题的策略,对解决物理、化学也有极大的帮助。总之,理论与实践相结合是计算机教育的特点。联合国教科文组织的资料表明,当今社会已由工业化时代转向信息化时代,与信息技术无关的职业从1970年占全部职业的95%下降到2006年的35%,甚至更低。所以,计算机是一种涉及各个学科、各行各业的有力的应用工具。

5.5 计算机产业

5.5.1 计算机产业结构及职位

21世纪的市场竞争,不仅仅是资源、能源、产品和技术的竞争,更重要的是信息的竞争,计算机技术随着人类社会经济的发展而不断丰富和深化,因而计算机产业也是随时间不断发展的一个行业多、领域宽、涉及面广的大产业,当前计算机产业在各国的国民经济中的比重猛增,全球超过1000亿美元的年收入使计算机产业成为世界上最大和最成功的产业之一,同时计算机产业也是当今世界最有活力的产业,它已逐渐成为一个具有战略意义的产业。

我国计算机产业的发展可分为三个阶段。

(1) 第一阶段(20世纪50年代中期到70年代末期)的重点是根据国防建设与科学研究的需要,从借鉴苏制样机研究仿制,逐步走向独立自主开发。科研成果即产品,为专门应用部门使用。因此,当时计算机生产厂家少、规模小、产品少而分散、发展缓慢。

(2) 第二阶段(20世纪80年代初期到90年代初期)国内进口了国外的微型计算机,在此基础上开发出0300系列、0500系列等国产微型计算机。遵循引进、消化、开发、创新的方针,开发出一些小型计算机与工作站,以及CC-DOS汉字操作系统,发明了多种汉字输入与处理方法,汉化了IBM,DEC等公司生产的机器上使用的VMS,DOS/VSE和MVS等操作系统,开发了大量的应用软件和应用软件包。国内市场规模迅速扩大,计算机的年销售额由1981年的5.2亿元人民币增到1990年的55.5亿元,计算机产业有了较大发展。

(3) 第三阶段(20世纪90年代以来)的显著变化是国际各大公司纷纷进入中国市场。国内企业向两极发展,一是扩大规模,继续发展自己的产品;一是向应用方向发展,针对用户需求开发应用系统。并自主开发Office、Linux等软件,进入市场。同时,中外合资企业及外资独资企业的大量出现,使外向型产业的规模迅速扩大,致使国内市场规模更快扩大,1996年计算机产业的市场销售额为920亿元,2000年为2150亿元,2003年为3327亿元。

中国计算机产业的总体水平迅速提高，规模迅速扩大，软件产业及信息服务业迅速发展，产业结构渐趋合理，基本形成了制造业、服务业和软件产业。近年我国也与国际接轨制定了计算机产业的发源规划。

在计算机产业的高速发展的同时，计算机产业中产生了大量的工作机会，按工作特点大体有：

(1) 在计算机硬件领域从事像计算机通信设备与外设这样硬件产品的设计与制造的电子工程师或者计算机工程师，其工作还可以细分为多种不同的专业，包括设备开发、电路设计以及计算机硬件工程等，为从事这样的职业，最起码要求在电子、计算机或通信工程这样的专业拿到学士学位，通常还要有一定的工作经验，甚至要求拥有硕士学位。对计算机硬件领域的职业来说，这一行业的就业机会都会相当多。

(2) 在软件开发业中包括开发系统软件(比如操作系统)、通信软件以及应用程序软件等的计算机程序员、应用程序的界面设计员、数据库管理员等。通常进入计算机软件业工作，通常至少需要计算机科学或信息系统专业的学士或硕士学位。但有些时候，实际工作经验也十分重要。软件公司往往具有浓厚的创新气氛，因为公司必须随时跟上硬件及软件领域的最新技术，否则在竞争中很容易失去优势。通过协同工作，软件开发人员可以向市场投放最好的产品，使用户喜爱。而就缺点来说，软件开发人员经常要面临紧迫的完成时间，压力非常大。

(3) 计算机产业产生的其他新兴职业，例如：主要从事网站内容的设计、创建、监测评估以及通过对信息进行收集、分类、编辑、审核，然后通过网络进行发布的网站编辑师；对大公司的产品有深入的了解和丰富的使用经验，也具有教学经验的计算机认证培训师；利用计算机技术、网络技术等现代信息技术从事商务活动或相关工作的电子商务师；使用计算机软、硬件设备，利用测试工具软件、相关仪器及专用测试装置等各类仪器和方法，对计算机软件及相关产品进行质量检验的计算机软件产品检验员；分析计算机系统在病毒、蠕虫、非法访问和物理损坏情况下的弱点，可以快速地提出针对各种危机的解决方案的安全专家。随着计算机技术及其相关技术应用的扩展及经济发展趋势将会涌现更多的与计算机有关的新兴职业。

5.5.2　计算机产业人才的需求及特点

计算机产业的发展依靠的就是计算机人才资源，计算机产业中人才是一座"金字塔"，处在顶层的是少数复合型高级管理人才和高级技术人才，他们负责整个项目的策划、运行管理以及尖端技术的解决方案；处在中间层的是系统分析师、系统设计师及中层管理人员，他们负责把一个大项目按照系统功能划分成若干功能相对独立的子系统，定义系统的框架。对各子系统进行详细的功能设计及这些子系统之间的接口设计，并制定详细的规范和要求；处在金字塔的基层，支撑整座金字塔的则是大量的软件开发人员(即软件蓝领)和应用人员。他们的任务是按照标准和具体规范编写程序代码，调试运行以实现指定功能。一个合理的人才结构应该是金字塔式的，其中基层人才与中高层人才比例约为4∶1，即计算机产业蓝领人员应占整个产业人才的75%～80%，他们是基石，是主力军，在各行各业中发挥着重要作用。系统设计师、项目经理则依靠他们实现自己的设计意图，企业要依靠他们将研究成果最终转化为产品，取得经济效益。

在我国,计算机中间人才相对较多,一般都具有本科学历,掌握一定的专业知识。让他们做程序员、软件工人不能发挥其作用,同时造成人才浪费,而让他们做总体设计师、项目经理又不能胜任。最近的调查表明,我国当前最缺乏的是计算机蓝领,即大量能从事基础性工作的技能型、应用型人才。

总之,对于从事计算机产业每一个人面临的最大的挑战就是要不断紧跟计算机技术的快速进步。通过对各种专业人员的调查研究发现,从事与计算机相关职业的人具有一定的特点和灵活性,对于学习新东西比较有兴趣,乐于接受培训,因为在计算机领域不断有新东西、新技术需要学习,而掌握它们的方法有:技术研讨会,利用网络在线服务,阅读相关技术期刊,参加学术会议和展览以及加入计算机专业协会等。只有这样才能跟上计算机新的技术发展,胜任工作。

习题

1. 简要说明计算机科学的特点。
2. 请简述计算机科学技术专业人员的道德准则。
3. 结合实际谈谈你对知识产权问题的看法。
4. 说明计算机科学学科的知识体系。
5. 请说出计算机产业的特点。
6. 按目前的计算机科学的发展,谈谈你将如何面对。

参考文献

1. 冯博琴，贾应智，张伟等. 大学计算机基础(第 3 版). 北京：清华大学出版社，2009.
2. 黄国兴，陶树平，丁岳伟. 计算机导论. 北京：清华大学出版社，2012.
3. 王玉龙，付晓玲，方英兰. 计算机导论(第 3 版). 北京：电子工业出版社，2009.
4. 张效祥. 计算机科学技术百科全书(第二版). 北京：清华大学出版社，2005.
5. 王珊，萨师煊. 数据库系统概论(第四版). 北京：高等教育出版社，2010.
6. 王能斌. 数据库系统教程(第 2 版). 北京：电子工业出版社，2008.
7. 张功萱，顾一禾，邹建伟，等. 计算机组成原理. 北京：清华大学出版社，2005.
8. 麦中凡，苗明川，何玉洁. 计算机软件技术基础(第 3 版). 北京：高等教育出版社，2008.
9. 徐洁磐，李臣明，史九林. 计算机软件技术基础(第三版). 北京：机械工业出版社，2010.
10. 宋斌，王玲，王平立. 计算机导论(第三版). 北京：国防工业出版社，2006.
11. 张宏，王玲等编著. 大学计算机基础. 南京：南京大学出版社，2006.
12. 张福炎，孙志挥. 大学计算机信息技术教程(第四版). 南京：南京大学出版社，2007.
13. 王珊，陈红. 数据库系统原理. 北京：清华大学出版社，2009.
14. 汤小丹，梁红兵，哲凤屏，汤子瀛. 计算机操作系统(第 3 版). 西安：西安电子科技大学出版社，2011.
15. 董荣胜. 计算机科学导论——思想与方法(第 2 版). 北京：高等教育出版社，2013.
16. 钟玉琢. 多媒体技术基础及应用(第 3 版). 北京：清华大学出版社，2012.
17. 蒋立平，姜萍，谭雪琴，等. 数字逻辑电路与系统设计(第 2 版). 北京：电子工业出版社，2013.
18. 石文昌，梁朝晖. 信息系统安全概论. 北京：电子工业出版社，2009.
19. 张凯. 计算机导论. 北京：清华大学出版社，2012.
20. 谢希仁. 计算机网络(第四版). 大连：大连理工大学出版社，2004.
21. 兰少华，杨余旺，吕建勇等. TCP/IP 网络与协议. 北京：清华大学出版社，2006.
22. 杨振山，龚沛曾. 大学计算机基础(第四版). 北京. 高等教育出版社，2004.
23. (美)mark allen weiss. 数据结构与算法分析. 冯舜玺译. 北京：机械工业出版社，2009.